Gletscherkunde und Glazialgeomorphologie

Ihr Bonus als Käufer dieses Buches

Als Käufer dieses Buches können Sie kostenlos unsere Flashcard-App „SN Flashcards" mit Fragen zur Wissensüberprüfung und zum Lernen von Buchinhalten nutzen. Für die Nutzung folgen Sie bitte den folgenden Anweisungen:

1. Gehen Sie auf **https://flashcards.springernature.com/login**
2. Erstellen Sie ein Benutzerkonto, indem Sie Ihre Mailadresse angeben, ein Passwort vergeben und den Coupon-Code einfügen.

Ihr persönlicher „SN Flashcards"-App Code 6EFB7-3618E-0EAF2-78D8D-16A30

Sollte der Code fehlen oder nicht funktionieren, senden Sie uns bitte eine E-Mail mit dem Betreff **„SN Flashcards"** und dem Buchtitel an **customerservice@ springernature.com.**

Wilfried Hagg

Gletscherkunde und Glazialgeomorphologie

Springer Spektrum

Wilfried Hagg
Fakultät für Geoinformation
Hochschule für angewandte Wissenschaften
München, Deutschland

ISBN 978-3-662-61993-3   ISBN 978-3-662-61994-0   (eBook)
https://doi.org/10.1007/978-3-662-61994-0

Die Deutsche Nationalbibliothek verzeichnet diese Publikation in der Deutschen Nationalbibliografie; detaillierte bibliografische Daten sind im Internet über http://dnb.d-nb.de abrufbar.

Springer

Planung/Lektorat: Sarah Koch

Springer Spektrum ist ein Imprint der eingetragenen Gesellschaft Springer-Verlag GmbH, DE und ist ein Teil von Springer Nature.
Die Anschrift der Gesellschaft ist: Heidelberger Platz 3, 14197 Berlin, Germany

Danksagung

Es ist nun, während ich diese Zeilen schreibe, fast auf den Tag genau 20 Jahre her, dass ich meine Doktorandenstelle an der Bayerischen Akademie der Wissenschaften antrat. Seitdem finde ich in diesem Haus einen Arbeitsplatz, eine Kaffeerunde und viel Diskussion und Expertise rund um das Thema Gletscher vor. Der größte Dank geht an die Kollegen von der Arbeitsgruppe Erdmessung und Glaziologie für dieses angenehme und freundschaftliche Umfeld und den Mitgliedern der Laufgruppe für die Inspiration und Unterhaltung im Englischen Garten.

Während der Arbeit an diesem Buch genoss ich ebenfalls exzellente Arbeitsbedingungen am Department für Geographie der Ludwig-Maximilians-Universität, wo Teile des Manuskripts am Originalschreibtisch von Erich von Drygalski entstanden, sowie an der Fakultät für Geoinformation der Hochschule München.

Auch der Deutschen Forschungsgemeinschaft möchte ich für die mehrfache Förderung danken. Ohne diese Unterstützung wären es wohl keine 20 Jahre geworden, in denen ich mich mit dem schönen und vielseitigen Thema beschäftigen durfte.

München, im Mai 2020

Inhaltsverzeichnis

Einleitung und Forschungsgeschichte

Inhaltsverzeichnis

© Springer-Verlag GmbH Deutschland, ein Teil von
Springer Nature 2020
W. Hagg, *Gletscherkunde und Glazialgeomorphologie*,
https://doi.org/10.1007/978-3-662-61994-0_1

1

> **Überblick**
>
> Nach einer kurzen Ausführung über die Wahrnehmung von Gletschern in der heutigen Öffentlichkeit werden Forschungsgegenstand, Aufgaben und Methoden der beiden im Buchtitel genannten Wissenschaftsdisziplinen beschrieben. Auf eine Begriffsdefinition und wichtige Lagebezeichnungen am, auf, im und unter Gletschern erfolgt ein Abriss über die Forschungsgeschichte – von ersten Beschreibungen im 16. Jahrhundert über den Streit zwischen Plutonisten und Neptunisten bis hin zum technologischen Fortschritt, der im 20. Jahrhundert begann und bis heute die Entwicklung mitbestimmt.

Der Begriff „Gletscher" weckt unterschiedliche Bilder in uns. In einem Experiment mit Studierenden im ersten Semester wurden beim freien Assoziieren vor allem die Begriffe „kalt", „Eiszeit" und „verschwinden" genannt. Dass man bei gefrorenem Wasser an Kälte denkt, verwundert wenig, obwohl Gletscher im Sommer teilweise zweistelligen Plusgraden ausgesetzt sein können. Die Nennung von Eiszeit kann im genannten Experiment mit dem Studienort München zusammenhängen. Hier mag wohl allein schon durch den Schulunterricht die Tatsache, dass Gletscher vor 20.000 Jahren noch bis vor die Haustüre reichten, im kollektiven Bewusstsein verankert sein. Dass sie heute einem gegenläufigen Trend folgen und sogar drohen zu verschwinden, wird vermutlich weltweit mit Gletschern in Verbindung gebracht. Die rasanten Veränderungen der letzten Jahre haben dazu geführt, dass Vergleichsbilder von Gletschern fast zum Sinnbild des Klimawandels geworden sind. Sie zeigen die Folgen der globalen Erwärmung besonders deutlich und machen sie für jedermann begreifbar und nachvollziehbar.

Eine weitere Assoziation ist Reinheit. Gletscher existieren scheinbar fernab von menschlichen Verunreinigungen und gelten daher als besonders rein – ein Aspekt, der häufig bei der Vermarktung von Wasser aufgegriffen wird. Gletscher üben eine Faszination aus, weil sie schön und gefährlich zugleich sind. Das Eis leuchtet manchmal geradezu türkisfarben im Sonnenlicht und gibt, ähnlich wie ein Diamant, der Schönheit einer Bergkette den letzten Schliff. Gleichzeitig wecken Gletscherspalten Urängste bei Bergsteigern. Aber auch die Gletscher selbst haben Bergbewohner vor nicht sehr langer Zeit noch in Furcht versetzt, als sie vorstießen und eine neue Eiszeit anzukündigen schienen. Dieses Bild hat sich stark gewandelt, man hat derzeit eher Mitleid mit den siechenden und scheinbar totgeweihten Patienten. Dort, wo im 19. Jahrhundert noch Bittprozessionen gegen Gletschervorstöße durchgeführt wurden, wie zum Beispiel in der Walliser Gemeinde Fiesch, wird heute organisiert gegen den Gletscherschwund gebetet. Als der Okjökull als erster Gletscher Islands im Sommer 2019 Opfer des Klimawandels wurde, war dies ein weltweit registriertes Medienereignis.

Die Hauptwahrnehmung von Gletschern liegt derzeit demzufolge vor allem in ihrer Bedeutung als Klimaindikatoren. Sie sind aber auch natürliche Speicher, die Wasser auf verschiedenen zeitlichen Skalen umverteilen und die Verfügbarkeit dieser wertvollen Ressource maßgeblich beeinflussen können. In manchen Trockengebieten, in denen Nahrungsmittelproduktion nur durch Bewässerung ermöglicht wird, ist Gletscherschmelzwasser die wichtigste oder gar einzige Wasserquelle während der Hauptvegetationsperiode. Als hydrologische Speicher werden Gletscher in der Öffentlichkeit hauptsächlich wegen ihres Beitrags zum Anstieg des Meeresspiegels gesehen, den sie durch ihr Abschmelzen liefern. Dieser ist zugegebenermaßen von globalem Interesse und kann unsere Erde, vor allem wenn die beiden Inlandeise in Grönland und der Antarktis mit betrachtet werden, auf lange Dauer verändern.

Etwas weniger im Bewusstsein ist die Tatsache, dass Gletscher aktive Landschaftsgestalter sind und in der Vergangenheit nicht nur Hochgebirgsrelief, sondern auch große Bereiche der nordamerikanischen sowie mittel- und nordeuropäischen Tiefländer geformt haben. Wer die Entstehung dieser **glazigenen** Landoberflächen verstehen möchte, kommt um die Betrachtung der abtragenden und aufschüttenden Wirkung von Gletschern nicht herum.

Während „Gletscherkunde" als deutscher Begriff weitgehend selbsterklärend ist, kann der Terminus „Glazialgeomorphologie" vermutlich von deutlich weniger fachfremden Lesern auf Anhieb korrekt eingeordnet werden. Nachfolgend sollen Forschungsgegenstand, Aufgaben und Methoden beider Wissenschaftsdisziplinen beschrieben und ihre geschichtliche Entwicklung kurz beleuchtet werden.

1.1 Forschungsgegenstand

Unter **Gletscherkunde** versteht man die Lehre von den Erscheinungsformen, den physikalischen Eigenschaften und Wirkungen der rezenten, also der heute bestehenden Gletscher. Sie ist ein Teilgebiet der weiter gefassten Glaziologie, die als Lehre vom gefrorenen Wasser in allen Erscheinungsformen neben Gletschern auch noch Schnee, Bodeneis, Permafrost, Meereis, Schelfeis und extraterrestrisches Eis in ihre Betrachtung mit einschließt. Trotz dieser eindeutigen Unterscheidung – der Begriff „Glaziologie" hat sich während des Internationalen Geophysikalischen Jahres 1957/1958 etabliert – werden beide Begriffe oft synonym verwendet.

Gletscherkunde ist heute ein interdisziplinäres Forschungsfeld, auf dem sich unter anderem Geodäten, Kartographen, Meteorologen, Physiker und Geophysiker, Kristallographen, Hydrologen und Geographen tummeln. Die wichtigsten Aufgaben sind die Erforschung der Zusammenhänge zwischen Klima und Gletscher, die Beobachtung und Interpretation von Gletscherschwankungen, die Quantifizierung der hydrologischen Folgen des Gletscherschwunds und die Untersuchung glazialer Naturgefahren.

Die wichtigsten Arbeitstechniken sind Beobachtung und Messung im Gelände, Fernerkundung mittels Luft- und Satellitenaufnahmen, Simulation (z. B. der Eisbewegung oder der Massenbilanz) mit mathematischen Modellen und Laboranalysen (z. B. von Firn- und Eisbohrkernen).

Glazialgeomorphologie ist als Lehre von den glazialen Abtragungs- und Aufschüttungsformen ein Teilgebiet der Landformenkunde, also der Geomorphologie und damit wiederum eine Fachdisziplin der physischen Geographie. Allerdings gibt es Überschneidungen mit der Geologie, die ebenfalls die Entstehung von glazialen und anderen Landformen als Prozesse der exogenen Dynamik untersucht. In der Glazialgeomorphologie geht es um die Erforschung der Prozesse glazialer

Erosion und Akkumulation, um die Klärung der Entstehung von Glaziallandschaften und um die Rekonstruktion der Gletscher- und Klimageschichte. Auch Glazialgeomorphologen bedienen sich aus dem oben genannten Methodenspektrum; zusätzliche Arbeitsmethoden sind Datierungen von Gletscherablagerungen, die sich wiederum in Feld- und Labormethoden untergliedern lassen.

In diesem Lehrbuch geht es um Gletscherkunde und Glazialgeomorphologie im gerade dargelegten Sinn; es wendet sich an Studierende der Geographie und der benachbarten Geowissenschaften, an interessierte Laien, Bergsteiger und Naturfreunde. Zentrales Thema sind Gletscher, ihre Dynamik und ihr Einfluss auf die Formung der Erdoberfläche.

> Ein Gletscher wird definiert als eine sich aktiv bewegende Masse aus Schnee, Firn und Gletschereis. Darüber hinaus sind auch Schmelzwasser und mitgeführtes Gestein Bestandteile eines Gletschers.

Entscheidendes Kriterium ist die aktive Bewegung, durch die der Gletscher sich von anderen Eisablagerungen abgrenzt. Da diese gängige Definition kein Mindestmaß an Eisbewegung fordert und diese beim aktuellen Schwund der Gletscher „fließend" gegen null geht, ist es oft schwierig zu sagen, ab wann ein Gletscher keiner mehr ist. Eine Mindestgröße, wie sie oft gefordert und in manchen Inventaren auch angewandt wird, ist willkürlich und physikalisch nicht begründbar. In steilem Relief können sich auch sehr kleine Eisflecken noch bewegen und damit die Kriterien für einen Gletscher erfüllen. Je nach Anwendungsfall muss aber teilweise eine Abgrenzung getroffen werden, weil zum Beispiel bei globalen Erhebungen der Eisreserven nicht jeder kleinste Eisfleck berücksichtigt werden kann. Bei kleineren Untersuchungsgebieten kann es jedoch am praktikabelsten sein, jeden Gletscher als solchen zu behandeln, bis das letzte Eis verschwunden ist.

Das Wort „Gletscher" taucht erstmals in der Schweizer Chronik von P. Etterlin aus dem Jahr 1507 auf und leitet sich von *glacies* (lateinisch für „Eis") ab. Ein Überblick über den Begriff in einige Sprachen und Dialekten, in denen er vorkommt, wird in ◘ Tab. 1.1 gegeben.

Es existiert eine Vielzahl von Begriffen, die Orte und Lagebeziehungen auf, im, unter dem Gletscher und um den Gletscher herum beschreiben. Da sie zum sprachlichen Handwerkszeug gehören, wenn man sich fundiert über Gletscher unterhalten oder über Gletscher schreiben möchte, sollen sie bereits an dieser Stelle Erwähnung finden. Nähert man sich einem Gletscher vom Tal aus, so läuft man zunächst über das **Gletschervorfeld**. So heißt das Gebiet vor dem Gletscher (**proglazial**), das in der Regel noch nicht sehr lange eisfrei ist. Das unterste Ende des Gletschers heißt **Gletscherfront** oder **Gletscherstirn**. Hier befindet sich auch das **Gletschertor**, eine mehr oder weniger große Öffnung, aus der ein Schmelzwasserbach den Gletscher verlässt (◘ Abb. 1.1). Prozesse, die sich an der Gletscherstirn abspielen, werden als **frontal** bezeichnet, jene an den Seiten des Gletschers als **lateral**.

Übergangsbereiche werden manchmal **latero-frontal** genannt. Der untere Bereich eines Gletschers ist typischerweise länglich und orientiert sich am Talverlauf, er wird als **Gletscherzunge** bezeichnet. Alles, was auf dem Gletscher liegt oder stattfindet, heißt **supraglazial**. Entsprechende Lokationen im Gletscher heißen **englazial** oder **intraglazial**, während man Ablagerungen oder Prozesse unter dem

□ Tab. 1.1 Der Begriff „Gletscher" in verschiedenen Sprachen und Dialekten

Sprache/Dialekt	Bezeichnung
deutsch	Gletscher
deutsch/tirolerisch	Ferner (von Firn, althochdeutsch: alt), Kahr (Tauern)
deutsch/pinzgauerisch	Kees (althochdeutsch: Eis)
deutsch/kärntnerisch	Kess, Käss
deutsch/schweizerdeutsch	Firn, Firre
romanisch	Glatsch, Glatscheret, Vadret, Vedrett
französisch	Glacier, Biegno (Wallis), Serneille (Pyräneen)
italienisch	Ghiacciaio, Vedretto, Ruize (Piemont), Rosa (Aostatal)
slowenisch	Ledenik
englisch	Glacier
spanisch	Glaciar, Helero, Nevero
spanisch/chilenisch	Ventisquero
schwedisch	Glaciär
norwegisch	Brae, Isbrae, Breen
lappländisch	Jegna
isländisch	Jökull
grönländisch	Sermek (Landeis), Sermerssuak (Inlandeis)
russisch	Lednik
chinesisch	Bīngchuān, Bīnghé („Eisfluss")

Gletscher als **subglazial** bezeichnet. Das **Gletscherbett** ist der Untergrund des Eises, der aus Fest- oder Lockergestein bestehen kann. Die untersten Meter des Gletschers können Gesteinsfragmente vom Gletscherbett enthalten, man bezeichnet sie als **Gletschersohle**.

1.2 Forschungsgeschichte

Die älteste Beschreibung von Gletschern taucht im 16. Jahrhundert in der *Cosmographia* (Münster 1544–1628), der ersten wissenschaftlichen Weltbeschreibung in deutscher Sprache, auf. Der Autor erzählt hier unter anderem, wie er im Jahr 1546 hoch zu Ross den „einen Armbrustschuss breiten" Rhonegletscher besuchte. Die-

1

sen empfand er als bedrohlich und „grawsam" (Münster 1628), unter anderem weil ein hausgroßes Stück Eis von ihm abgefallen war. Gletschereis sei so kalt, dass ein eigroßes Stück genüge, um eine Kanne Wein „grimmig kalt" zu machen. Diese Darstellungen belegen, dass das Phänomen Gletscher den Menschen damals Furcht einflößte oder ihnen zumindest nicht ganz geheuer war. Josias Simler, ein Schweizer Theologe und Historiker, veröffentlichte 1574 ein erstes umfassendes Werk zu den Alpen in lateinischer Sprache. Er hielt noch an der aus heutiger Sicht naiven Vorstellung des römischen Naturforschers Plinius fest, nach der Bergkristall aus stark gefrorenem Eis entsteht. Da die Alpengletscher in der Kleinen Eiszeit weit in Richtung Täler und Dörfer vorgestoßen sind (▶ Kap. 8), häufen sich ab dem 17. Jahrhundert historische Quellen über Verwüstungen. In den Versen von Hans Rudolf Räbmann („Stosst vor ihm weg das Erderich, Böum, Heuser, Felsen wunderlich") beschreibt der Autor im Jahr 1606 die zerstörerische Kraft der Gletscher. Am Ende des 17. Jahrhunderts tauchen mit den *Abhandlungen von den isländischen Eisbergen* (Vidalin 1695) erstmals Berichte über außeralpine Gletscher auf, die aber noch von hauptsächlich beschreibender Natur sind.

Eine naturwissenschaftliche Beschäftigung mit Gletschern beginnt im 18. Jahrhundert. Scheuchzer (1706–1708) beschreibt zwar bereits die Schichtung von Firn und Eis, erklärt jedoch die Gletscherbewegung noch mit der Ausdehnung von gefrierendem Wasser in Gletscherspalten. Bordier (1773) erkennt die plastische Eigenschaft des Eises und liefert Erklärungen zur Entstehung von Moränen. Anhand von Beobachtungen und einfachen Messungen am Grindelwaldgletscher, die teilweise von einem Hirtenjungen durchgeführt wurden, schreibt Kuhn (1787) einen viel beachteten „Versuch über den Mechanismus der Gletscher". In den *Nachrichten von den Eisbergen in Tyrol* macht Walcher (1773) erstmals klimatische Ursachen für Gletscherschwankungen verantwortlich, bis dahin wurden sie mit gottgewollten Zyklen und biblischen Zahlen erklärt. Zahlreiche schöne Zeichnungen, aber auch wissenschaftliche Erkenntnisse, zum Beispiel über die Bewegung des Eises durch Druck, sind H.B. de Saussure (1779–1786) und seinem Werk *Voyage dans les Alpes* zu verdanken.

Im 18. Jahrhundert wurden glaziale Formen in den Alpenvorländern noch falsch gedeutet. Toteislöcher wurden zum Beispiel für Vulkankrater gehalten. Das größte Rätsel gaben aber so genannte **Findlinge** auf. Diese teilweise riesigen erratischen Blöcke aus ortsfremdem Gestein sind so groß, dass sie nicht durch aktuell beobachtbare Transportprozesse an ihren Fundort gelangt sein können (◘ Abb. 1.2). Die Schule der **Plutonisten** versuchte, die damalige Welt mit Kräften aus dem Erdinneren zu erklären, und hielt Findlinge für vulkanische Bomben. Die **Neptunisten** dagegen machten Wasser für den Transport verantwortlich. Katastrophale Flutwellen, zum Beispiel durch einen Gletscherseeausbruch, könnten die Findlinge transportiert haben. Eine weitere Möglichkeit wäre eine Sintflut, die den Herantransport von Eisbergen mit eingeschlossenen Felsblöcken aus dem hohen Norden ermöglicht. Diese Felsblöcke sollen dann ausgeschmolzen und als so genannte *dropstones* auf den damaligen Meeresgrund gesunken sein.

Das 19. Jahrhundert gilt als klassische Epoche der Gletscherforschung. Durch flächendeckende Landesaufnahmen entstanden hier die ersten halbwegs brauchbaren kartographischen Darstellungen von Gletschern. So vermaß Leutnant Josef Naus im Auftrag des Königlich Bairischen Topographischen Bureau die Gletscher auf dem Zugspitzplatt (◘ Abb. 1.3) und bestieg dabei mit seinem Messgehilfen Maier und dem Bergführer Deuschl zum ersten Mal Deutschlands höchsten Berg.

◘ **Abb. 1.2** Der „Alte Schwede", ein aus Småland stammender Granit-Findling von 217 t Gewicht, der mit dem Inlandeis der Elster-Kaltzeit vor mehr als 32.0000 Jahren nach Hamburg transportiert und erst 1999 aus der Fahrrinne der Elbe gebaggert wurde (Ries 1999). (Foto: Corinna Grave)

1

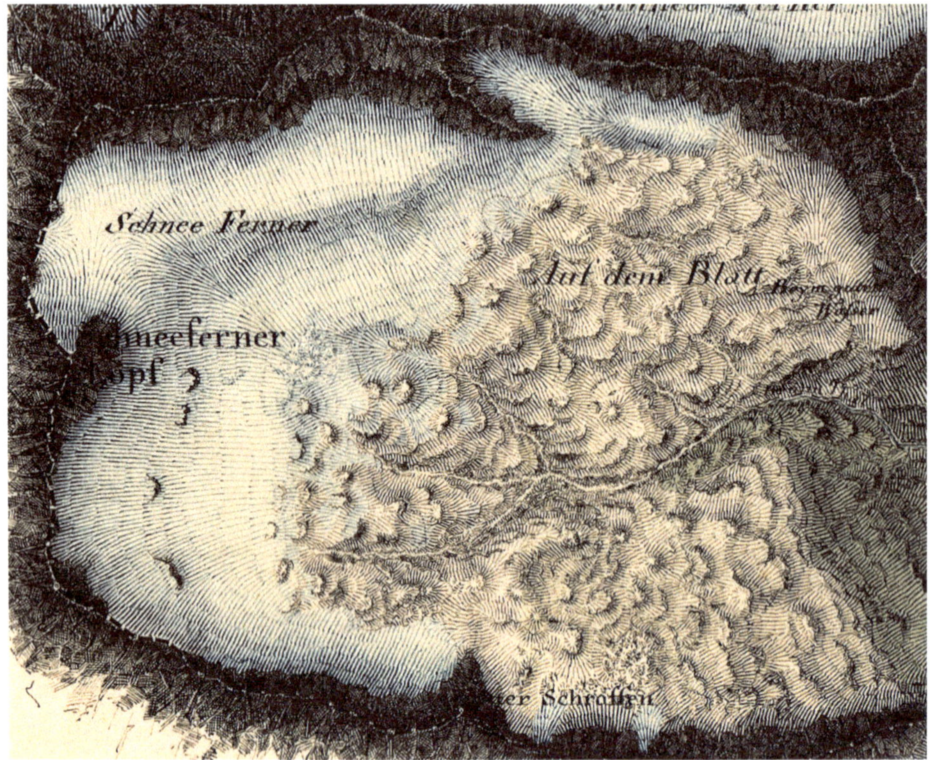

◧ **Abb. 1.3**   Ausschnitt des Positionsblattes „Zug-Spitz" (Nr. 888). Aufnahme (1820) und Zeichnung (1826) durch Leutnant Naus. (Historische Karte: Bayerische Vermessungsverwaltung; Creative Commons Lizenz CC BY-ND)

Der dänische Geologe Jens Esmark sah in den norwegischen Fjorden bereits im Jahr 1824 das Ergebnis von Gletschererosion, propagierte die Existenz von weltweiten Eiszeiten und machte bereits Veränderungen der Erdumlaufbahn für ihre Entstehung verantwortlich. Louis Agassiz war es jedoch, der 1836–1837 die Eiszeittheorie entscheidend entwickelte, auch wenn er Grundideen von Kollegen wie Esmark, Venetz, Charpentier oder Schimper übernahm. Letzterer zeigt sich auch für den Begriff „Eiszeit" (Schimper 1837) verantwortlich, der später aus dem Deutschen in alle Sprachen übersetzt wurde. Aber auch Agassiz hatte zunächst einen schweren Stand in der Wissenschaft, obwohl er viele Argumente gesammelt hatte, bevor er seine Gedanken in einem Vortrag vorstellte. Bis zur allgemeinen Akzeptanz seiner Eiszeittheorie sollte noch viel Zeit vergehen. Erst im Jahr 1875 konnte Otto Martin Torell anhand von Schliffspuren in den Rüdersdorfer Kalkbergen nachweisen, dass Norddeutschland während des Eiszeitalters von Inlandeis bedeckt war. Erst jetzt war die Eisberg-Drifttheorie der Neptunisten endgültig widerlegt.

Während in der ersten Hälfte des 19. Jahrhunderts die Gletscherforschung auf die Westalpen fokussiert war, kamen durch die Gebrüder Schlagintweit und Schlagintweit (1850) erste Arbeiten aus den Ostalpen dazu. Dies waren glaziologische, geologische, meteorologische und botanische Studien im Ötztal und im Gebiet des Großglockners, 1854 bis 1857 schloss sich eine berühmte, von Alexander von Humboldt protegierte Reise nach Indien und Hochasien an (Schlagintweit 1869–1872). In dieser Zeit häuften sich glaziologische Arbeiten, zum Beispiel die Theorie der Gletscherbewegung durch Schmelzen und Wiedergefrieren (Tyndall und Huxley 1857) oder die Eiszeitentstehung durch Schwankungen der Erdbahnparameter (Croll 1864). Am Rhonegletscher kamen ab 1874 erste Massenbilanzmessungen (Mercanton 1916) hinzu, und in den Ostalpen wurden ab 1888 Gletscherbeobachtungen durch den Deutschen und Österreichischen Alpenverein koordiniert (Richter 1893). Um die zahlreicher werdenden Vermessungen zu systematisieren, wurde im Jahr 1894 die Commission Internationale des Glaciers gegründet. Auch erste Gletscherkarten aus außeralpinen Regionen entstanden zu dieser Zeit, zum Beispiel aus Norwegen (Sexe 1864), dem Kaukasus (Merzbacher 1901), vom Kilimandscharo (Kraus und Meyer 1900), aus Neuseeland (Douglas und Harper 1893) oder vom Mt. Rainier (Russel 1898). Diese Karten enthalten jedoch bis auf wenige Gipfelhöhen noch kaum auswertbare Höheninformationen. Zur selben Zeit perfektionierte Sebastian Finsterwalder die Vermessungsmethode der Photogrammetrie, mittels der er am Vernagtferner in Tirol im Jahr 1889 die erste genaue Karte eines Gesamtgletschers im Maßstab 1:10.000 und Höhenlinien im Abstand von 10 m anfertigte. Gleichzeitig entwickelte Finsterwalder (1897) dort seine kinematisch-geometrische Bewegungstheorie, welche die Eisbewegung zwar nicht erklärt, aber modellhaft bis heute korrekt beschreibt (▶ Kap. 3).

Im Zuge des ersten internationalen Polarjahres 1882/1883 kam es zu einer Intensivierung der Polarforschung, an der auch Forscher des Deutschen Reichs teilnahmen und die zunächst auf das Nordpolargebiet fokussiert war. Die erste deutsche Antarktisexpedition fand von 1901 bis 1903 unter der Leitung des Geographen Erich von Drygalski statt. Auf einem Forschungsschiff überwinterten, vom Meereis eingeschlossen, 32 Teilnehmer. Dabei sammelten sie so viele Daten, darunter auch glaziologische, dass die Auswertung drei Jahrzehnte in Anspruch nahm und die Ergebnisse in über 20 Bänden publiziert wurden (Lüdecke 1995).

Auch die Glazialgeomorphologie erfuhr in diesen Jahren einen deutlichen Schub. Nachdem Albrecht Penck 1880 eine Preisaufgabe der Universität München zu Glazialerscheinungen im bayerischen Alpenvorland und den bayerischen Alpen gewann, arbeitete er 20 Jahre lang an diesem Themengebiet, bis er zusammen mit Eduard Brückner 1909 das Standardwerk *Die Alpen im Eiszeitalter* (Penck und Brückner 1901–1909) veröffentlichte. Penck war der Erste, der die mehrfache Vergletscherung der Alpen mit Geländebefunden nachwies. Es gelang ihm nämlich, durch Schmelzwasser abgelagerte Schotterkörper im Vorland mit Moränen im Gebirge in Beziehung zu setzen (◧ Abb. 1.4).

Pencks Forschungen waren über Jahrzehnte wegweisend, erst deutlich später wurden ähnliche Arbeiten aus außeralpinen Regionen veröffentlicht, zum Beispiel durch Wolstedt (1929) in Norddeutschland oder durch Gerasimov und Markov (1939) in der UdSSR.

Im 20. Jahrhundert wurde die Gletscherforschung vor allem durch Fortschritte in Luftfahrt und Technik vorangetrieben. Luftbilder ermöglichen seit 1923 die

1

◘ Abb. 1.4 An diesen verfestigten Schottern südlich von München erkannte Albrecht Penck die Ablagerungen von drei verschiedenen Vereisungsphasen. (Foto: W. Hagg)

Luftbildphotogrammetrie und vereinfachen damit die Hochgebirgskartographie. In der zweiten Hälfte des Jahrhunderts kamen Satellitenbilder hinzu, die im Gegensatz zu Luftbildern größere räumliche Abdeckungen und eine hohe zeitliche Auflösung (Wiederholrate 1–16 Tage) ermöglichen. Auch sind sie oft mit multispektralen Sensoren ausgestattet, was eine automatische oder zumindest teilautomatische Gletscherabgrenzung erlaubt (Bhambri und Bolch 2009). Die räumliche Auflösung verbesserte sich beständig, von 80 m bei Landsat MMS (1975) bis 61 cm bei Quickbird (2001). Moderne Software kann immer mehr Arbeitsschritte automatisch durchführen, zum Beispiel die Passpunktgenerierung und Bildorientierung bei der digitalen Photogrammetrie. So kann der Zeitaufwand bei der Auswertung stark minimiert werden. Mit dieser Methode wurde zum Beispiel der Österreichische Gletscherkataster 1998 erstellt (Kuhn et al. 2008), in dem 896 Gletscher mit einer Gesamtfläche von 471 km^2 katalogisiert wurden.

Die digitale Prozessierung von Raster- und Vektordaten hat in allen Geowissenschaften viele Arbeitsschritte wesentlich beschleunigt, und der Einsatz von Geographischen Informationssystemen hat neue Möglichkeiten der Datenanalyse und Geovisualisierung eröffnet.

Ein weiteres modernes Messverfahren ist das Laserscanning, bei dem die Erdoberfläche mittels elektromagnetischer Wellen abgetastet wird (Baltsavias et al. 2001) und das bei terrestrischer, flugzeug- oder satellitengestützter Anwendung sehr genaue Höhenmodelle liefern kann (◘ Abb. 1.5).

Aber nicht nur die Gletscheroberflächen lassen sich immer exakter erfassen, auch der Blick in Schnee-, Firn- und Eisschichten hinein wird durch Radarmessungen möglich. Bereits vor dem Zweiten Weltkrieg berichteten Piloten von unrealistisch niedrigen Flughöhen über Inlandeis. Die Erklärung, dass die Radarwellen des Höhenmessers in das Eis eindrangen, war schnell gefunden; seit 1929 wird dieser

Abb. 1.5 Perspektivische 3-D-Ansicht der Schneeferner auf dem Zugspitzplatt. Der Ausschnitt entspricht ungefähr der linken Hälfte von ◘ Abb. 1.3. Über ein Höhenmodell aus Laserscanning-Daten von 2006 (Quelle: LDBV) wurden eine historische Karte (Finsterwalder 1892) sowie Luftbild-Orthofotos der verbleibenden Gletscherreste (rot eingerahmt) des Südlichen (links) und Nördlichen Schneeferners (rechts) aus dem Jahr 2018 drapiert. Die grüne Linie auf dem Nördlichen Schneeferner zeigt die Lage des Radarprofils von ◘ Abb. 1.6

1

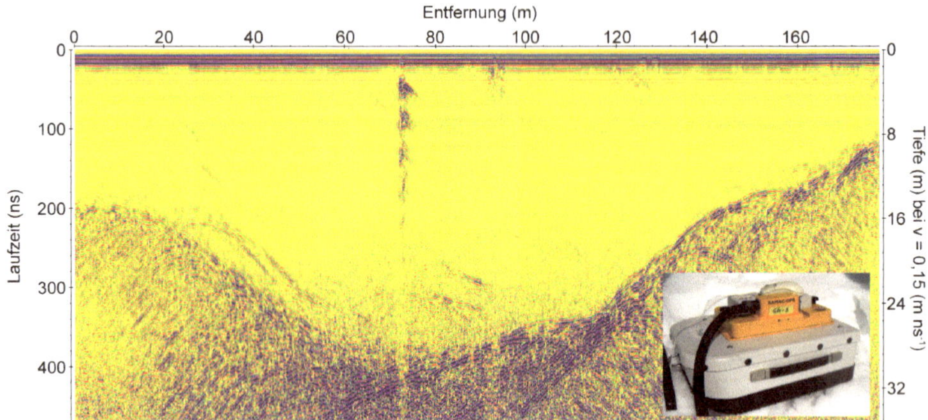

Effekt für Eisdickenmessungen genutzt. Eine Radarantenne sendet dabei Impulse ins Eis, die am Felsuntergrund reflektiert und mit einem Empfänger wieder aufgezeichnet werden. Weil die Ausbreitung der Radarwellen im Eis konstant ist, kann aus der Laufzeit des Signals die Eisdicke berechnet werden. ◨ Abb. 1.6 zeigt eine beispielhafte Auswertung auf dem Zugspitzplatt, die lila Farbtöne zeigen die Reflexion, die linke x-Achse die Laufzeit des Signals und die rechte die Tiefe des Felsuntergrunds. Die starke Reflexion bei ca. 74 m Laufstrecke (x-Achse) ist ein Artefakt, hier lag vermutlich ein Metallstück knapp unter der Oberfläche.

Radar mit synthetischer Apertur (SAR) liefert zweidimensionale Bilder, die ähnlich wie fotografische Aufnahmen aussehen. Als aktives Fernerkundungssystem hat es aber im Vergleich zu optischen Verfahren den immensen Vorteil, dass es Wolken durchdringt und auch bei Nacht einsetzbar ist. Bei TerraSAR-X, einem deutschen Satelliten, der seit 2007 im Orbit ist, sind bei zwei Überfliegungen mit leicht versetzter Bahn Berechnungen von Höhenmodellen mit nur 5 m Bodenauflösung möglich. Seit Juni 2010 befindet sich der Satellit TanDEM-X im Formationsflug mit TerraSAR-X, was die Erstellung eines globalen Geländemodells mit bislang unerreichter Genauigkeit (bis zu 1 m Bodenauflösung, Höhengenauigkeit < 2 m) ermöglicht. Im lokalen Maßstab ist in den letzten Jahren der Einsatz von Drohnen auch für die Gletscherbeobachtung immer wichtiger geworden. In absehbarer Zukunft wird die Herausforderung nicht mehr in der geodätischen Vermessung und Beobachtung der Gletscher liegen, sondern viel stärker in der Erforschung der Eisdynamik und der Klima-Gletscher-Beziehung sowie in der Abschätzung der zukünftigen Veränderungen und deren Folgen.

Literatur

Baltsavias EP, Favey E, Bauder A, Boesch H, Pateraki M (2001) Digital surface modelling by airborne laser scanning and digital photogrammetry for glacier monitoring. Photogramm Rec 17(98):243–273

Literatur

Bhambri R, Bolch T (2009) Glacier mapping: a review with special reference to the Indian Himalayas. Prog Phys Geogr 33(5):672–704

Bordier AC (1773) Voyage pittoresque aux glaciers de Savoye 1772. L.A. Caille, Genf

Croll J (1864) On the physical cause of the change of climate during geological epochs. Philos Mag 28(187):121–137

Douglas C, Harper AP (1893) Topographical plan of Waiho Country. Appendices to the Journals of the House of Representatives, 1894, C-1. https://teara.govt.nz/en/zoomify/10751/map-of-the-franz-josef-glacier. Zugegriffen am 12.07.2020

Esmark J (1824) Bidrag til vor Jordklodes Historie. Mag Naturvidenskaberne Aarg. 2 1:28–49. Serie III

Finsterwalder S (1892) Zugspitze. Karte 1:10000. Bearbeitet im Topographischen Bureau des k. b. Generalstabes

Finsterwalder (1897) Der Vernagtferner. Z.D.Ö.A.V. 60:143–156

GerasimovIP, Markov KK (1939) Die Eiszeit auf dem Territorium der UdSSR. Die physisch-geographischen Bedingungen der Eiszeit.- Akademie d. Wiss. UdSSR. Arb. des Instituts f. Geogr. Lfg 33, Moskau-Leningrad 1939, 196 Abb. i. Text u. a. Taf. [russ., engl. Zus.fass.]

Kraus P, Meyer H (1900) Spezialkarte des Kilimandjaro: nach den neuesten Aufnahmen von Prof. Dr. Hans Meyer und mit Benutzung von Messungen, Entwürfen und Skizzen von Hauptmann Johannes, Dr. Carl Lent, Oberst v. Trotha, Graf Wickenburg, Dr. A. Widenmann u. a. Dietrich Reimer, Berlin

Kuhn BF (1787) Versuch über den Mechanismus der Gletscher. Magazin über die Naturkunde Helvetiens 1:119–136

Kuhn M, Lambrecht A, Abermann J, Patzelt G, Groß G (2008) Die österreichischen Gletscher 1998 und 1969, Flächen und Volumenänderungen. Verlag der Österreichischen Akademie der Wissenschaften, Wien

Lüdecke C (1995) Die deutsche Polarforschung seit der Jahrhundertwende und der Einfluss Erich von Drygalskis = German polar research since the turn of the century and the influence of Erich von Drygalski, Berichte zur Polarforschung (Reports on Polar Research), Bd 158. Alfred Wegener Institute for Polar and Marine Research, Bremerhaven. https://doi.org/10.2312/BzP_0158_1995

Mercanton PL (1916) Vermessungen am Rhonegletscher 1874–1915. Kommissions-Verlag von Georg & Co, Basel

Merzbacher G (1901) Aus den Hochregionen des Kaukasus. Wanderungen, Erlebnisse, Beobachtungen, Bd 2. Duncker & Humblot, Leipzig

Münster S (1544–1628) Cosmographia. Heinrich Petri, Basel

Münster S (1628) Cosmographia. Faksimile-Druck von 1984. Antiqua, Lindau

Penck A, Brückner E (1901–1909) Die Alpen Im Eiszeitalter, Bd 3. Tauchnitz, Leipzig

Richter E (1893) Bericht über die Schwankungen der Gletscher der Ostalpen 1888–1892. Z Dtsch Österr Alpenvereins 24:473–485

Ries G (1999) Bericht von der Bergung des Övelgönner Findlings. Geschiebekunde aktuell 15(4):-111–112

Russell IC (1898) Glaciers of Mount Rainier. USGS 18th Ann. Rept. 1896–1897, Bd 2, S 355–415

Scheuchzer JJ (1706–1708) Beschreibung der Naturgeschichte des Schweizerlandes, Bd 7. Heidegger und Compagnie, Zürich

Schimper KF (1837) Über die Eiszeit. Actes Soc Helv Natur Neuchâtel 22:38–51

von Schlagintweit H (1869–1872) Reisen in Indien und Hochasien, Bd 3. Hermann Costenoble, Jena

Schlagintweit H, Schlagintweit A (1850) Untersuchungen über die Physicalische Geographie der Alpen. Johann Ambrosius Barth, Leipzig

Sexe SA (1864) Om Sneebraeen Folgefond. University Programme, Christiania

Tyndall J, Huxley TH (1857) On the structure and motions of glaciers. Philos Trans R Soc Lond 14:327–346

Vidalin P (1695) Dissertationcula de montibus Islandiae chrysta. In: Vidalin P (Übers.) (1754): Abhandlung von den isländischen Eisbergen. Hamburgisches Magazin 13:9–27

Walcher J (1773) Nachrichten von den Eisbergen in Tyrol. Kurzböcken, Wien

Wohlstedt P (1929) Das Eiszeitalter. Grundlinien einer Geologie des Diluviums. Enke, Stuttgart

Entstehung von Gletschern

Inhaltsverzeichnis

Überblick

Damit sich im Hochgebirge Gletscher bilden können, müssen topographische und klimatische Voraussetzungen erfüllt sein. Die verschiedenen Arten von Schneegrenzen spielen hier eine entscheidende Rolle. Aus Schnee entsteht über verschiedene Umwandlungsprozesse Gletschereis, ein Material mit besonderen physikalischen Eigenschaften. Für die Bewegung der Gletscher und die Formung des Untergrunds ist die Temperatur des Eises von zentraler Bedeutung.

2.1 Voraussetzungen für die Gletscherbildung

Vereinfacht gesagt entstehen Gletscher dort, wo im Jahresmittel mehr Schnee fällt als abschmilzt, also vor allem dort, wo die warme Jahreszeit relativ kühl ausfällt. Solche Bedingungen findet man in polnahen Regionen und in Hochgebirgen vor. Betrachtet man die Sache etwas genauer, dann ist es nicht nur erforderlich, dass Schnee fällt, sondern er muss auch topographisch die Möglichkeit haben, liegen zu bleiben und sich anzuhäufen. Neben dem Klima spielt also auch das Relief eine Rolle: Gletscher können nur dort entstehen, wo Verflachungszonen vorhanden sind und sich über die Jahre große Schneemächtigkeiten ansammeln können. In Steilrelief können sich keine Gletscher bilden, selbst wenn die klimatischen Voraussetzungen (Schneefall > Schmelze) erfüllt sind. Der Auf- und Abbau der Schneedecke erfolgen dabei nicht nur über Schneefall und Schmelzen, sondern auch durch andere Prozesse wie Lawinen oder Windverwehungen.

> Gletscher entstehen dort, wo im Jahresmittel mehr Schnee deponiert wird, als durch Schmelze und andere Prozesse wieder verloren geht.

Diese Bedingungen werden oberhalb der **klimatischen Schneegrenze** erfüllt. So nennt man die über mehrere Jahre gemittelte Höhenlage, in der ganzjährig Schnee existiert. ◘ Abb. 2.1 zeigt den planetarischen Wandel der klimatischen Schneegrenze von 80° nördlicher bis 70° südlicher Breite.

Auch wenn sich die mittleren Jahrestemperaturen seit der Messperiode, die ◘ Abb. 2.1 zugrunde liegt, erhöht haben, sind einige Gesetzmäßigkeiten erkennbar, die auch heute noch gelten. In den nördlichsten Gebieten liegt die Schnee-

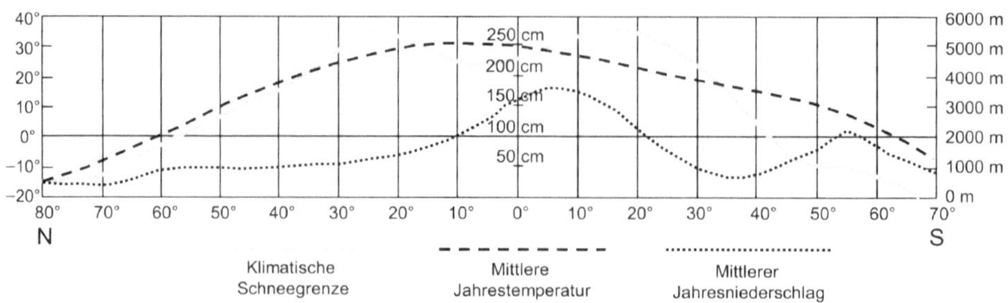

◘ Abb. 2.1   Planetarischer Formenwandel der klimatischen Schneegrenze. (Verändert nach de Martonne 1948)

grenze etwa auf 500 m ü. M., ab 70° N steigt sie in Richtung Äquator aufgrund der zunehmenden Temperaturen an. Auf den Breitenkreisen der Ostalpen (ca. 46–47° N) liegt sie bei 3000 m ü. M. und erreicht in den Subtropen (ca. 23° N und 18° S) die größten Höhen von über 5000 m ü. M. Dazwischen, in den äquatornahen inneren Tropen, liegt sie etwas niedriger bei 4500 m ü. M., was auf die Niederschlagsverteilung zurückzuführen ist. In den Subtropen und Randtropen ist es heiß und trocken, was die ungünstigste Kombination für Dauerschnee darstellt und die Maximalwerte der Schneegrenze erklärt. In den feuchten Tropen nahe des Äquators ist es nur unwesentlich heißer, aber deutlich niederschlagsreicher und damit in hohen Lagen auch schneereicher. Dies veranschaulicht, dass die Entstehungs- und Existenzbedingungen von Gletschern immer von zwei Klimafaktoren, Temperatur und Niederschlag, gesteuert werden. Auf der Südhalbkugel fällt die Schneegrenze wegen der geringeren Temperaturen aufgrund fehlender Landmassen („Wasserhalbkugel") und der höheren Niederschläge steiler ab und erreicht bereits etwa am Wendekreis das Meeresniveau. Dies wird durch den antarktischen Zirkumpolarstrom unterstützt, einer Meeresströmung, die besonders kaltes Wasser enthält und die Antarktis klimatisch isoliert.

Der planetarische Wandel in ◘ Abb. 2.1 zeigt, dass die Werte der klimatischen Schneegrenze von der geographischen Breite abhängen. Dies ist jedoch nicht der einzige Einflussfaktor. Die Breite hat zwar entscheidenden Einfluss auf Strahlungssummen und mittlere Temperaturen, aber gerade Niederschläge sind noch von einer Vielzahl anderer Steuergrößen wie Land-Meer-Verteilung, Kontinentalität, Windrichtung usw. abhängig. Deshalb verlaufen **Isochionen**, wie Linien gleicher Höhe der Schneegrenze auch genannt werden, nicht immer breitenkreisparallel. Im Westen Alaskas sind sie beispielsweise Nord-Süd gerichtet, weil die niederschlagsbringenden Winde von Westen kommen und die Schneemengen landeinwärts rasch abnehmen.

Während klimatische Schneegrenzen immer einen regionalen Mittelwert darstellen, liegt den **orographischen Schneegrenzen** ein lokaler Betrachtungsmaßstab zugrunde. Aus diesem Grund müssen hier kleinräumige Unterschiede berücksichtigt werden, die sich durch Relief und Exposition ergeben. An einem Berg oder Gebirgsmassiv kann die Schneegrenze zum Beispiel auf der Luv-Seite, also der niederschlagszugewandten Seite, niedriger liegen als auf der Lee-Seite. Bei starkem Einfluss der Winddrift kann sich aber auch ein gegensätzliches Bild ergeben, wenn Schnee aus den Luv-Hängen ausgeblasen und in geschützten Lee-Situationen akkumuliert wird. Aber auch auf den Strahlungsgenuss wirkt sich die Exposition aus. An Sonnenhängen (auf der Nordhalbkugel: südexponiert) schmilzt Schnee schneller, und die Schneegrenze liegt demzufolge höher als an Schattenhängen (◘ Abb. 2.2).

> Auf einem Gletscher heißt die lokale Schneegrenze **Gleichgewichtslinie** (*equilibrium line altitude*, **ELA**).

Sie ist durch den sanfteren und homogeneren Untergrund meist klarer definiert als im rauen Felsumland und liegt, wegen des Kälteinhalts der Eismassen und der absinkenden kühlen Luftmassen darüber, oft deutlich tiefer als die Schneegrenze im Fels.

◙ Abb. 2.2   Gletscher in der Suek-Kette, Kirgisistan. Die Tatsache, dass nur nordexponierte Täler Gletscher tragen, verdeutlicht den Einfluss der Exposition auf die Höhenlage der klimatischen Schneegrenze. (Aufnahme des Sentinel-2A-Satelliten vom 11. August 2019, © Copernicus 2019)

Der Vollständigkeit halber sei noch die **temporäre Schneegrenze** erwähnt. Bei ihr handelt es sich nicht um die höchste Lage der Schneegrenze im Jahresverlauf, sondern um die aktuelle untere Grenze der Schneeverbreitung. Sie ist naturgemäß großen jahreszeitlichen und kurzfristigen Schwankungen unterworfen, wobei ein Abstieg durch Schneefall deutlich schneller vollzogen werden kann als ein Anstieg durch energieintensive Schmelzprozesse.

2.2 Beteiligte Prozesse

2.2.1 Schneefall

Wasser kann im natürlichen Temperaturbereich der Atmosphäre in den drei Aggregatszuständen fest, flüssig und gasförmig vorkommen (◙ Abb. 2.3). Bei Phasenübergängen muss entweder Energie aufgewendet werden (beim Sublimieren, Schmelzen und Verdunsten), oder es wird Energie freigesetzt (beim Resublimieren, Gefrieren und Kondensieren). Diese so genannte latente Wärme (lat. *latens* für „verborgen") hat in der Meteorologie große Bedeutung für Energieumsätze in der Atmosphäre.

Wolken bestehen aus flüssigen Wassertröpfchen oder aus Eiskristallen. Weil destilliertes Wasser ohne Verunreinigungen bis weit unter 0 °C abgekühlt werden kann, liegen oft beide Aggregatszustände gleichzeitig vor. Wenn ein solches unterkühltes Wassertröpfchen ein festes Schwebeteilchen (Aerosol) berührt, dann wirkt dieses als Gefrierkeim, und es kommt zur sofortigen Kristallisation des Wassers. Als natürliche Aerosole kommen organische (z. B. Pollen) und anorganische

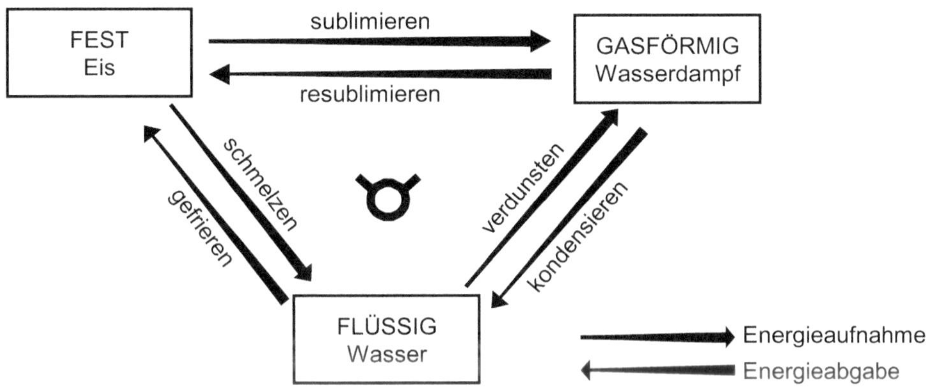

■ **Abb. 2.3** Aggregatszustände und Phasenübergänge des Wassers in der Atmosphäre

(Staub, Asche, Salz) Teilchen in Frage, vom Menschen werden zusätzlich Verbrennungsprodukte in die Atmosphäre eingebracht. Auf die Oberfläche des Eispartikels lagern sich Lagen von gefrierenden Wassermolekülen an, dabei wachsen die Eiskristalle in einer hexagonalen Struktur, die bereits 1611 von Johannes Kepler erkannt und beschrieben wurde. Je nach Feuchte- und Temperaturbedingungen in der Wolke entstehen dabei allerdings unterschiedliche Kristallformen. Der japanische Schneeforscher Nakaya (1954) hat diese klassifiziert und in einem berühmten Diagramm dargestellt, aus dem sich Gesetzmäßigkeiten über ihre Entstehung ableiten lassen (▶ Exkurs 2.1).

Exkurs 2.1: Schneekristalle

„Jede Schneeflocke ist ein Brief vom Himmel." Mit diesem Zitat brachte Ukichiro Nakaya zum Ausdruck, dass Schneekristalle viel über die meteorologischen Bedingungen in höheren Schichten der Atmosphäre erzählen können. Er hat auf Hokkaido mehr als 3000 natürliche Schneekristalle fotografiert, die er in 40 Kategorien einteilte. Im Labor gelang es ihm, die meisten Formen nachzuzüchten und so den Zusammenhang zwischen atmosphärischen Bedingungen und resultierender Form herzustellen. Laut seinen Ergebnissen steuert die Lufttemperatur, ob Plättchen oder Prismen entstehen (■ Abb. 2.4). Die Komplexität der Form steigt mit der Luftfeuchtigkeit an: Bei einer leichten Übersättigung entstehen einfache Säulen (Prismen) und Plättchen, bei stärkerer Übersättigung können sich Nadeln oder komplexe Plättchen, die so genannten Dendriten, bilden. Es existieren lediglich diese vier Grundtypen, die große Formenvielfalt ergibt sich aus Misch- und Übergangsformen. Wenn sich die Bedingungen in der Wolke ändern, können die Kristalle ihr Wachstum in einer Form beginnen und in einer anderen Form weiterwachsen (Furukawa 1997). Dadurch wird der „Brief vom Himmel" immer länger und interessanter.

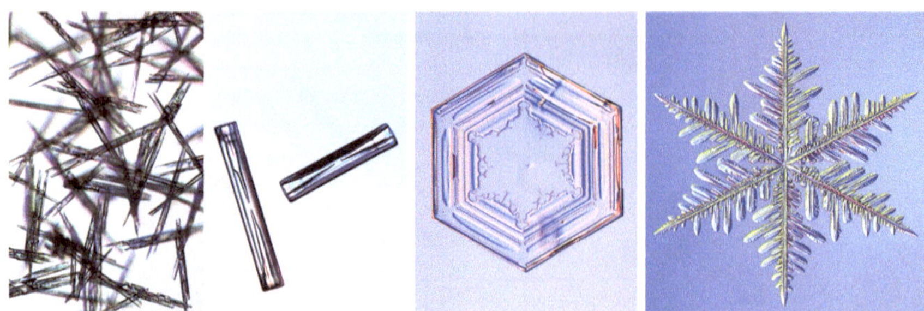

Abb. 2.4   Die vier Grundtypen von Schneekristallen, von links nach rechts: Nadeln, Säulen, Plättchen und ein Dendrit. (Fotos von Kenneth Libbrecht; snowcrystals.com)

Einzelne Schneekristalle sind höchstens 5 mm groß; die klassische Schneeflocke ist ein unregelmäßiges Agglomerat aus vielen Kristallen, die durch unterkühlte Tröpfchen miteinander verbunden wurden. Dafür dürfen die Tröpfchen nicht zu stark unterkühlt sein, damit sie nicht sofort am Kristall anfrieren, sondern genügend Zeit bleibt, dass ein weiteres Kristall an derselben Stelle auftrifft und angekoppelt wird (Weischet 1991). Immer dann, wenn Schneekristalle so stark anwachsen, dass sie nicht mehr durch den Aufwind in Schwebe gehalten werden können, beginnt Schneefall.

2.2.2 Schneemetamorphose

Jedes Kind weiß, dass es unterschiedliche Arten von Schnee gibt und dass man mit Pappschnee am meisten Spaß haben kann. Auch Wintersportler haben ihre eigenen Begriffe wie „Powder", „Harsch" oder „Sulz". Zum einen unterscheidet sich der Schnee bereits, während er fällt oder frisch gefallen ist, zum anderen verändert sich die Beschaffenheit einer Schneedecke auch mit der Zeit. Daran sind verschiedene Prozesse beteiligt (de Quervain 1963).

> Sobald Schnee die Erdoberfläche erreicht, setzt ein Umwandlungsprozess ein, der als **Schneemetamorphose** bezeichnet wird. Man unterscheidet zwischen **abbauender** und **aufbauender Metamorphose**.

Bei der abbauenden Metamorphose entstehen aus größeren und komplexeren Ausgangsprodukten kleinere und einfachere Endprodukte, deshalb wird sie auch als „destruktive" Metamorphose bezeichnet. Die Zerkleinerung findet durch Schmelzen und Wiedergefrieren statt oder – bei der **isothermalen Metamorphose** – mechanisch und über die Gasphase. Steuernder Faktor bei Letzterem ist die Geometrie der Schneesterne. Der Wasserdampfdruck ist über konvexen Eisoberflächen größer als über konkaven. Deswegen tendieren die Spitzen der Sterne zum Sublimieren (direkter Übergang von der festen in die gasförmige Phase) und werden abgebaut, die Einbuchtungen werden durch Resublimieren (gasförmig zu fest) aufgefüllt.

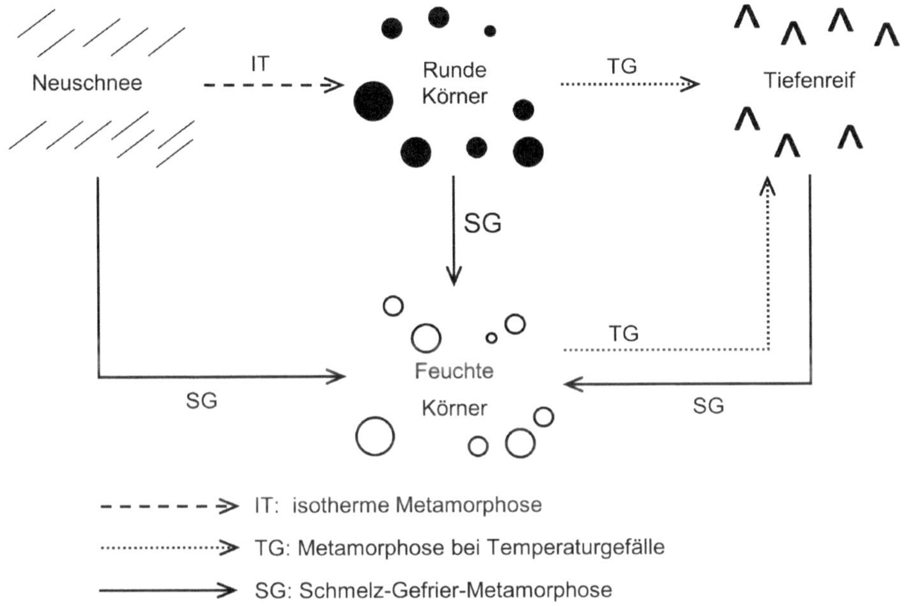

■ Abb. 2.5 Formen und Produkte der Schneemetamorphose

Durch diesen Wasserdampftransport entstehen immer kugeligere Formen, wodurch auch das Verhältnis zwischen Oberfläche und Volumen und damit die Oberflächenenergie minimiert wird.

Schmelz-Gefrier-Metamorphose findet naturgemäß nur statt, wenn die Temperaturen um 0 °C schwanken; sie ist die schnellste und effizienteste Form der Metamorphose. Es entsteht feuchter Schnee, bei dem das flüssige Wasser in den Porenwinkeln zwischen den Eiskörnern als Haftwasser gegen die Schwerkraft gehalten werden kann. Bei nassem Schnee hingegen ist der Porenraum so stark mit Wasser gefüllt, dass es abfließt.

Bei der aufbauenden Metamorphose vergrößern sich die Partikel und es entstehen komplexere Formen, die so genannten Becherkristalle oder Tiefenreif. Voraussetzung ist ein großer Temperaturgradient von über 20 °C pro Meter in der Schneedecke, wodurch es zur Wasserdampfdiffusion von wärmeren Kristallen zu kälteren kommt. Am kälteren Kristall lagert sich der Wasserdampf als Eis ab, es beginnt zu wachsen. Dadurch entstehen mit der Zeit Becherkristalle, die sehr kohäsionslos sind und als so genannter Schwimmschnee oder Tiefenreif oft als Gleithorizont für Schneebrettlawinen fungieren. ■ Abb. 2.5 fasst alle Formen und Produkte der Schneemetamorphose zusammen.

2.2.3 Verfestigung des Schnees

Mit Ausnahme der aufbauenden Metamorphose, die aber nur bei geringmächtiger Schneedecke und sehr kalten Temperaturen stattfindet, wird bei der Schneemeta-

◘ Tab. 2.1 Härteklassen von Schnee. (Fierz et al. 2009)

Bezeichnung	Handtest	Rammwiederstand (N)	Index
sehr weich	Faust	0–50	1
weich	4 Finger	50–175	2
mittelhart	1 Finger	175–390	3
hart	Bleistift	390–715	4
sehr hart	Messer	715–1200	5
Eis	–	> 1200	6

morphose der mit Luft gefüllte Porenraum der Schneedecke verkleinert. Damit nehmen die Dichte und Härte des Schnees zu und das Volumen nimmt ab, die Schneedecke „setzt sich". Die Dichte eines Stoffs wird als Masse pro Volumen in Gramm pro Kubikzentimeter (g cm^{-3}) angegeben; flüssiges Wasser hat die Dichte von rund 1 g cm^{-3} (genau: 0,999975 bei 3,8 °C), woraus sich das Gewicht eines Liters Wasser von 1 kg ergibt.

Der Vorgang der Verfestigung wird in Analogie zur Entstehung von Sedimentgesteinen auch als **Diagenese** bezeichnet. Die Schneehärte ist der Widerstand, den Schnee gegenüber einem eindringenden Gegenstand aufbringt; sie kann mit einer so genannten Rammsonde ermittelt und in Newton (N) angegeben werden. Alternativ lässt sich ein fünfklassiger Index mit einem simplen Handtest bestimmen. Dabei kommt es darauf an, ob die Faust oder entsprechend weniger ohne großen Widerstand in die zu beprobende Schneeschicht gedrückt werden kann (◘ Tab. 2.1).

Frisch gefallener Schnee oder **Neuschnee** hat eine Dichte von meist unter 0,1 g cm^{-3} und besteht zu 90–97 % aus Luft. Primäre Kristallstrukturen sind noch erkennbar, die Konsistenz ist oft pulverig („Pulverschnee"). Feuchter Neuschnee weist dagegen Dichtewerte zwischen 0,1 und 0,2 g cm^{-3} auf.

Als **Altschnee** wird Schnee bezeichnet, der bereits metamorph verändert ist, was bereits wenige Tage nach dem Schneefall eintritt. Der Luftanteil nimmt dann deutlich ab und die Dichte steigt auf 0,2–0,4 g cm^{-3}.

Von **Firn** spricht man, wenn der Schnee einen ganzen Sommer überdauert hat. Ab diesem Zeitpunkt findet weitere Komprimierung nur noch durch den Überlagerungsdruck statt. Firn hat ein breites Dichtespektrum von 0,4–0,83 g cm^{-3}.

Bei einer Dichte von 0,83–0,917 g cm^{-3} liegt **Gletschereis** vor (Paterson 1994). Dieses kann noch bis zu 13 % Luft enthalten, die Luftblasen sind aber im Gegensatz zum Firn isoliert und bilden keinen zusammenhängenden Hohlraum mehr. Mit anderen Worten: Gletschereis ist nicht luftdurchlässig. Reines Eis hat eine Dichte von 0,917 g cm^{-3}, bei metamorph entstandenem Eis bestehen aber immer Lufteinschlüsse und Verunreinigungen, so dass von einer mittleren Dichte von 0,9 g cm^{-3} ausgegangen werden kann.

> Mit zunehmendem Alter wird aus Neuschnee Altschnee und aus diesem, wenn er einen Sommer überdauert hat, Firn. Durch weitere Komprimierung nimmt der Luftanteil ab und die Dichte zu. Sobald sie einen Wert von ca. 0,9 cm^{-3} erreicht, spricht man von Gletschereis.

Wie lange es dauert, bis Gletschereis entsteht, ist stark von den winterlichen Schneemengen und den Sommertemperaturen abhängig. Je weniger Schnee fällt und je kälter die Sommer sind, desto länger dauert die Umwandlung, weil der Überlagerungsdruck langsamer zunimmt und Schmelz-Gefrier-Metamorphose weniger stark oder gar nicht auftritt. Aus Firn- und Eisbohrkernen weiß man, dass bei relativ hohen Schneeniederschlägen in den Zentralalpen (ca. 1500 mm pro Jahr) Gletschereis nach weniger als 20 Jahren in einer Tiefe von weniger als 20 m entstehen kann (Oerter et al. 1982). Am Camp Century in Grönland (jährliche Schneeakkumulation: 320 mm) bildet sich Gletschereis erst nach 125 Jahren in 68 m Tiefe (Gow 1971) und am Dom C in der sehr niederschlagsarmen Antarktis (jährliche Schneeakkumulation: 36 mm) dauert es ganze 1700 Jahre, bis in einer Tiefe von 100 m kompaktes Gletschereis gebildet wird (Raynaud et al. 1979, zit. in: Paterson 1994). Bei ganzjährig kalten Temperaturen tritt hier keine Schmelz-Gefrier-Metamorphose auf und zusätzlich läuft die Wasserdampfdiffusion nur verlangsamt ab.

> Die Bildungsdauer von Gletschereis kann wenige Jahre bis über 1000 Jahre betragen. Am längsten dauert es, wenn keine Schmelze auftritt und nur sehr wenig Schnee fällt. In den Alpen ist die Metamorphose in der Regel in weniger als 20 Jahren vollzogen.

2.3 Physikalische Eigenschaften von Gletschereis

Für das Verständnis vieler glaziologischer Phänomene oder bei Fragestellungen, die sich zum Beispiel mit der Bewegung des Eises beschäftigen, ist die Kenntnis der physikalischen Eigenschaften dieses Mediums unabdingbar. Dafür müssen sogar die kleinsten Baueinheiten, nämlich Moleküle, betrachtet werden, weil sich aus deren Bau direkte Konsequenzen für die Deformation von Eis (▶ Kap. 3) ergeben.

Eis kristallisiert entsprechend dem Molekülbau von Wasser in hexagonaler Form, wobei die Sauerstoffatome (unausgefüllte Kreise in ◨ Abb. 2.6) in regelmäßigen Sechsecken angeordnet sind. Die Wasserstoffatome (ausgefüllte Kreise in ◨ Abb. 2.6) befinden sich auf einer zweiten Ebene, die 0,923 Å (Ångström; 1 Å entspricht dem zehnmillionsten Teil eines Millimeters) von der Ebene der Sauerstoffatome entfernt ist (◨ Abb. 2.6b).

Die nächste Schicht, in der die Atome spiegelbildlich angeordnet sind, befindet sich in einem Abstand von 2,760 Å. Aus diesem parallellagigem Aufbau resultiert eine plattige Kristallstruktur, die aufgrund der Anordnung in zwei basalen Ebenen auch als quasi-hexagonal bezeichnet wird. Auf physikalische Beanspruchungen oder Lichteinfall reagiert Gletschereis nicht in alle Richtungen gleich. Vollkommen lichtdurchlässig ist es zum Beispiel nur senkrecht zu den Kristallebenen, in allen

2

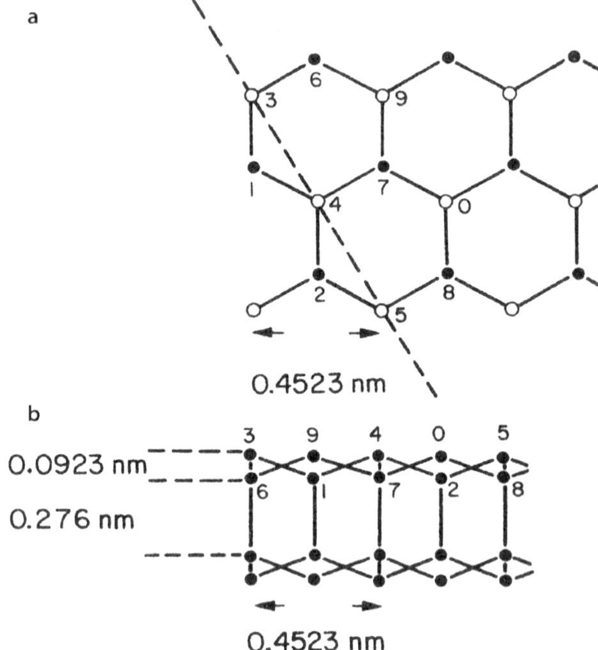

◘ **Abb. 2.6** Struktur eines Eiskristalls im Grundriss **a** und im Aufriss **b**. (Aus Paterson 1994; mit freundlicher Genehmigung von © Elsevier AG 1994, alle Rechte vorbehalten)

anderen Richtungen wird das Licht unterschiedlich gebrochen. Auch die Verformung durch Druckbelastung ist nicht in alle Richtungen gleich, was in ▶ Kap. 3 noch eine Rolle spielen wird. Solch ein richtungsabhängiges Verhalten eines Materials wird als **Anisotropie** bezeichnet.

❯ Die Wasserstoff- und Sauerstoffatome sind in einem Eiskristall in Ebenen angeordnet, woraus sich eine plattige Kristallstruktur ergibt.

Gletschereis hat eine körnige Struktur, wobei Körner aus einzelnen oder aus mehreren Kristallen bestehen können. Die Größe der Eiskristalle nimmt mit der Zeit zu, bereits Forel (1882) hat dieses Wachstum auf 1,4 % pro Jahr beziffert. Da das Alter des Eises nach unten hin zunimmt, finden sich an der Gletscherzunge die größten Kristalle. In den Alpen wurden Durchmesser von 8 cm beobachtet, in Polargebieten liegen Maximalwerte bei 1,5 cm (Charlesworth 1957). Starke Eisbewegung zerkleinert Eiskristalle, so dass die größten Exemplare in den ruhigeren, randlichen Bereichen zu finden sind. In unbewegtem **Toteis** wurden Einzelkorndurchmesser von 18 cm nachgewiesen (Seligman 1948). Auch oberhalb des **Bergschrunds**, wo das Eis zu dünn ist, um sich zu bewegen (▶ Abschn. 3.4), können sehr große Kristalle entstehen (◘ Abb. 2.7).

Die Textur des Gletschereises zeigt oft eine Schichtung, die durch Schneefallereignisse, Staubeinträge und den Unterschied von Sommer- und Winterschnee verursacht wird. Aus Sommerschnee entsteht durch Schmelzereignisse luftarmes, bläuliches Eis, während Winterschnee zu luftreichem, weißem Eis verdichtet wird (◘ Abb. 2.8). In den oberen Bereichen des Gletschers, wo das Eis entsteht, lagern

diese Schichten oberflächenparallel, durch die Bewegung des Eises werden sie zum Gletscherende hin aufgestellt (▶ Kap. 3).

Zusätzlich zur Schichtung kann, vor allem in Polargebieten, noch **Foliation** auftreten. Hierbei entsteht ebenfalls eine wechsellagernde Bänderung von luftreichem, grobkristallinem (Weißblätter) und luftarmem, feinkristallinem Eis (Blaublätter). Es handelt sich um Drucktexturen, die durch eine Orientierung der plattigen Kristalle quer zur Druckrichtung entstehen. Diese können eine Beziehung zur Schichtung haben und sind oft nur schwer von dieser zu unterscheiden.

Die Härte von Eis ist temperaturabhängig und erreicht bei −70 °C mit einer mineralogischen Härte von 6, die jener des Minerals Feldspat entspricht, ihr Maximum.

> Der Schmelzpunkt von Gletschereis ist druckabhängig. Bei Atmosphärendruck beträgt er 0 °C, innerhalb des Eises nimmt er pro bar Druckzunahme um 0,0073 °C ab und wird als **Druckschmelzpunkt** bezeichnet.

Bei einer Eisdicke von 120 m liegt der Druckschmelzpunkt bei ca. −0,1 °C, bei Gebirgsgletschern bleibt er stets über −1 °C. Erst bei einer Eismächtigkeit von 2000 m, wie sie bei den polaren Eisschilden auftreten kann, beträgt der auflastbedingte Druckschmelzpunkt −1,6 °C (Bennet und Glasser 2009).

Schmelzpunkt und Temperatur verändern sich also von der Gletscheroberfläche bis zur Basis, wo der Gletscher auf dem Fels aufliegt. An der Oberfläche wird die Eistemperatur maßgeblich durch die Lufttemperatur gesteuert. Im Sommer beträgt sie bei Schmelzbedingungen 0 °C, im Winter kann sie deutlich unter diesen Wert abkühlen. An der Gletscherbasis resultiert die Eistemperatur aus der Bilanz aus Wärmegewinn und -verlust.

Wärmegewinn ergibt sich aus dem geothermalen Wärmefluss aus dem Erdinneren und aus der Reibungswärme, sowohl innerhalb des Eises als auch zwischen Eis und Untergrund. Im Durchschnitt entspricht die Reibungswärme bei einer Eisbewegung von 20 m pro Jahr dem mittleren geothermalen Wärmefluss (Bennet und Glasser 2009).

Wärmeverlust entsteht durch den Abtransport von Energie in Richtung Oberfläche. Diese Energieabfuhr wird gesteuert vom Temperaturgradienten (°C pro Meter) zwischen Basis und Oberfläche und von der Wärmeleitfähigkeit des Gletschereises. Der Gradient ist abhängig von der Oberflächentemperatur und der Eismächtigkeit. Je kälter die Lufttemperatur und damit die Temperatur der Eisoberfläche und je dünner ein Gletscher ist, desto größer ist der Gradient und desto effektiver kann Wärme von der Basis abgeführt werden. Dadurch kühlt die Basis ab, so dass ein direkter Zusammenhang zwischen der Temperatur an der Oberfläche und am Gletscherbett entsteht: Eine Abkühlung oder Erwärmung von 1 °C an der Eisoberfläche verursacht, mit einer Verzögerung, denselben Temperaturwechsel an der Basis.

Ist der Energiegewinn an der Basis größer als die Abfuhr, so erfolgt ein Netto-Schmelzen, im umgekehrten Fall ein Netto-Gefrieren. Es ergeben sich zwei grundlegende vertikale Temperaturprofile, die in ◘ Abb. 2.9 dargestellt sind.

Bei **kaltem Eis**, wie es vor allem in Polargebieten vorkommt, liegt die Temperatur in jeder Tiefe deutlich unterhalb des Druckschmelzpunkts (◘ Abb. 2.9a). Bei **temperiertem** oder **warmem Eis**, was den Normalfall bei Gletschern in den Mittelbreiten darstellt, liegt die Temperatur über das gesamte Profil am Druckschmelzpunkt (◘ Abb. 2.9b) und es tritt Schmelzwasser an der Gletscherbasis auf. Die Temperatur nimmt von der Gletscherbasis bis zur Oberfläche kontinuierlich ab,

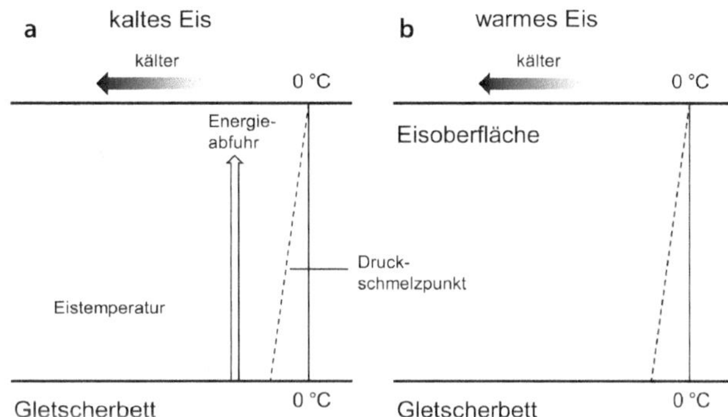

Abb. 2.9 Idealisiertes Temperaturprofil durch kaltes Eis **a** und warmes Eis **b**. (Verändert nach Chorley et al. 1984)

was eine effiziente Energieabfuhr an der Basis ermöglicht, wo demzufolge kein Schmelzwasser auftritt. Diese Temperaturbedingungen an der Gletschersohle haben entscheidende Auswirkungen auf die Eisbewegung (▶ Kap. 3) und die Glazialerosion (▶ Kap. 9).

Literatur

Bennet MR, Glasser NF (2009) Glacial geology. Ice sheets and landforms. Wiley-Blackwell, Chichester

Charlesworth JK (1957) The quaternary era, Bd 1. Edward Arnold, London

Chorley RJ, Schumm SA, Sugden DE (1984) Geomorphology. Methuen, London/New York

Fierz C, Armstrong R, Durand Y, Etchevers P, Greene E, McClung D, Nishimura K, Satyawali P, Sokratov S (2009) The international classification for seasonal snow on the ground. Technical documents in hydrology, Bd 3. UNESCO, Paris

Forel FA (1882) Le grain du glacier. Arch Sci 3(7):329–375

Furukawa Y (1997) Faszination der Schneekristalle – wie ihre bezaubernden Formen entstehen. Chemie in unserer Zeit 31(2):58–65

Gow AJ (1971) Depth-time-temperature relationships of ice crystal growth in polar glaciers. CRREL Res Rep, 300:1–19

de Martonne E (1948) Traité de Géographie physique. Armand Colin, Paris

Nakaya U (1954) Snow crystals, natural and artificial. Harvard University Press, Cambridge, S 510

Oerter H, Reinwarth O, Rufli H (1982) Core drilling through a temperate alpine glacier (Vernagtferner, Oetztal Alps) in 1979. Z Gletscherk Glazialgeol 18(1):1–11

Paterson WSB (1994) The physics of glaciers. Butterworth Heinemann, Oxford/Birlington, S 481

de Quervain M (1963) On the metamorphism of snow. In: Kingery WD (Hrsg) Ice and snow. MIT Press, Cambridge, MA, S 377–390

Raynaud D, Duval P, Lebel B, Lorius C (1979) Crystal size and total gas content of ice: two indicators of the climatic evolution of polar ice sheets. In: Evolution of planetary atmospheres and climatology of the earth, Proceedings of the international conference held 16–20 October, 1978 in Nice, France. Centre National d'Etudes Spatiales, Toulouse

Seligman G (1948) The growth of the glacier crystal. IAHS Publ 29:216–220

Weischet W (1991) Einführung in die Allgemeine Klimatologie. Teubner, Stuttgart

Eisbewegung

Inhaltsverzeichnis

© Springer-Verlag GmbH Deutschland, ein Teil von Springer Nature 2020
W. Hagg, *Gletscherkunde und Glazialgeomorphologie*,
https://doi.org/10.1007/978-3-662-61994-0_3

3

> **Überblick**
>
> Während die allgemeinen Bewegungsmuster von Gletschern bereits am Ende des 19. Jahrhunderts beschrieben wurden, werden die drei Teilprozesse, die eine Bewegung des Eises überhaupt ermöglichen, erst später erkannt. Dies sind das Deformationsfließen, das basale Gleiten und die Deformation des Untergrunds. Gletscher-*Surges* stellen zwar keine eigene Bewegungsform, aber aufgrund ihrer Geschwindigkeit doch einen Sonderfall der Eisbewegung dar. Die verschiedenen Typen von Gletscherspalten treten an Orten auf, an denen es zu unterschiedlichen Fließgeschwindigkeiten kommt; sie erlauben Rückschlüsse auf Eisbewegung und Untergrund. Zusammen mit den Ogiven sind Gletscherspalten sichtbare und augenfällige Belege dafür, dass Gletschereis nicht starr ist, sondern bis zu einem gewissen Grad verformbar auf Druckbelastungen reagiert.

3.1 Beschreibung des Bewegungsmusters

Dass Gletschereis keine statische Masse ist, sondern sich bewegen kann, weiß der Mensch spätestens seit den Gletschervorstößen der Kleinen Eiszeit (▶ Kap. 8). Aber auch stationäre Gletscher, die mit dem Lokalklima im Gleichgewicht sind und deren Front über mehrere Jahre an derselben Stelle bleibt, befinden sich in ständiger Bewegung. In den Höhenbereichen, in denen Gletschereis durch Metamorphose entsteht, herrscht ein Massenüberschuss, weil dort mehr Schnee akkumuliert wird als abschmilzt. Dieser Massenüberschuss wird durch die Eisbewegung hangabwärts transportiert, wo er das Massendefizit ausgleicht, das dort durch das Überwiegen der Schmelze verursacht wird (▶ Kap. 4). Bereits im 18. Jahrhundert gab es die ersten Bewegungsmessungen und Erklärungsversuche für dieses Phänomen (▶ Kap. 1). Der Erste, der die Eisbewegung detailliert und korrekt beschrieb, war Sebastian Finsterwalder am Vernagtferner in Österreich. Er erkannte, dass jedem Punkt oberhalb der Gletscherschneegrenze, auf den eine Schneeflocke fällt, ein Punkt unterhalb der Schneegrenze entspricht, wo diese wieder schmilzt (◘ Abb. 3.1). Dieser schöne Gedanke berücksichtigt zwar nicht die Schneemetamorphose und den Umstand, dass Schnee auch oberhalb der Gleichgewichtslinie schmelzen kann, aber die Schlussfolgerungen auf die generellen Bewegungsbahnen sind durchaus korrekt.

Die Bewegungslinien verlaufen in ◘ Abb. 3.1 entlang der durchgezogenen Linien von oben nach unten. Die Gleichgewichtslinie wird durch die gestrichelte Linie gekennzeichnet. Eine Schneeflocke, die hier auftritt, schmilzt an gleicher Stelle wieder. Die Bewegungslinien konvergieren, also verengen sich, bis zur Gleichgewichtslinie, und sie erweitern sich (divergieren) darunter. Das gesamte Firnfeld, das ist der Bereich oberhalb der Gleichgewichtslinie, wird eindeutig im Abschmelzungsgebiet abgebildet. Finsterwalder erkannte weiter, dass die beiden genannten Punkte des Auf- und Abtrags durch eine im Inneren des Gletschers verlaufende Linie, die er Stromlinie nennt, verbunden sind (◘ Abb. 3.2).

Auf der dunkelblau markierten Fläche oberhalb der Firnlinie findet „Auftrag" oder Massenzuwachs statt, auf der roten Fläche unterhalb überwiegt „Abtrag"

□ **Abb. 3.1**   Aufsicht auf einen Gletscher. Die durchgezogenen Linien zeigen die Eisbewegung, die gestrichelten sind Schichtlinien gleichen „Auf- und Abtrags", also gleicher Massenänderung. Schneeflocken, die an den markierten Stellen fallen, verschwinden im Gletscher und kommen an den mit Tropfen gekennzeichneten Stellen wieder zum Vorschein. (Nach Finsterwalder 1897, ergänzt)

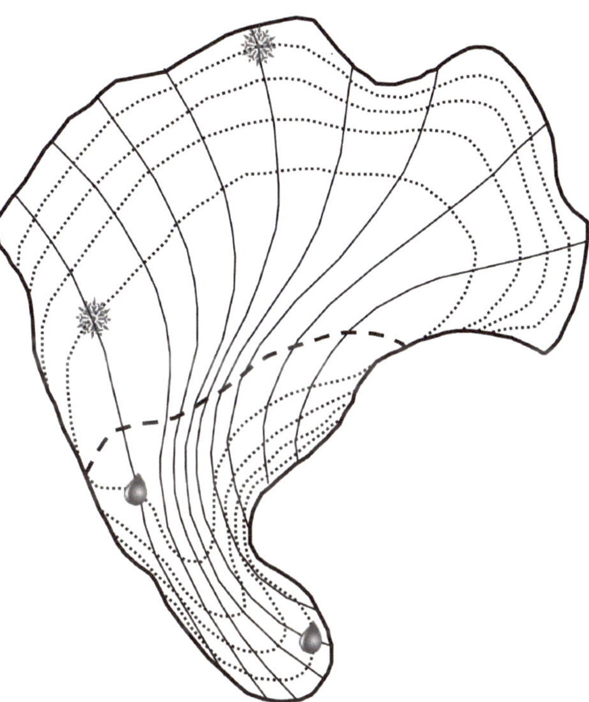

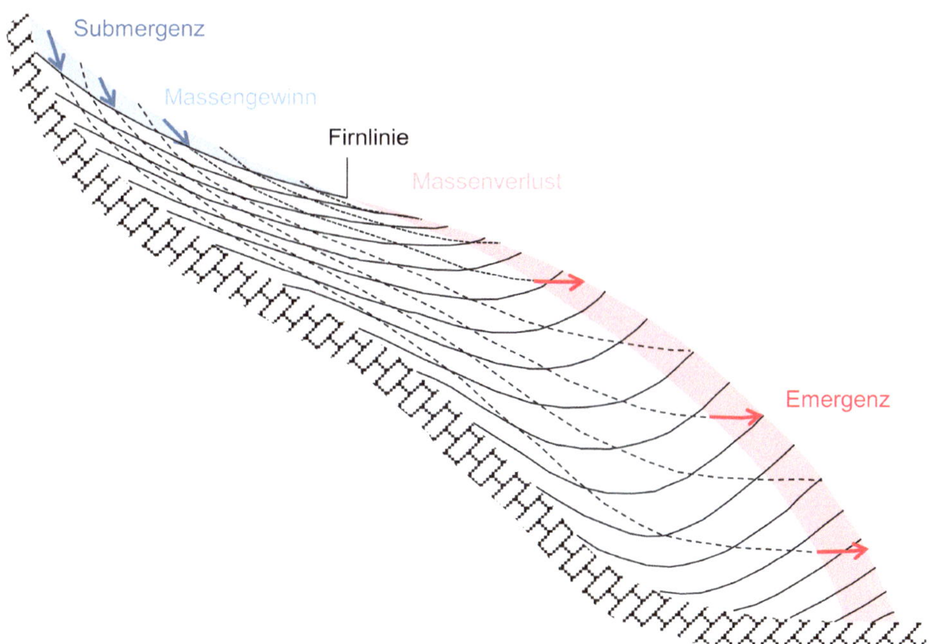

□ **Abb. 3.2**   Zonen des Massengewinns und Massenverlusts sowie Bewegungsvektoren und Schichtgrenzen im Aufriss eines Gletschers. (Nach Finsterwalder 1897, ergänzt)

3

oder Massenverlust. Die gestrichelten Linien sind Stromlinien und zeigen die Bewegungsbahnen innerhalb des Gletschers. Oberhalb der Firn- oder Gleichgewichtslinie verlaufen sie nach unten, also ins Gletscherinnere (blaue Pfeile). Diese nach innen gerichtete Bewegung nennt man **Submergenz**. Der Winkel zur Oberfläche wird nach oben hin größer, weil mit zunehmender Meereshöhe der jährliche Schneefall zunimmt. Die durchgezogenen Linien sind Schichtflächen, also ehemalige Oberflächen des Firngebiets. Sie werden bei ihrer Bewegung durch den Gletscher deformiert. Unterhalb der Firnlinie resultiert durch die immer stärkere Schmelze eine Relativbewegung gegen die Oberfläche, die als **Emergenz** bezeichnet wird (rote Pfeile). Die Stromlinien verlaufen in Richtung Eisoberfläche, der Austrittswinkel der Stromlinien nimmt nach unten zu. Auch die Schichtflächen werden gegen das Gletscherende hin aufgerichtet. Finsterwalder (1897) hat in seiner „geometrisch-kinematischen Bewegungstheorie" bereits postuliert, dass der Austrittswinkel der Schichtflächen der Summe aus Eintauchwinkel und Austrittswinkel der Stromlinien entspricht. Vereinfacht ausgedrückt hat er Folgendes erkannt: Je weiter oberhalb der Firnlinie ein Partikel auf den Gletscher gelangt, desto tiefer wird er in das Eis transportiert und desto weiter unten gelangt er wieder an die Oberfläche. Dabei muss es sich nicht unbedingt um eine Schneeflocke oder einen Stein handeln, auch verlorene Gegenstände, verunglückte Bergsteiger oder abgestürzte Flugzeuge werden entlang dieser Linien durch das Eis transportiert (▶ Exkurs 3.1).

Exkurs 3.1: Funde im Eis

Nichts verschwindet ewig im Gletscher, aber bei manchen Sachen dauert es eine ganze Weile, bis sie wieder auftauchen. Dabei können die Fundstücke Rückschlüsse über die Fließgeschwindigkeit des Eises zulassen oder, andersrum, Kenntnisse der Eisbewegung die Rekonstruktion des Transports erlauben. Jouvet und Funk (2014) gelang es, aus dem Fundort zweier identifizierter Leichen am Aletschgletscher im Jahr 2012 den Unglücksort der Bergsteiger im Jahr 1926 zu berechnen und daraus sogar Vermutungen über die Ursache des Unglücks abzuleiten.

Oft sind die Fundstücke Reste aus Kriegszeiten wie zum Beispiel Munition, Granaten oder Flugzeugteile. Am Watzmanngletscher schmelzen seit 2003 die Reste einer Junkers JU-52 aus, die im Oktober 1940 an der Ostwand zerschellte (◘ Abb. 3.3).

Die finanziell spektakulärste Entdeckung sind wohl Edelsteine, die mehrere Hunderttausend Dollar wert sein sollen und 2013 auf dem Bossons-Gletscher bei Chamonix gefunden wurden. Diese stammen vom Absturz einer Air-India-Maschine im Jahr 1966 (BBC News 2013). Die Nennung des Jahres ist hier insofern wichtig, als am selben Gletscher bereits zwei Flugzeuge der Air India abstürzten.

Eine Vielzahl von Funden ist monetär zwar nicht so wertvoll, aber deutlich älter und ließ das relativ junge Spezialgebiet der Gletscherarchäologie entstehen, das bereits über eine eigene Fachzeitschrift verfügt. Am Lötschegletscher in den Berner Alpen sind römische Münzen, Werkzeuge aus der Eisenzeit und Waffen aus der Frühbronzezeit gefunden worden (Hafner 2015).

Aber auch Gletscherleichen können ein erstaunliches Alter aufweisen. Am Theodulpass wurde ein vor 400 Jahren gestorbener Söldner entdeckt (Providoli et al. 2015), und in den kanadischen Rocky Mountains ist 1999 ein Indianer samt Umhang und Hut aufgetaucht, der bereits 550 Jahre zuvor ums Leben kam (Beattie et al. 2000). Der bekannteste Fund war aber sicherlich der Eismann aus dem Ötztal. Dieser wurde allerdings, entgegen der landläufigen Darstellung, nicht von einem Gletscher freigegeben, sondern schmolz aus einem Firnfleck aus. Das war insofern ein Glücksfall, als bewegtes Gletschereis dem Ötzi physisch sicherlich deutlich stärker zugesetzt hätte.

Es bleibt abzuwarten, welche Geheimnisse die Gletscher in den kommenden Jahren noch preisgeben; ein absolutes Highlight wäre für die Gletscher-Archäologen vermutlich ein Elefant aus der Karawane von Hannibal aus dem Jahr 218 v. Chr.

Abb. 3.3 Reste eines Flugzeugs am Watzmanngletscher (links) und Wurfgranate aus dem Zweiten Weltkrieg am Nördlichen Schneeferner (rechts). (Fotos: W. Hagg)

Alles, was oberhalb der Gleichgewichtslinien auf den Gletscher fällt, verschwindet in ihm. Je weiter oben dies passiert, desto länger verschwindet und desto weiter unten kommt es wieder an die Oberfläche. Alles, was unterhalb der Gleichgewichtslinie auf dem Gletscher liegt, bleibt bis zur Gletscherstirn auf der Oberfläche liegen.

In der Aufsicht (Abb. 3.1) erkennt man auch, dass die Schichtlinien (gestrichelt) unterhalb der Firnlinie in der Gletschermitte nach unten gebogen sind. Diese so „genannten **falschen Ogiven**" (die „echten Ogiven" werden in ▶ Abschn. 3.4 behandelt) zeigen, dass die Eisbewegung dort größer ist als an den Randbereichen,

3

◪ Abb. 3.4   Querspalten und falsche Ogiven am Höllentalferner. (Foto: W. Hagg)

wo der Reibungseinfluss zunimmt. Ein Beispiel für falsche Ogiven ist in ◪ Abb. 3.4 zu sehen. Der Höllentalferner fließt von rechts, wo noch eine Schnee- und Firnauflage zu erkennen sind, nach links. Die einzelnen Schichtflächen sind im rechten Bildteil als unterschiedliche Grautöne zu sehen. Links der Spaltenzone werden diese dann steil aufgestellt und sind an der Oberfläche nur noch als lineare Strukturen zu erkennen. Diese sind in der Mitte des Gletschers nach unten gebogen, weil hier das Eis schneller fließt als am Rand.

Am Höllentalferner sieht man anhand dieser falschen Ogiven schön, dass sich Eis plastisch verformen kann. Gleichzeitig kann man anhand der benachbarten Gletscherspalten erkennen, dass es nicht beliebig verformbar ist, sondern auch spröde auf Belastungen reagieren und aufreißen kann. Sebastian Finsterwalder konnte die Bewegung der Gletscher zwar beschreiben, aber noch nicht erklären. Bis zur Entwicklung der modernen Theorien der Eisbewegung, die im nächsten Abschnitt beschrieben werden, sollte noch etwas Zeit vergehen.

3.2 An der Eisbewegung beteiligte Prozesse

Heute weiß man, dass drei Prozesse für die Eisbewegung verantwortlich sein können. Während der erste Prozess an jedem Gletscher auftritt, sind die beiden anderen an das Vorhandensein bestimmter Voraussetzungen geknüpft.

3.2.1 Deformationsfließen

Auf Eis wirkt eine **Scherspannung (*shear stress*)**, die abhängig ist vom Druck des überlagernden Eises und von der Oberflächenneigung des Gletschers. Diese Scherspannung wirkt sowohl auf einzelne Eiskristalle als auch auf einen Körper aus mehreren Kristallen.

Bei Einzelkristallen wurde die Deformation im Labor untersucht. Dabei hat man herausgefunden, dass sich die Deformation entlang der basalen Ebenen im Eiskristall (▶ Abschn. 2.3) vollzieht (Paterson 1994). Entlang dieser Ebenen können, wie in einem Stapel neuer Spielkarten, Gleitvorgänge leicht vonstattengehen, so dass bereits durch geringe Scherspannungen Verformungen verursacht werden.

In polykristallinem Eis ist die Orientierung der basalen Ebenen in den Einzelkristallen zufällig, weshalb sie gegenseitig eine Deformation behindern und eine Bewegung erschweren. Erreicht die Scherspannung allerdings einen Wert von 50 kPa (Kilopascal), dann beginnt die interne Deformation von polykristallinem Eis durch verschiedene Teilprozesse im Kristallverband. Neben Gleitprozessen innerhalb der Eiskristalle sind das Rotationsbewegungen, gerichtetes Wachstum von Kristallen und kleinste Risse, die zu Versatz führen. Auch die komplette Umkristallisation von Kristallen, deren basale Ebenen danach optimal für Gleitprozesse orientiert sind, spielt eine große Rolle.

Als polykristalliner, anisotroper Körper reagiert Gletschereis komplex auf Druck- bzw. Schubbelastungen. Es ist weder viskos noch plastisch. Bei viskosem Fließen würde die Verformung linear mit der Belastung zunehmen (◐ Abb. 3.5), bei plastischem wäre unterhalb einer Grenzbelastung keine Verformung, darüber entspräche sie einer viskosen Flüssigkeit. Das Verhalten von Gletschereis kann am besten mit dem Fließgesetz von Glen (1955) beschrieben werden, wonach die Deformation mit steigendem Druck exponentiell zunimmt:

$$\varepsilon = A\,\tau^{n} \tag{3.1}$$

ε = Verformungsgeschwindigkeit

A = temperaturabhängige Konstante

τ = Scherspannung

n = Exponent, abhängig von Kristallorientierung, Kristallgröße etc.

Beim Fließgesetz von Glen handelt es sich nicht um ein physikalisches Gesetz, sondern um eine empirische Gleichung, die durch Experimente abgeleitet wurde. Bei kleinen Spannungen versagt es zwar, ab ca. 50 kPa ist es aber bis heute die beste Basis zur Modellierung von Eisbewegung. Die Konstante A wird mit zunehmender

3

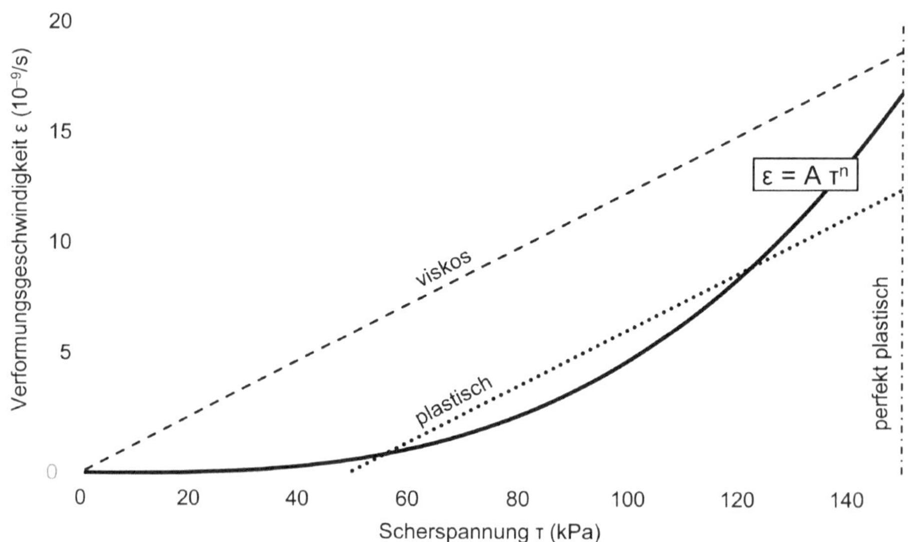

☐ Abb. 3.5   Darstellung verschiedener Fließverhalten. Strichlinie = linear viskoses Fließen eines Newton'schen Fluids (Viskosität: 8×10^9 kPa), Punktlinie = plastisches Material mit einer Fließgrenze von 50 kPA (Viskosität: 8×10^9 kPa), Strichpunktlinie = perfekt plastisches Material mit einer Fließgrenze von 150 kPa (Viskosität: gegen ∞), durchgezogene Linie = Deformationsfließen von Eis nach dem Gesetz von Glen (n = 3, A = $5 \times 10{-}15$)

Temperatur größer, die Scherspannung t wirkt sich sogar exponentiell auf die Verformungsgeschwindigkeit aus. Damit folgt aus dem Gesetz von Glen: Gletschereis wird mit zunehmender Belastung und zunehmender Temperatur fließfähiger.

> Gletschereis verformt sich erst ab einer gewissen Belastung, dann jedoch nimmt das Deformationsfließen exponentiell zur Scherspannung zu. Außerdem ist Eis umso verformbarer, je näher seine Temperatur an 0 °C ist.

Betrachtet man die druckabhängige Deformation im Gletscherprofil (☐ Abb. 3.6a), dann beginnt Verformung (gepunktete graue Linie) erst ab einer bestimmten Tiefe, nimmt dann exponentiell zu und geht direkt über dem Felsuntergrund durch den Reibungseinfluss wieder gegen null. Wird die Deformation und damit die Fließgeschwindigkeit für jede Tiefe einzeln betrachtet, befindet sich das Maximum also relativ knapp über dem Gletscherbett. Da das **Deformationsfließen** (*internal deformation*) in einer bestimmten Tiefe jedoch das darüber liegende Eis mitbewegt, ist die Gesamtbewegung (graue Linie in ☐ Abb. 3.6b) in jeder Tiefe immer die Summe aller Bewegungsvektoren vom Gletscherbett bis zur betrachteten Tiefe. Die Bewegungsvektoren sind von unten nach oben kumulativ zu betrachten, deswegen findet die größte Gesamtbewegung immer an der Oberfläche statt. Hier findet zwar mangels fehlenden Drucks keine Deformation statt, das Eis an der Oberfläche wird aber hier durch die Bewegung in jeder Tiefe mittransportiert (☐ Abb. 3.6b).

   Deformationsfließen ist die ureigenste Bewegungsform von Gletschereis, sie findet an allen Gletschern statt. Es wird dafür nicht einmal steiles Relief benötigt, auch bei vollkommen ebenem Untergrund beginnt ein Eiskörper ab einer bestimmten Dicke (diejenige, die in seinem Inneren mindestens 50 kPa Druck erzeugt), seitlich zu fließen. Interne Deformation erzeugt ein laminares Strömungsmuster, das mit einem langsam fließenden Fluss verglichen werden kann. „Laminar" bedeutet, dass sich die Bewegungslinien nicht kreuzen, sondern parallel verlaufen. Durch den Reibungseinfluss sind die Fließgeschwindigkeiten am Rand am geringsten; am schnellsten fließen Gletscher dort, wo sie am mächtigsten sind. Bei Gebirgsgletschern ist das in der Regel die Talmitte (◼ Abb. 3.7), an Verengungen werden – wie bei Flüssen – besonders hohe Geschwindigkeiten erreicht.

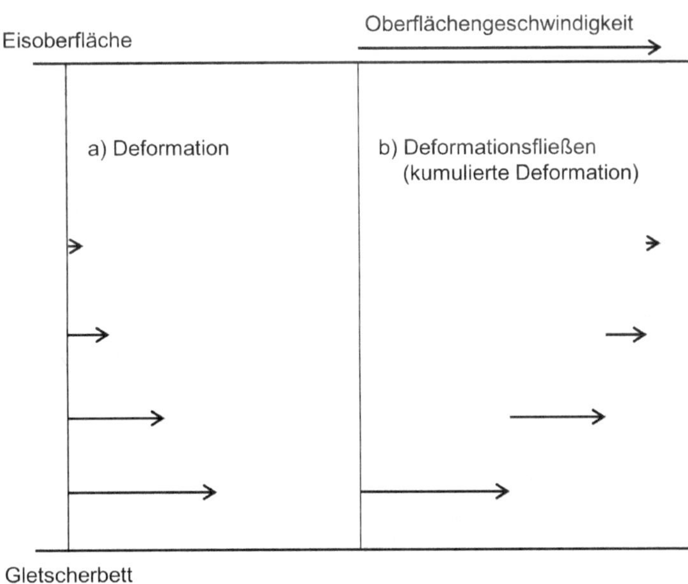

◼ Abb. 3.6 Deformation **a** und Deformationsfließen **b** im Längsschnitt eines Gletschers

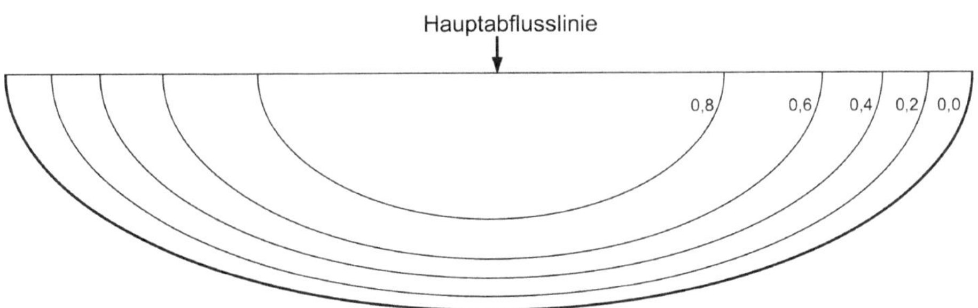

◼ Abb. 3.7 Theoretisches Geschwindigkeitsprofil durch Deformation in einem elliptischen Gletscherquerschnitt (Verhältnis Breite zu Tiefe 4:1). Die Zahlen sind dimensionslose Geschwindigkeitsmaße. (Nach Nye 1965)

3.2.2 Basales Gleiten

Die zweite Bewegungsform, das basale Gleiten (Weertmann 1964), bezeichnet das Gleiten des Eises über das Gletscherbett. Bei dieser Bewegung rutscht der Gletscher am Stück (en bloc), so dass die Geschwindigkeit über das gesamte Vertikalprofil gleich groß ist.

Basales Gleiten (*basal sliding*) kann nur stattfinden, wenn sich ein Schmelzwasserfilm zwischen Eis und Felsuntergrund befindet. Dieser reduziert die Anzahl der Kontaktpunkte und damit die Reibung zwischen den beiden Materialien deutlich und erlaubt sogar kurzzeitig ein leichtes Aufschwimmen des Eises. Weil für den Bewegungsprozess basales Schmelzen notwendig ist, kann er nur bei temperiertem oder warmem Eis (▶ Abschn. 2.3), das sich am Druckschmelzpunkt befindet, auftreten. Felshindernisse werden dabei durch plastisches Umfließen (*enhanced basal creep*) oder durch Regelationsfließen (*regelation slip*) überwunden. Ersteres basiert darauf, dass an der Stoßseite des Hindernisses durch Druckzunahme die Plastizität und damit die Fähigkeit zum Umfließen gefördert wird. Beim Regelationsfließen kommt es an der Oberseite zum verstärkten Druckschmelzen, wodurch das Wasser den Felsriegel in flüssiger Form passiert und an der Rückseite durch die Druckabnahme wieder anfriert.

Basale Gleitvorgänge besitzen eine Saisonalität und haben ihr Maximum bei besonders hohem Vorkommen von Schmelzwasser, also im Sommer und vor allem während Hitzeperioden. Das supraglazial entstehende Wasser findet zum Teil seinen Weg bis unter den Gletscher und erhöht dort den basalen Wasserdruck. Besonders durch hohe Drucke in subglazialen Hohlräumen verringert sich die Rauigkeit des Betts, wodurch Gleitprozesse erleichtert werden.

Bei polaren Gletschern, die am Untergrund angefroren sind, fehlt diese Bewegungsform zwar nicht gänzlich, sie ist aber so gering, dass sie vernachlässigt werden kann (Fowler 1986).

> Beim basalen Gleiten rutscht der Gletscher als Ganzes über seinen Untergrund. Dafür ist ein Schmelzwasserfilm nötig, weshalb dieser Bewegungsprozess nur bei temperiertem Eis auftritt.

3.2.3 Deformation des Untergrunds

Gletscherbetten, die aus wassergesättigtem Lockersediment bestehen, können durch den Druck des Eises deformiert werden, wodurch wiederum das darüberliegende Gletschereis mitbewegt wird. Flüssiges Wasser existiert in subglazialen Ablagerungen nur unter warmem Eis, weswegen diese Bewegungsart, wie das basale Gleiten, nur bei temperierten Gletschern auftritt. Die Bewegung, die auch hier en bloc erfolgt, wird weniger durch die Eigenschaften des Eises bestimmt als durch mechanische und hydrologische Eigenschaften des Untergrunds. Die Deformation des Sediments kann nach unten zu- oder abnehmen, dies scheint auch von der Wassersättigung in den unterschiedlichen Tiefen des Lockersubstrats mitgesteuert zu werden (Evans et al. 2006). Am Black-Rapids-Gletscher in Alaska findet in den obersten zwei Sedimentschichten gar keine Verformung statt, in tieferen Schichten muss sie aber erheblich sein, denn man weiß, dass hier die Hälfte bis drei Viertel der Gesamtbewegung durch Sedimentdeformation verursacht werden (Truffer et al. 2000). Viele Zusammenhänge sind noch unerforscht, denn die beteiligten Prozesse sind komplex und naturgemäß sehr schwierig zu beobachten. In extremen Fällen, wie am Breiðamerkurjökull auf Island, kann die Deformation des Untergrunds 90 % der Gesamtbewegung ausmachen (Boulton und Hindmarsh 1987).

> Wenn Gletscher auf wassergesättigtem Lockermaterial liegen, kann sich dieses durch den Druck des Eises verformen, wodurch der Gletscher mitbewegt wird. Der Prozess ist schwierig zu beobachten und zu quantifizieren.

3.2.4 Fließgeschwindigkeit der Gletscher

Die Fließgeschwindigkeit von Gebirgsgletschern kann sehr unterschiedliche Werte zwischen 1 und 800 m pro Jahr annehmen (Boulton 1974). An Engstellen oder an Steilstufen werden die höchsten Werte erreicht, bei stark schuttbedeckten Gletscherzungen sehr geringe. Genauso wie die Bewegung räumlich variiert, tut sie es auch zeitlich. Die meisten Gletscher haben saisonale Schwankungen mit höheren Geschwindigkeiten in der Schmelzperiode, was auf die Bedeutung des basalen Gleitens hindeutet. Am südlichen Inyltschek-Gletscher im zentralasiatischen Tienschan ist die oberflächliche Fließgeschwindigkeit 14 km oberhalb des Gletscherendes im Sommer 1,5- bis zweimal höher als im Jahresmittel, wo sie in der Hauptabflusslinie 130 m pro Jahr und über den Querschnitt gemittelt 80–90 m pro Jahr beträgt (Mayer et al. 2008). An demselben Gletscher geht die Bewegung am stark schuttbedeckten Gletscherende gegen null.

Am Argentière-Gletscher in Frankreich wird in einem Hohlraum unter dem Gletscher dessen Bewegung in Echtzeit gemessen. Hier konnte gezeigt werden, dass die Eisbewegung nach starken Niederschlägen zunimmt, was wohl auf den erhöhten Wasserdruck zwischen Eis und Fels und damit eine Zunahme des basalen Gleitens zurückzuführen ist (Benoit et al. 2015). Die mittlere Fließgeschwindigkeit erreicht an der relativ steilen Messstelle ca. 70 m pro Jahr, was nur noch halb so viel ist wie in den 1980er-Jahren (Vincent und Moreau 2016). Auch an anderen Orten werden im Zuge des derzeitigen Gletscherschwunds die Gebirgsgletscher tendenziell langsamer, weil der Eisnachschub aus dem Nährgebiet abnimmt.

Vergleichsweise hohe Fließgeschwindigkeiten finden sich an Gletschern, die in Seen oder ins Meer münden. Wegen des Aufschwimmens der Gletscherzungen werden z. B. am Perito-Moreno-Gletscher in Argentinien (◨ Abb. 3.8) Werte von 620 m pro Jahr (Minowa et al. 2017) erreicht. Als schnellster Gletscher der Welt gilt der ebenfalls ins Meer kalbende Jakobshavn Isbræ in Grönland, dessen Eis sich nach einer extremen Schmelzperiode im Sommer 2012 mit Spitzengeschwindigkeiten von bis zu 17 km pro Jahr bewegte (Joughin et al. 2014), sich inzwischen (2015–2017) aber wieder auf 1250 m pro Jahr verlangsamt hat (Lemos et al. 2018).

◘ **Abb. 3.8**   Der Perito-Moreno-Gletscher mündet in den Lago Argentino und erreicht dabei Geschwindigkeiten von mehreren hundert Metern pro Jahr. (Foto: Clemens Netzer, Januar 2020)

Kalte Gletscher bewegen sich dagegen sehr langsam. Zum einen findet bei ihnen praktisch kein basales Gleiten statt, zum anderen ist auch das temperaturabhängige Deformationsfließen in Polargebieten stark verlangsamt.

❯ Gletscher haben ein breites Geschwindigkeitsspektrum von wenigen Metern bis zu mehreren hundert Metern pro Jahr; noch schneller können Gletscher sein, die ins Meer münden. Im Zuge des Gletscherschwunds nimmt die Fließgeschwindigkeit aktuell zumeist ab.

3.3 Sonderfall Surge

Bei manchen Gletschern treten Phasen mit stark beschleunigter Eisbewegung auf. Am bereits erwähnten Vernagtferner in den Ötztaler Alpen kam es während der Kleinen Eiszeit zwischen 1550 und 1850 n. Chr. (▶ Kap. 8) zu vier sehr schnellen Vorstößen, bei denen der Gletscher mit Geschwindigkeiten von bis zu 11,5 m pro Tag bis ins Haupttal vorstieß (Nicolussi 2013). Dort bildete der Gletscher einen Damm und ließ den Rofener Eisstausee entstehen (◘ Abb. 3.9).

Der See entleerte sich teilweise durch Dammbrüche, die verheerende Hochwasserkatastrophen im Ötztal nach sich zogen. Aus diesem Grund war der Vernagtferner bereits früh im Bewusstsein der Öffentlichkeit und der Wissenschaft, womöglich hat ihn Sebastian Finsterwalder auch deswegen für seine Kartierung am Ende des 19. Jahrhunderts ausgesucht (▶ Kap. 1). Gletscher mit derartigen Vorstoßphänomenen wurden früher als galoppierende oder pulsierende Gletscher bezeichnet; heute spricht man von einem Gletscher-**Surge** (vom englischen *surge* für „Welle", „Schwall", „Anstieg") oder, etwas eingedeutscht, von „surgenden" Gletschern.

Bei diesen periodischen Vorstößen fließen die Gletscher zehn- bis 1000-mal schneller als in den Phasen dazwischen und erreichen Maximalgeschwindigkeiten von mehreren Zehnermetern pro Tag. Die Ruhephasen dauern typischerweise 15 bis 100 Jahre, die Vorstoßphase nur ein bis zehn Jahre (Meier und Post 1969). Das Phänomen wird an weniger als 1 % aller Gletscher beobachtet; es tritt in manchen

☑ **Abb. 3.9** Der in Blöcke zerfallene Vernagtferner staut 1771 den Rofener Eisstausee auf. (Farblithographie von C.F. Hoppe, gedruckt 1810 bei Matthies, Schmiedberg)

Regionen (Alaska, Kanada, Grönland, Island, Spitzbergen, Pamir, Karakorum) gehäuft, in anderen gar nicht auf. Auffällig erscheint dabei die Häufung in Subpolargebieten und in sehr hohen Gebirgen, wo die Entstehung polythermaler Gletscher (▶ Kap. 5) begünstigt wird. Hier bestehen die oberen Bereiche oft aus warmem Eis, während die unteren Teile der Gletscherzunge kalt sein können. Dies behindert den englazialen und subglazialen Abfluss, wodurch es zu Wasseransammlungen und zum großflächigen Aufschwimmen des Gletschers kommen kann.

Eine andere Theorie geht von einer Behinderung des Eisflusses, zum Beispiel durch ein Felshindernis, aus. Oberhalb dieser partiellen Blockade kommt es zu einer Zunahme der Eisdicke. Damit steigt auch der Druck auf das subglaziale Kanalsystem (▶ Kap. 7) und das Wasser wird aus dem zentralen Entwässerungskanal heraus in die Kontaktzone zwischen Fels und Eis gepresst. Ab einem gewissen Punkt springt die subglaziale Drainage von einem linienhaften System auf einen flächenhaften Abfluss um (*linked cavity*-Theorie nach Kamb 1987). Das Eis schwimmt auf, die Reibung wird stark herabgesetzt und das basale Gleiten steigt sprunghaft an. Beim Surge des Variegated Glacier in Alaska machte diese Bewegungsform laut Kamb et al. (1985) ca. 90 % der Gesamtbewegung aus. Dadurch kann das aufgestaute Massenungleichgewicht relativ plötzlich umgelagert werden. Dies geschieht in der Form einer Verdickung, die sich wellenartig durch den ganzen

3

◨ **Abb. 3.10**   Die aufgewölbte und stark zerrissene Front des Shisper-Gletschers in Pakistan bei einem Surge im Jahr 2019. Er ist innerhalb eines halben Jahres um 1 km vorgestoßen. (Foto: Astrid Lambrecht)

Gletscher bewegt und einen plötzlichen Vorstoß verursacht, sobald sie am Gletscherende angekommen ist. Durch die starke Zunahme des basalen Gleitens und der damit einhergehenden En-bloc-Bewegung zerbricht der Gletscher in einzelne Blöcke. Dieses Phänomen ist in ◨ Abb. 3.8 besonders gut erkennbar.

Eine dritte Theorie geht davon aus, dass ein Surge durch die starke Deformation von weichem Untergrund unterstützt wird (Boulton 1979).

Aktuelle Beispiele von Surge-Ereignissen finden sich in Hochasien. Am Bivachny-Gletscher im Pamir ist von 2011 bis 2015 eine 80 m mächtige Verdickung mit einer Geschwindigkeit von 4400 m pro Jahr 13 km weit durch die Gletscherzunge gewandert (Wendt et al. 2017). Auch am Hispar-Gletscher im Karakorum haben sich im Zeitraum 2013–2017 surgende Bereiche mit Geschwindigkeiten von bis zu 900 m pro Jahr bewegt. Im Mai 2017 ist der Khurdopin-Gletscher im Karakorum nach einer 18-jährigen Ruhephase mit Spitzengeschwindigkeiten von über 5000 m pro Jahr vorgestoßen und hat dabei einen See aufgestaut (Steiner et al. 2018). Der Shisper-Gletscher im Karakorum tritt während eines aktuellen Surges besonders bedrohlich in Erscheinung (◨ Abb. 3.10).

❯ Bei Gletscher-Surges handelt es sich nur um eine mechanische Umverteilung und nicht um eine Zunahme von Masse. Da solche Vorstöße keine klimatische Ursache haben, sind surgende Gletscher als Klimaindikatoren ungeeignet.

3.4 Sichtbare Zeugen der Eisbewegung: Gletscherspalten und Ogiven

Eis ist nicht beliebig verformbar. Ab einer gewissen Scherbelastung kann die Deformation nicht mehr schnell genug erfolgen und das Eis bricht. Auf diese Weise entstehen Gletscherspalten. Wie bereits in ▶ Abschn. 3.2.1 dargestellt, hängt die Verformbarkeit nach dem Glen'schen Fließgesetz von Temperatur und Druck ab. Der Druck und damit auch die Plastizität nehmen mit der Tiefe zu. Ab einer gewissen Tiefe ist Eis so schnell verformbar, dass keine Gletscherspalten mehr entstehen. Es gibt also eine Maximaltiefe von Spalten, die vom zweiten Faktor für die Verformbarkeit, der Temperatur, abhängt. In den Mittelbreiten liegt dieser Wert bei etwa 30 m; das kalte und damit sprödere Eis der Polargebiete kann bis in Tiefen von ca. 90 m aufbrechen. Gletscherspalten entstehen bevorzugt an bestimmten Stellen am Gletscher und können nach diesen Orten klassifiziert werden.

Die höchste Gletscherspalte ist der **Bergschrund**, er markiert die Grenze zwischen angefrorenem und bewegtem Eis. In den obersten Gletscherbereichen ist das Eis oft noch zu dünn, um durch Deformationsfließen bewegt zu werden. Wenn solche Bereiche aus kaltem Eis bestehen und keinen Schmelzwasserfilm an der Basis haben, sind sie am Fels festgefroren und unbeweglich. Ab einer gewissen Mächtigkeit reicht der Druck für die plastische Verformung aus, das Eis beginnt zu fließen und löst sich in Form einer Spalte vom unbeweglichen Teil ab (◘ Abb. 3.11).

Ein sehr häufiger Spaltentyp ist die **Querspalte**. Sie entsteht an Talstufen, wo das Gefälle und damit die Fließgeschwindigkeit des Eises plötzlich zunehmen. Solche Steilstufen werden auch als **Gletscherbruch (*ice fall*)** bezeichnet. Am oberen, konvexen Geländeknick wird der Gletscher gedehnt, was im Englischen mit *extending flow* bezeichnet wird. Sind die Geschwindigkeitsunterschiede so groß, dass sich das Eis nicht schnell genug verformen kann, reißt es auf und Querspalten entstehen (◘ Abb. 3.12). Wenn die Spalten sehr breit werden, kann das Eis dazwischen in einzelne Türme zerbrechen, die als **Séracs** bezeichnet werden. An den konkaven Geländeknicken, wo das Gefälle abnimmt, fließt schnelleres Eis auf langsameres auf; an solchen Stellen mit *compressive flow* entstehen keine Querspalten (◘ Abb. 3.12).

◘ **Abb. 3.11** Bergschrund im Kaukasus. (Foto: W. Hagg)

Randspalten entstehen an lateralen, also seitlichen Gletschergrenzen. Hier wird durch die Geschwindigkeitsabnahme zum Rand hin eine Spannung aufgebaut. Dies lässt sich leicht mit Hilfe eines Tischtuchs oder anderen Stoffs nachvollziehen: Schiebt man den Stoff mit einer Hand stärker nach vorn (Gletschermitte) als mit der anderen Hand (Gletscherrand), so entstehen Falten, die in Bewegungsrichtung mit 45° zur Gletschermitte ausgerichtet sind. Quer zu diesen Falten wirken Dehnungsspannungen, die Spalten aufreißen lassen. Diese Randspalten stehen also senkrecht zu den Falten im Tischtuchexperiment und zeigen mit 45° gegen die Bewegungsrichtung. Diese theoretischen geometrischen Überlegungen gelten für homogene Bedingungen hinsichtlich Gletscherbett und Fließgeschwindigkeit, bei einer Verlangsamung (*compressive flow*) wird der Winkel der Spalten zur Gletschermitte hin flacher (◨ Abb. 3.13).

Längsspalten entstehen bei Dehnungsspannungen in Fließrichtung. Zu solchen kann es kommen, wenn das Tal sich plötzlich weitet. Bei geringerer seitlicher Einengung durch die Talflanken reißen dann Längsspalten auf, wenn die Dehnung

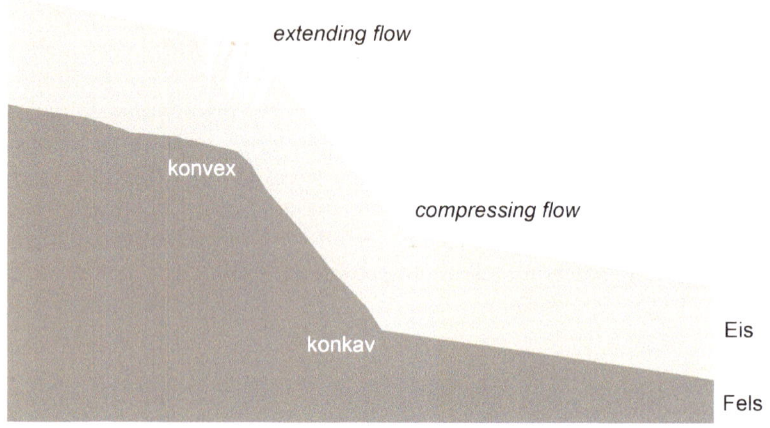

◨ **Abb. 3.12**   Schema zur Entstehung von Querspalten an Geländeunebenheiten

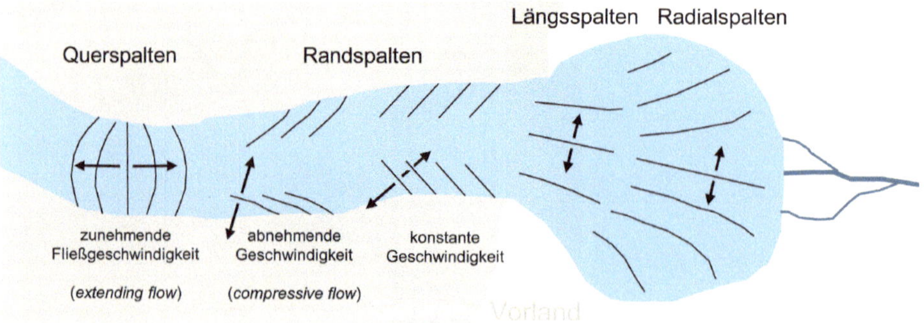

◨ **Abb. 3.13**   Typische Spaltenmuster entlang eines Gletschers. (Verändert nach Nye 1952 und Hambrey und Alean 2004)

schneller ist als die maximale Verformungsrate des Eises. Wenn ein Gletscher das Gebirge verlässt, fließt er lobenförmig aus und bildet entsprechend der Dehnung in alle Richtungen **Radialspalten** aus (❑ Abb. 3.13).

❯ Gletscherspalten entstehen immer dort, wo Unterschiede in der Fließgeschwindigkeit größer sind als das Deformationsvermögen des Eises. Für breite Spalten sind immer Dehnungsbewegungen ursächlich, kleine können auch durch Scherbewegungen entstehen.

In Zonen mit stark abnehmenden Fließgeschwindigkeiten, zum Beispiel unterhalb von Eisbrüchen, können sich quer zur Fließrichtung Stauchwülste bilden. Durch die höhere Fließgeschwindigkeit in der Mitte des Gletschers werden diese Oberflächenstrukturen in der Regel gebogen und dann nach einer gotischen Bogenform als **Ogiven** bezeichnet (❑ Abb. 3.14).

Im Englischen werden solche wulstigen *wave ogives* von *band ogives* unterschieden, bei denen sich hellere und dunklere Bänder abwechseln, ohne dass sich die Oberfläche aufwellt. Beide Typen können sich auch überlagern, was das Phänomen zusätzlich verkompliziert. Außerdem kann sich durch unterschiedlich starke Schmelze an den hellen und dunklen Bändern sekundär eine wellenartige Topographie herausbilden. Beide Arten von Ogiven sind saisonale Bildungen und dem Unterschied in der Fließgeschwindigkeit zwischen Sommer und Winter geschuldet. Ein Wulst kann durch schnelleres Fließen im Sommer und die dadurch verstärkte Kompression am Fuß der Steilstufe verursacht werden. Bei einer farblichen Bänderung besteht eine Ogive aus einem hellen und einem dunklen Band, zu deren Entstehung es mehrere Theorien gibt. Sowohl jahreszeitlich variierende Schutt- und Staubkonzentrationen als auch unterschiedlich starke Scherbewegungen werden als Ursache herangezogen (Goodsell et al. 2002).

❑ **Abb. 3.14**   Ogiven unterhalb einer Steilstufe am Gates Glacier, Alaska. (Google Earth)

Literatur

BBC News (2013) Alpine climber finds ‚India plane crash' jewels. https://www.bbc.com/news/world-europe-24294330. Zugegriffen am 14.04.2020

Beattie O, Apland B, Blake EW, Cosgrove JA, Gaunt S et al (2000) The Kwädäy Dan Tsìnchi discovery from a glacier in British Columbia. Can J Archaeol 24:129–147

Benoit L, Dehecq A, Pham H, Vernier F, Trouvé E, Moreau L, Martin O, Thom C, Pierrot-Deseilligny M, Briole P (2015) Multi-method monitoring of Glacier d'Argentière dynamics. Ann Glaciol 56(70):118–128. https://doi.org/10.3189/2015AoG70A985

Boulton GS (1974) Processes and patterns of glacial erosion. In: Coates DR (Hrsg) Glacial geomorphology. State University of New York, Binghamton, S 41–87

Boulton GS (1979) Processes of glacier erosion on different substrata. J Glaciol 23(89):15–38

Boulton GS, Hindmarsh RCA (1987) Sediment deformation beneath glaciers: rheology and geological consequences. J Geophys Res 92:9059–9082

Evans DJA, Phillips ER , Hiemstra, JF, Auton, CA (2006) Subglacial till: Formation, sedimentary characteristics and classification. Earth Sci Rev 78(1–2):115–176. https://doi.org/10.1016/j.earscirev.2006.04.001

Finsterwalder S (1897) Der Vernagtferner. Wiss Ergänzungshefte Z Dtsch Osterr Alpenvereins 1(1):1–112

Fowler AC (1986) Sub-temperate basal sliding. J Glaciol 32(110):3–5. https://doi.org/10.3198/1986JoG32-110-3-5

Glen JW (1955) The creep of polycrystalline ice. Proc R Soc A 228(1175):519–538

Goodsell et al (2002) Formation of band ogives and associated structures at Bas Glacier d'Arolla, Valais, Switzerland. https://doi.org/10.3189/172756502781831494

Hafner A (2015) Schnidejoch und Lötschenpass. Archäologische Forschungen in den Berner Alpen. Archäologischer Dienst des Kantons Bern, Bern

Hambrey M, Alean J (2004) Glaciers. Cambridge University Press, Cambridge

Joughin I, Smith BE, Shean DE, Floricioiu D (2014) Brief communication: further summer speedup of Jakobshavn Isbræ. Cryosphere 8:209–214. https://doi.org/10.5194/tc-8-209-2014

Jouvet G, Funk M (2014) Modelling the trajectory of the corpses of mountaineers who disappeared in 1926 on Aletschgletscher, Switzerland. J Glaciol 60(220): 255–261. https://doi.org/10.3189/2014JoG13J156

Kamb B (1987) Glacier surge mechanism based on linked cavity configuration of the basal water conduit system. J Geophys Res 92(B9):9083–9100

Kamb B, Raymond CF, Harrison WD, Engelhardt H, Echelmeyer KA, Humphrey N, Brugman MM, Pfeffer T (1985) Glacier surge mechanism: 1982–1983 surge of Variegated Glacier, Alaska. Science 227:469–479

Lemos A, Shepherd A, McMillan M, Hogg AE, Hatton E, Joughin I (2018) Ice velocity of Jakobshavn Isbræ, Petermann Glacier, Nioghalvfjerdsfjorden and Zachariæ Isstrøm, 2015–2017, from Sentinel 1-a/b SAR imagery. Cryosphere 12:2087–2097. https://doi.org/10.5194/tc-12-2087-2018

Mayer C, Lambrecht A, Hagg W, Helm A, Scharrer K (2008) Post-drainage ice dam response at Lake Merzbacher, Inylchek glacier, Kyrgyzstan. Geogr Ann 90 A(1):87–96

Meier MF, Post A (1969) What are glacier surges? Can J Earth Sci 6:807–817

Minowa M, Sugiyama S, Sakakibara D and Skvarca P (2017) Seasonal Variations in Ice-Front Position Controlled by Frontal Ablation at Glaciar Perito Moreno, the Southern Patagonia Icefield. Front. Earth Sci. 5:1. https://doi.org/10.3389/feart.2017.00001

Nicolussi K (2013) Die historischen Vorstöße und Hochstände des Vernagtferners 1600–1850 AD. Z Glaziol Glazialgeol 45(46):9–23

Nye, JF (1952) The mechanics of glacier flow. J Glaciol 2:82–93. https://doi.org/10.3198/1952JoG2-12-82-93

Nye JF (1965) The flow of a glacier in a channel of rectangular, elliptic, or parabolic cross-section. J Glaciol 5(41):661–690

Paterson WSB (1994) The physics of glaciers. Butterworth Heinemann, Oxford/Birlington

Literatur

Providoli S, Curdy P, Elsig P (2015) 400 Jahre im Gletschereis: der Theodulpass bei Zermatt und sein „Söldner". Providoli S, Curdy P, Elsig P (Hrsg). hier + jetzt, Baden

Steiner JF, Kraaijenbrink PD, Jiduc SG, Immerzeel WW (2018) Brief communication: the Khurdopin glacier surge revisited – extreme flow velocities and formation of a dammed lake in 2017. Cryosphere 12(1):95–101. https://doi.org/10.5194/tc-12-95-2018

Truffer M, Harrison WD, Echelmeyer KA (2000) Glacier motion dominated by processes deep in underlying till. J Glaciol 46:213–221

Vincent C, Moreau L (2016) Sliding velocity fluctuations and subglacial hydrology over the last two decades on Argentière glacier, Mont Blanc area. J Glaciol 62(235):805–815. https://doi.org/10.1017/jog.2016.35

Weertmann J (1964) The theory of glacier sliding. J Glaciol 5:287–303

Wendt A, Mayer C, Lambrecht A, Floricioiu D (2017) A glacier surge of Bivachny Glacier, Pamir Mountains, observed by a time series of high-resolution digital elevation models and glacier velocities. Remote Sens 9(4):388. https://doi.org/10.3390/rs9040388

Massen- und Energiebilanz von Gletschern

Inhaltsverzeichnis

© Springer-Verlag GmbH Deutschland, ein Teil von
Springer Nature 2020
W. Hagg, *Gletscherkunde und Glazialgeomorphologie*,
https://doi.org/10.1007/978-3-662-61994-0_4

4

> **Überblick**
>
> Massenänderungen sind die wichtigste Größe bei der Beurteilung des Gletscherver-
> haltens, allerdings sind sie nicht so einfach zu bestimmen wie Längen- oder Flächen-
> änderungen. In den letzten 75 Jahren ist ein verbindlicher Katalog von Begriffen und
> Methoden entstanden, die allesamt Vor- und Nachteile haben. Neben den drei klas-
> sischen Verfahren der Massenhaushaltsbestimmung ist mit der gravimetrischen Me-
> thode in den letzten Jahren ein neuer Ansatz hinzugekommen, der sich im operatio-
> nellen Betrieb erst noch etablieren muss, aber in Zukunft vielleicht neue
> Möglichkeiten und Chancen eröffnet. Ein Teil der Massenverluste wird direkt über
> den Energieaustausch zwischen Gletscheroberfläche und Atmosphäre gesteuert.
> Hier entscheidet sich, ob Eis in den flüssigen oder gasförmigen Zustand wechselt
> und damit dem Gletscher verloren geht und mit welcher Effizienz diese Phasenüber-
> gänge stattfinden.

4.1 Gletschermassenbilanz

Unter Gletschermassenbilanz versteht man die Veränderung der Gletschermasse
über einen bestimmten Zeitraum. Wie bei jeder Bilanz wird nach dem Vorbild der
Balkenwaage (vom lateinischen *bilancia*, aus *bi* für „doppelt" und *lanx* für „Schale")
abgewogen, hier zwischen Prozessen, welche die Masse eines Gletschers erhöhen
(**Akkumulation**), und solchen, die einen Verlust von Masse bewirken (**Ablation**). Je
nachdem, welche Waagschale überwiegt, resultiert für den Gesamtgletscher ein
Massengewinn oder ein Massenverlust, die so genannte **Massenbilanz** oder **Nettobilanz** (◘ Abb. 4.1).

Für die klimatische Interpretation des Gletscherverhaltens ist die Gletschermassenbilanz besonders wichtig, weil sie die unmittelbare und ungefilterte Antwort des Gletschers auf das Lokalklima darstellt und nicht wie Gletscherlänge

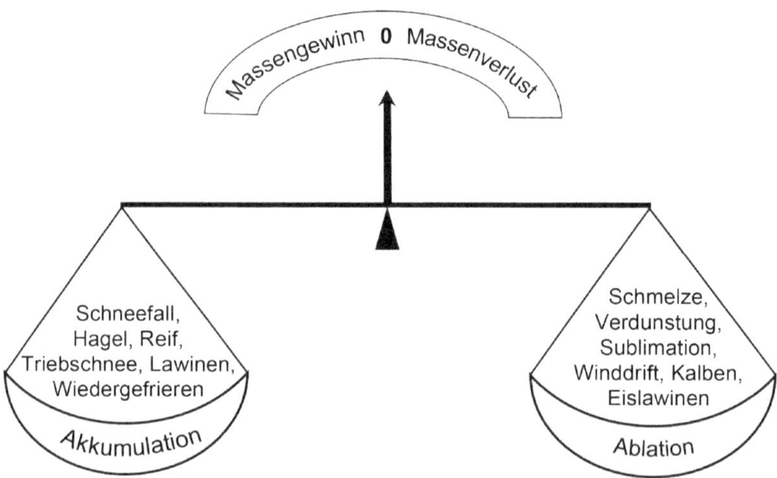

◘ **Abb. 4.1** Das Prinzip der Gletschermassenbilanz, verdeutlicht anhand einer Balkenwaage

oder -fläche zeitlich verzögert und durch nichtklimatische Faktoren mitbeeinflusst wird (▶ Kap. 6). Dies macht die Massenbilanz zur wichtigsten Messgröße für die Beurteilung des Gletscherverhaltens und für Rückschlüsse auf Klimaschwankungen. In diesem Kapitel werden zunächst Konzept und Komponenten der Gletschermassenbilanz beschrieben, bevor Messmethoden erläutert werden und am Schluss kurz die weltweite Verbreitung von Massenbilanzdaten betrachtet wird.

> Die Gletschermassenbilanz ist die Differenz zwischen allen Massengewinnen, die als Akkumulation bezeichnet werden, und allen Massenverlusten, die man unter dem Begriff Ablation zusammenfassen kann.

4.1.1 Konzept und Komponenten der Gletschermassenbilanz

Wie bereits in ▶ Kap. 2 dargestellt, entsteht Gletschereis aus der Metamorphose von Schnee, der als Firn bezeichnet wird, sobald er einen vollen Sommer überdauert hat. Ab einer gewissen Mächtigkeit beginnt das Eis, sich unter Druck zu verformen (▶ Kap. 3) und fließt, der Schwerkraft folgend, in Richtung Tal, wo die Schmelzraten ansteigen und die winterlichen Schneefälle abnehmen. Die Massenänderung eines Gletschers wird üblicherweise über ein Jahr angegeben und, analog zu Niederschlagsdaten, als Wasseräquivalent ausgedrückt. Darunter versteht man die Höhe der Wassersäule, die beim Schmelzen entstehen würde. Übliche Einheiten sind Millimeter, Zentimeter oder Meter Wasseräquivalent pro Jahr (mm, cm, m w.e. a^{-1}). Die Gletschermasse wird als Gesamtmasse aller Bestandteile des Gletschers verstanden und beinhaltet neben den Massen von Eis, Firn und Schnee auch diejenigen von flüssigem Wasser und Einschlüssen oder Auflagen von Gestein (englaziale und supraglaziale Moräne; ▶ Kap. 10).

Zur **Akkumulation** gehören neben Schneefall auch Ablagerungen durch Hagel, Reif, Triebschnee, Lawinen und wiedergefrierenden Regen oder Schmelzwasser. Schneefall ist in der Regel der quantitativ bedeutsamste Prozess, in Kessellagen oder bei regenerierten Gletschern (▶ Kap. 5) können jedoch auch Schnee- oder Eislawinen den Hauptanteil der Akkumulation ausmachen.

Ablation setzt sich neben dem Schmelzwasserabfluss auch aus Verdunsten, Sublimieren, Winddrift, Kalben und dem Abgang von Eislawinen zusammen. Bei Gebirgsgletschern ist die Schmelze der wichtigste Prozess der Ablation; Ausnahmen stellen steile und hochgelegene Hängegletscher dar, die am meisten Masse durch Eislawinen verlieren. Bei Gletschern, die in Seen oder Meeresbuchten münden, können Abkalbungsprozesse die Ablation dominieren. Darunter versteht man das Abbrechen von kleineren oder größeren Eisbergen an der Gletscherfront, die hier auch als Kalbungsfront bezeichnet wird und oft als steiles und teilweise mehrere Zehnermeter hohes Eiskliff ausgebildet ist.

Die Massenumsätze finden zum Großteil auf der Gletscheroberfläche statt. Die interne Akkumulation durch Wiedergefrieren und die interne Ablation durch Schmelze in Spalten und Kanälen ist bereits deutlich geringer als an der Oberfläche, und basale Akkumulation und Ablation sind mit Ausnahme der Schmelze an der Unterseite schwimmender Gletscherzungen vernachlässigbar gering.

Da in den meisten vergletscherten Gebieten Akkumulation und Ablation ihren Höhepunkt zu unterschiedlichen Jahreszeiten haben, schwankt die Masse der Gletscher im Jahresverlauf. In den Mittelbreiten der Nordhalbkugel haben die Gletscher am Ende der winterlichen Hauptakkumulationsperiode ihre größte Masse und am Ende der Schmelzperiode im Herbst ihre geringste. Das natürliche glaziologische **Haushaltsjahr** ist variabel und erstreckt sich über zwei Massenminima, im genannten Beispiel also von Herbst bis Herbst. Der genaue Zeitpunkt variiert aber je nach Witterung von Jahr zu Jahr; diesen abzupassen ist für aufwändige Messkampagnen, die aus logistischen oder finanziellen Gründen nicht mehrmals durchgeführt werden können, meist schwierig. Aus diesem Grund wird bei den meisten Massenbilanzmessungen das glaziologische Haushaltsjahr (auch als *fixed date system* bezeichnet) verwendet, das auf der Nordhalbkugel am 1. Oktober beginnt und am 30. September endet. Um diesen Termin herum ist die Schneeauflage in der Regel am geringsten, im Anschluss beginnt der Aufbau der winterlichen Schneedecke. Große Abweichungen vom natürlichen Haushaltsjahr ergeben sich nur bei besonders frühen oder späten Wintereinbrüchen, der aus dieser Verschiebung resultierende Fehler wird dann in Kauf genommen.

Wie bereits erwähnt, finden Akkumulation und Ablation auf den meisten Gletschern saisonal weitgehend getrennt statt, nämlich die Akkumulation im Sommer und die Ablation im Winter. Diese jahreszeitenspezifische Massenbilanzzyklus wird als *winter accumulation type* (Ageta und Higuchi 1984) bezeichnet und ist typisch für die meisten außertropischen Gletscherregionen. Der zeitliche Verlauf von Akkumulation und Ablation für diesen Typ ist in ◧ Abb. 4.2 dargestellt.

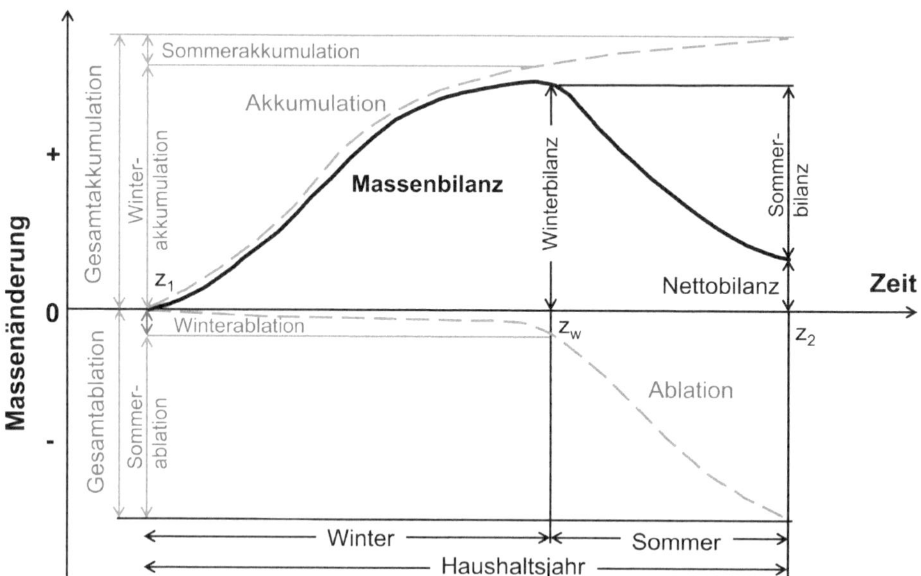

◧ **Abb. 4.2** Jahresverlauf der Massenbilanz bei einem Gletscher mit vorwiegender Winterakkumulation. (Verändert nach Paterson 1994; mit freundlicher Genehmigung von © Elsevier AG 1994, alle Rechte vorbehalten)

Nach einem herbstlichen Minimum (Zeitpunkt z_1) beginnt mit dem ersten Schneefall, der nicht mehr abschmilzt, die **Akkumulationsperiode**. Da Ablation im Winter verschwindend gering ist, gleicht die Kurve der Massenbilanz bis zum Zeitpunkt z_w, dem Maximum der Schneerücklage, im Wesentlichen derjenigen der Akkumulation. Die Massenbilanz zum Zeitpunkt z_w (beim *fixed date sytem*: 30. April) entspricht der Winterbilanz; danach beginnt die **Ablationsperiode**, die bis zum nächsten herbstlichen Minimum zum Zeitpunkt z_2 andauert. Da im Sommer nur wenig Akkumulation durch Schneefall stattfindet, entspricht die Form der Massenbilanzkurve in diesem Halbjahr weitgehend derjenigen der Ablation. Die Massenbilanz zum Zeitpunkt z_2 entspricht der Jahresbilanz und wird auch als Nettobilanz bezeichnet. Wird die Winterbilanz durch Messungen zum Zeitpunkt z_w bestimmt, dann kann auch die Sommerbilanz aus der Nettobilanz abzüglich der Winterbilanz ermittelt werden. Dies ist sehr vorteilhaft für die klimatische Interpretation der Gletschermassenbilanz (▶ Kap. 6). Findet hingegen nur eine Messkampagne zum Zeitpunkt z_2 statt, kann für dieses Haushaltsjahr lediglich die Jahresbilanz angegeben werden.

Auf tropischen Gletschern, die vor allem in Südamerika und in Monsun-Asien zu finden sind, haben Akkumulation und Ablation gleichzeitig ihren Höhepunkt. Der Jahresverlauf dieser *summer-accumulation type*-Gletscher (Ageta und Higuchi 1984) ist in ◙ Abb. 4.3 dargestellt.

Es treten ganzjährig sowohl Massengewinne als auch Massenverluste auf, am stärksten sind beide Prozesse im gezeigten Beispiel jedoch in den Monaten Juni, Juli und August. Da die Ablation in ◙ Abb. 4.3 überwiegt, ergibt sich eine negative Nettobilanz. Dieser ernährungsbedingte Gletschertyp ist besonders sensitiv für Klimaschwankungen, weil sich eine Erwärmung der Lufttemperatur hier auf beide Waagschalen der Massenbilanz auswirkt: Zur verstärkten Ablation in der wärmeren Atmosphäre kommt noch eine Verringerung der Akkumulation hinzu, weil weniger Niederschlag in fester Form fällt.

Die Dominanz von Akkumulation und Ablation in unterschiedlichen Höhenbereichen schafft eine räumliche Zweigliederung der Gletscherfläche hinsichtlich

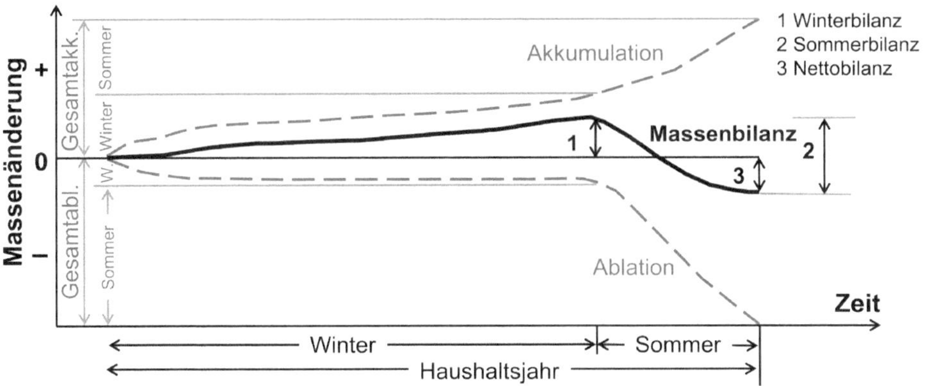

◙ **Abb. 4.3** Jahresverlauf der Massenbilanz bei einem Gletscher mit vorwiegender Sommerakkumulation. (Verändert nach Ageta und Higuchi 1984)

der Massenbilanz. In den wärmsten, untersten Bereichen schmilzt die Schneedecke, die hier auch geringermächtig ist als weiter oben, im Frühjahr als Erstes aus. Dieser Prozess wird als **Ausapern** (auch: Ausaperung) bezeichnet und hinterlässt auf dem Gletscher blanke Eisoberflächen, die nach dem Schmelzen des Schnees ebenfalls der Ablation ausgesetzt sind. Die temporäre Schneegrenze, also die Untergrenze der aktuellen vertikalen Schneeverbreitung, wandert über den Sommer in immer höhere Bereiche. Dieser Prozess kann durch Sommerschneefälle, die die Eisschmelze unmittelbar stoppen (▶ Kap. 7), kurzzeitig unterbrochen werden. Da solche Sommerschneefälle in der Regel nicht sehr ergiebig sind, werden sie von der Sommersonne schnell aufgezehrt, und das ursprüngliche Ausaperungsmuster wird bald wieder hergestellt. Vor den ersten herbstlichen Schneefällen, die im selben Jahr nicht mehr aufgezehrt werden, erreicht die temporäre Schneegrenze dann eine Maximalhöhe. Oberhalb dieser Höhe, die als **Gleichgewichtslinie (*equilibrium line altitude*, ELA)** bezeichnet wird, sind noch Schneereste vom letzten Winter erhalten, was bedeutet, dass der Gletscher auf diesen Flächen einen Massengewinn erfahren hat. In ◪ Abb. 4.4 liegt die Gleichgewichtslinie höher als im Vorjahr, deswegen existiert hier zwischen der Schneegrenze und dem aperen Eis eine Firnzone zwischen Gleichgewichtslinie und aperem Eis. In Jahren, in denen die Gleichgewichtslinie tiefer liegt als in den Vorjahren, existieren nur Schnee- und Eisoberflächen. Die Gleichgewichtslinie ist immer mit der Schneegrenze identisch, wobei dieser Begriff hier nicht unproblematisch ist, weil der Schnee am Ende des Sommers per Definition ebenfalls zu Firn wird. Man müsste streng genommen von neuem und altem Firn sprechen, der Einfachheit halber wird aber hier der Schnee aus dem letzten Winter noch als solcher bezeichnet. Unterhalb der Gleichgewichtslinie hat entweder Firn- und Eisschmelze oder nur Eisschmelze stattgefunden, der

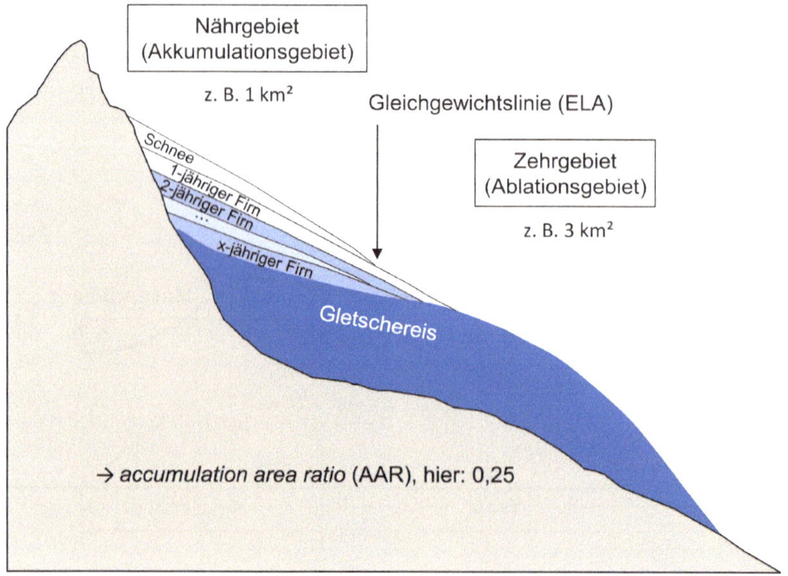

◪ **Abb. 4.4**   Die Zonen des Massenhaushalts auf dem Gletscher am Ende des Haushaltsjahres

Gletscher hat hier im betrachteten Jahr auf jeden Fall Masse verloren. Die beiden für den Massenhaushalt entscheidenden Bereiche mit Massengewinn und Massenverlust werden als **Akkumulationsgebiet** bzw. **Nährgebiet** und **Ablationsgebiet** bzw. **Zehrgebiet** bezeichnet. Direkt auf der Gleichgewichtslinie ist die Nettobilanz null, Akkumulation und Ablation halten sich hier (und nur hier) exakt die Waage.

Der Anteil des Nährgebiets an der Gesamtgletscherfläche wird als *accumulation area ratio* **(AAR)** bezeichnet und entspricht dem Anteil der Schneebedeckung am Ende der Ablationsperiode (Zeitpunkt Z_2 in ◼ Abb. 4.2). Bei stationären Gletschern, die sich im Gleichgewicht mit einem stabilen Klima befinden, beträgt die AAR im Mittel 67 %, was bedeutet, dass zwei Drittel der Gletscherfläche im Herbst noch mit Schnee bedeckt sind.

> Die oberen Bereiche eines Gletschers, auf denen Massengewinne erzielt werden, heißen Akkumulationsgebiet und sind durch die Gleichgewichtslinie vom Ablationsgebiet, auf dem Massenverluste verzeichnet werden, getrennt. Die Gleichgewichtslinie entspricht bei Gletschern mit vorwiegender Winterakkumulation der Schneegrenze am Ende der Ablationsperiode.

4.1.2 Methoden der Massenbilanzbestimmung

Die erste Massenbilanzmessung erfolgte 1945 am Storglaciären in Schweden. Hier wurden Akkumulation und Ablation direkt auf der Gletscheroberfläche gemessen, weshalb die Methode auch direkte, glaziologische oder traditionelle Methode genannt wird. Fortschritte in Vermessung und Fernerkundung erlaubten die Entwicklung und Verbesserung der so genannten geodätischen Methode, bei der der Gletscher nicht zwangsläufig betreten werden muss. Der Vollständigkeit halber sei hier auch die hydrologisch-meteorologische Methode genannt, obwohl sie wegen ihres hohen Messaufwands und hoher Unsicherheiten bei der Bestimmung der Wasserbilanzterme kaum Anwendung findet. Als vollständig neuer und vielversprechender Ansatz für die Zukunft wurde in den letzten Jahren auch die Gravimetrie zur Bestimmung von Massenänderungen genutzt. Alle vier Methoden werden im Folgenden hinsichtlich ihrer Vorgehensweise, ihrer Vorteile und ihrer Limitationen beschrieben.

Bei der **glaziologischen Methode**, die bei Østrem und Brugman (1991) detailliert beschrieben wird, werden die beiden Terme der Massenbilanz direkt auf dem Gletscher gemessen. Zu diesem Zweck werden zum Wechsel eines Haushaltsjahres, also zum Zeitpunkt der maximalen Ausaperung (oder – beim *fixed date system* – zum 1. Oktober), im Ablationsgebiet Pegelstangen ins Eis gebohrt. Diese Stangen bestehen oft aus einzelnen Segmenten, und da sie auf keinen Fall ausschmelzen dürfen, müssen sie entweder mindestens so tief im Eis stecken, wie die maximal zu erwartende Schmelze im nächsten Sommer sein wird, oder sie müssen während der Schmelzperiode nachgebohrt werden. An tiefliegenden Gletscherzungen kann die jährliche Ablation 8–10 m betragen, solch tiefe Löcher werden in der Regel mit dampfbetriebenen Bohrern in das Eis geschmolzen. Die Länge der Pegelstange wird über der Eisoberfläche gemessen, was nach einem Jahr wiederholt wird, die

Differenz aus beiden Messungen ergibt den Höhenunterschied der Eisoberfläche an der betreffenden Stelle (◼ Abb. 4.5b). Multipliziert mit der Dichte von Eis (0,9 g cm^{-3}) wird aus diesem Wert das Wasseräquivalent oder der Punktwert der Massenbilanz.

Am Ende des Haushaltsjahres muss außerdem die Akkumulation bestimmt werden, also die Masse des Schnees, der im Nährgebiet den Sommer überdauert hat. Dafür werden Schneeschächte bis hinunter zum Herbsthorizont des Vorjahres gegraben, der in der Regel durch Schmelz- und Wiedergefrierprozesse während des Sommers als harte Schicht eindeutig zu erkennen ist. Manchmal ist diese Schichtgrenze auch anhand von Verschmutzungen durch Flugstäube gut identifizierbar, sie kann aber auch durch die Ausbringung von Farbpulver künstlich markiert werden. An den Schneeschächten genügt es nicht, die Höhe der Schneeauflage zu messen, sondern auch hier muss das Wasseräquivalent bestimmt werden. Dafür wird mit Stechzylindern das gesamte Schneepaket von oben bis unten durchstochen und jeder Ausstich mit einer Federwaage gewogen (◼ Abb. 4.5a). Aus der Masse und dem Volumen kann die Dichte der jeweiligen Schicht ermittelt und somit das Wasseräquivalent für die Schicht und schließlich für die gesamte Schneedecke berechnet werden. Da der Arbeitsaufwand für Schneeschächte relativ hoch ist und die Dichte des Schnees keine sehr große räumliche Variation aufweist, werden in der Regel nur wenige Schneeschächte gegraben und zwischen ihnen zahlreiche schnell durchführbare Schneedickenmessungen mit dünnen Metallsonden durchgeführt. Dies funktioniert jedoch nur gut, wenn der Herbsthorizont deutlich als harte Eisschicht ausgebildet ist. Alle Wasseräquivalente – die positiven aus dem Nährgebiet und die mit negativem Vorzeichen aus dem Zehrgebiet – werden als Punktmessungen in einer Karte oder einem Geographischen Informationssystem verortet und auf die gesamte Gletscherfläche intra- und extrapoliert. Dabei geht man davon aus, dass sich die Messwerte zwischen zwei Punkten (Intrapolation) und auch darüber hinaus (Extrapolation) kontinuierlich oder nach einem bestimmten mathematischen Muster ändern. In diesem Schritt liegt die größte Unsicherheit der glaziologischen Methode (Zemp et al. 2013). Oft sind nicht alle Gletscherbereiche unter

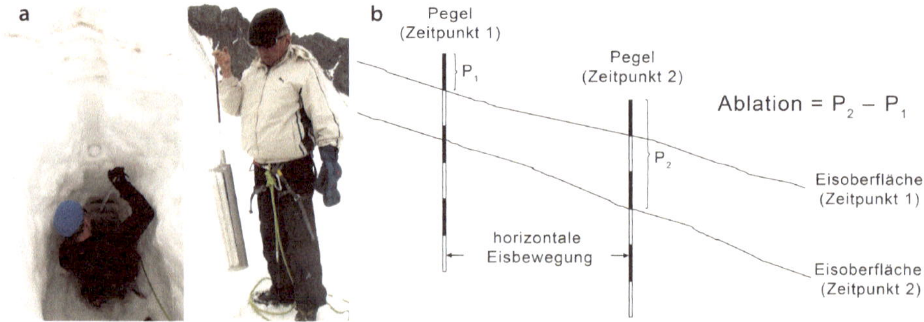

◼ **Abb. 4.5**   Glaziologische Methode der Massenhaushaltsbestimmung. **a** Bestimmung der Akkumulation durch Ausstechen von Schneevolumina mir einem Zylinder (links, Zylinder in Bildmitte) und wiegen desselben (rechts) auf dem Golubin-Gletscher, Kirgisistan. (Fotos: W. Hagg); **b** Schema der Ablationsmessung mit Pegelstangen

vertretbarem Aufwand und sicher zu erreichen, und gerade die Randbereiche können aufgrund von Schneeverlagerungen durch Wind und Lawinen oder durch Abschattungseffekte von Feldwänden größere Variationen in der Massenbilanz zeigen, so dass durch Extrapolieren größere Fehler auftreten können. Ein unbestrittener Vorteil der glaziologischen Methode ist jedoch, dass jährliche Massenbilanzwerte und bei einer zweiten Begehung am Ende der Akkumulationsperiode sogar Winter- und Sommerbilanzen erstellt werden können. Außerdem können Massenbilanzen räumlich verteilt für einzelne Gletscherbereiche ermittelt werden.

> Die glaziologische Methode bestimmt Akkumulation und Ablation direkt auf dem Gletscher. Damit kann man jährliche und sogar saisonale Massenbilanzen bestimmen. Die größte Fehlerquelle liegt in der Übertragung der Punktmessungen auf den Gesamtgletscher, vor allem wenn größere Bereiche nicht beprobt wurden.

Die **geodätische Methode** beruht auf dem Vergleich der Gletscheroberflächenhöhe zu zwei unterschiedlichen Zeitpunkten. Die Oberflächenhöhe kann mit verschiedenen Methoden der Erdvermessung (Geodäsie) ermittelt werden. Seit Ende des 19. Jahrhunderts existieren erste genaue Gletscherkarten, die zunächst mittels Photogrammetrie (Finsterwalder 1897) hergestellt wurden. Diese Methode beruht auf der Aufnahme von fotografischen Bildern aus unterschiedlichen Perspektiven. Wenn die Koordinaten der Fotostandpunkte mit anderen Methoden bestimmt werden können (z. B. Anpeilen bekannter Berggipfel), dann können Koordinaten von Punkten, die in zwei Fotos mit unterschiedlicher Perspektive identifizierbar sind, über Dreiecksgeometrie ermittelt werden. Seit Mitte des 20. Jahrhunderts werden auch Luftbilder photogrammetrisch ausgewertet; gegen Ende des Jahrhunderts kamen optische Satellitendaten hinzu (Kaab 2002; Bolch et al. 2008). Die Auswertung erfolgt inzwischen digital, wodurch viele arbeitsaufwändige Arbeitsschritte wie die Passpunktgenerierung automatisiert wurden. In diesem Jahrtausend haben sich terrestrisches und flugzeuggestütztes Laserscanning (Geist et al. 2005), globale Navigationssatellitensysteme (Hagen et al. 2005) und der Einsatz von Drohnen (Bhardwaj et al. 2016) zu kostengünstigen und immer präziseren Alternativen entwickelt.

Durch Subtraktion der Oberflächenhöhen lässt sich die Höhendifferenz zwischen den beiden Aufnahmezeitpunkten bestimmen (◙ Abb. 4.6). Unter Annahme einer mittleren Gletscherdichte kann daraus die Massenbilanz berechnet werden. Neben den Unsicherheiten der Messmethoden zur Bestimmung der Oberflächenhöhen ist die Annahme einer mittleren Dichte die größte Fehlerquelle der geodätischen Methode. Da sich die Massenänderung nicht nur in Eis vollzieht, sondern zu (in der Regel unbekannten) Anteilen auch in Firn und Schnee, wird eine Mischdichte zugrunde gelegt. Huss (2013) schlägt hier einen Wert von $0{,}85\ \mathrm{g\,cm^{-3}}$ vor.

Ein Vorteil, zumindest von manchen Vermessungsmethoden, ist der Umstand, dass der Gletscher nicht betreten werden muss, was die Erfassung schwer zugänglicher Gletscher oder Gletscherbereiche ermöglicht. Außerdem liefern einige Verfahren keine Punktmessungen, sondern flächenhafte Informationen und unterliegen damit keinem Interpolationsfehler. Bei präzisen Messverfahren kann das

4

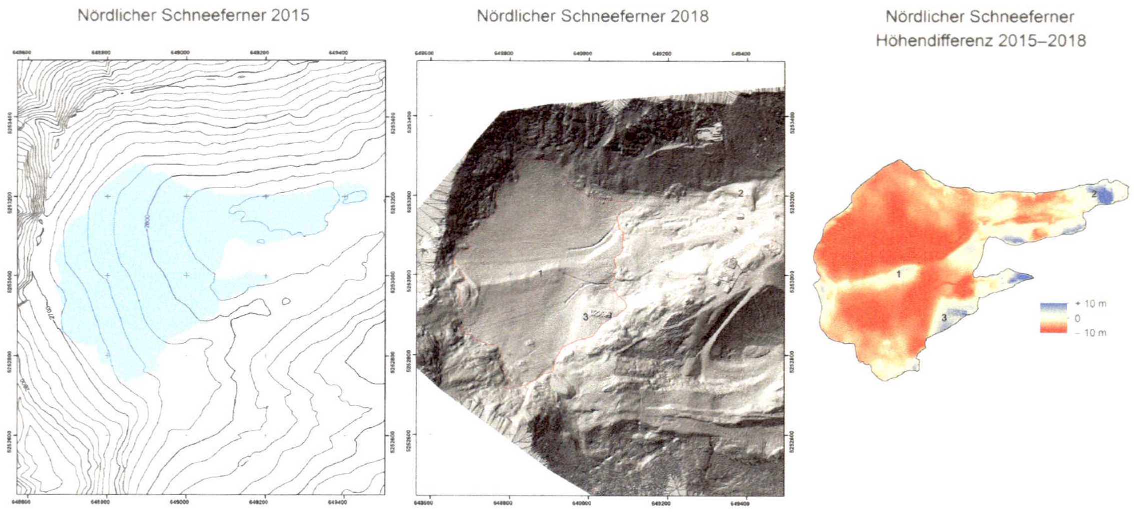

◘ **Abb. 4.6**   Differenzbildung bei der geodätischen Methode. Die digitalen Höhenmodelle sind einmal als Höhenlinienplan (2015) und einmal als Schräglichtschummerung visualisiert; sie wurden mit GPS-Messungen (2015) und mit digitaler Luftbild-Photogrammetrie (2018) produziert. Das Differenzraster (2015–2018) zeigt neben vorherrschendem Einsinken der Oberfläche (rötliche Farben) auch Bereiche mit einer Aufhöhung (bläuliche Farben). Diese können allesamt mit Aktivitäten der Skigebietsbetreiber erklärt werden: Durch Schneeumverteilungen wird eine Schlepplifttrasse (1) gesichert, Schneedepots für den Herbst angelegt (2) oder ein Iglu-Dorf vorbereitet (3). Der Mittelwert der Höhenänderung beträgt −3,11 m oder −1,04 m pro Jahr. Da sich die Massenänderungen hier ausschließlich im Eis vollziehen, kann eine mittlere Dichte von 0,9 m angenommen werden; die mittlere jährliche Massenbilanz im Zeitraum 2015–2018 beträgt demzufolge −0,93 m w.e. (Datenquelle: ▶ www.bayerische-gletscher.de)

Ergebnis genauer sein als mit der glaziologischen Methode. Diese sehr genauen Verfahren wie flugzeuggestütztes Laserscanning (*airborne laserscanning*, ALS) sind jedoch oft zu teuer für eine jährliche Anwendung. Methoden mit größeren Fehlern wie die photogrammetrischen Vermessungen wurden früher meist nur über Zeiträume von mindestens zehn Jahren angewandt, aber hier fanden zuletzt große technische Fortschritte statt, so dass inzwischen auch Massenbilanzen über kürzere Zeiträume bestimmt werden können (◘ Abb. 4.6).

Da die geodätische Methode die Eisbewegung nicht berücksichtigt, können nur Massenbilanzwerte für den gesamten Gletscher angegeben werden und nicht für Teilbereiche wie mit der glaziologischen Methode. Dies wird am deutlichsten, wenn man sich einen stationären Gletscher vorstellt, der seine Oberfläche nicht verändert. Mit der geodätischen Methode würde sich für jeden Punkt eine Massenbilanz von null ergeben, was aber nicht der Realität entspricht: Die glaziologische Methode würde im Akkumulationsgebiet einen Massengewinn und im Ablationsgewinn einen Massenverlust anzeigen, beides findet ja bei einem im Gleichgewicht befindlichen Gletscher tatsächlich statt und wird durch die Eisbewegung ausgeglichen. Lediglich der Mittelwert würde auch bei der glaziologischen Methode null ergeben und mit dem Resultat der geodätischen Methode übereinstimmen. Die geodätische Methode eignet sich gut, um jährliche Bilanzwerte der glaziologischen Methode zu überprüfen und etwaige systematische Fehler in den Jahreswerten zu beseitigen.

> Bei der geodätischen Methode wird die Höhe der Gletscheroberfläche zweimal vermessen und daraus die Volumendifferenz bestimmt, aus der die Massenänderung berechnet werden kann. Dafür muss man eine mittlere Dichte annehmen, was zu Fehlern führen kann. Bei vielen geodätischen Messmethoden muss das Eis nicht betreten werden, was ein Vorteil bei großen Gletschern oder schwer zugänglichen Gebieten ist.

Die **hydrologisch-meteorologische Methode** geht davon aus, dass hydrologische Speicheränderungen im Hochgebirge hauptsächlich aus Massenänderungen der Gletscher bestehen. Indem die Wasserhaushaltsgleichung nach den Speicheränderungen (ΔS) aufgelöst wird (Gl. 4.1) und diese mit Gletschermassenänderungen gleichgesetzt werden, ergibt sich:

$$\text{MB}(\Delta S) = \text{N} - \text{V} - \text{A} \tag{4.1}$$

MB = Gletschermassenbilanz

N = Niederschlag

V = Verdunstung

A = Abfluss

Die so berechnete Massenbilanz ist zunächst auf die gesamte Fläche des hydrologischen Einzugsgebiets bezogen. Das ist die Fläche, von der der Abflussmessstelle das Wasser zuströmt; dies umfasst auch unvergletscherte Bereiche. Sogar wenn der Abfluss direkt am Gletschertor gemessen werden würde, gibt es normalerweise noch Fels- und Gipfelbereiche im Einzugsgebiet, die nicht eisbedeckt sind. Je weiter der Pegel vom Gletscher entfernt ist, desto größer werden die eisfreien Anteile. Um die Massenbilanz auf die Gletscherfläche umzurechnen, muss daher der Anteil der Vergletscherung berücksichtigt werden. Wenn das Einzugsgebiet mehrere Gletscher beinhaltet, ist die Bilanz als Mittelwert zu betrachten und kann räumlich nicht aufgelöst werden.

Der Gletscher muss bei diesem Verfahren nicht betreten werden und es können auch große Gletscher oder unzugängliche Gletschergebiete erfasst werden. Falls Speicheränderungen von Seen, des Grundwassers und der Schneedecke existieren, führen diese zu Fehlern, wenn sie nicht separat erfasst und berücksichtigt werden. Allerdings sind diese Speicheränderungen über ein Haushaltsjahr im Vergleich zur Gletschermassenbilanz oft so gering, dass sie vernachlässigt werden können.

Ein größerer Nachteil sind der logistische Aufwand und die Unsicherheiten bei der Bestimmung von Niederschlag, Verdunstung und Abfluss. Eine kontinuierliche Messung des sedimentbeladenen Gletscherabflusses verlangt neben einer geeigneten Instrumentierung auch viel Wartungsaufwand und wiederholte Eichmessungen, weil sich der Bachquerschnitt und damit die Pegel-Abfluss-Beziehung immer wieder verändern. Eine Messung der realen Verdunstung ist für ein Einzugsgebiet im Hochgebirge nicht möglich, der Wert ist aber im Vergleich zu den anderen Termen der Wasserbilanz niedrig und kann gut mit empirischen Formeln abgeschätzt werden. Die größte Unsicherheit birgt die Niederschlagsmessung, die generell fehlerbehaftet ist, zum Beispiel weil das Messgerät eine Störung im Windfeld darstellt und die gesammelte Regen- oder Schneemenge nicht unbedingt repräsentativ sein muss. Besonders im Hochgebirge mit häufigem Schneefall und gleichzeitigem Wind kann sich ein Niederschlagssammler wie ein fahrendes Auto verhalten, dessen Windschutzscheibe nie mit Schneeflocken in Berührung kommt. Da sich durch das starke Relief ausgeprägte räumliche Unterschiede in der Niederschlagsverteilung, zum Beispiel durch Meereshöhe oder Luv-/Lee-Effekte ergeben, ist die Interpolation der Punktmessungen und damit die Bestimmung des mittleren Niederschlags im Einzugsgebiet (der so genannte Gebietsniederschlag) oft mit einem großen Fehler behaftet. Da der Niederschlag den größten Wert in der Wasserhaushaltsgleichung annimmt, kann sich der Fehler sogar in der Größenordnung des gesuchten Terms, also der Gletschermassenbilanz, befinden, was natürlich äußerst ungünstig ist. Andererseits ist die Methode die einzige, die Veränderungen von flüssigen Wasseransammlungen im Gletscher berücksichtigen kann (Tangborn et al. 1975; Paterson 1994).

> Die hydrologisch-meteorologische Methode berechnet die Massenbilanz als Restglied der Wasserhaushaltsgleichung aus dem mittleren Niederschlag abzüglich der Verdunstung und des Abflusses. Der Gletscher muss hierfür nicht betreten werden, aber Schwierigkeiten bei der Bestimmung des Gebietsniederschlags führen zu großen Fehlern, und die dauerhafte Messung des Abflusses ist sehr aufwändig.

Das Methodenspektrum zur Bestimmung der Massenbilanz ist in den letzten Jahren um die **gravimetrische Methode** erweitert worden. Die Änderung des Schwerefelds der Erde ist direkt abhängig von der Umverteilung der Masse im Erdsystem. Mit gravimetrischen Verfahren kann man das Schwerefeld und dessen Änderungen messen und damit Rückschlüsse auf Massenänderungen ziehen. Das Satellitensystem GRACE (Gravity Recovery and Climate Experiment), das sich seit 2002 im Orbit befindet, besteht aus zwei Satelliten, die kontinuierlich und sehr genau ihren

Abstand zueinander bestimmen. Überfliegt ein Satellit eine Region mit höherer Schwerkraft (Masse), beschleunigt er dadurch und der Abstand zum anderen Satelliten vergrößert sich. Die räumliche Auflösung der nach diesem Prinzip bestimmten Schwerefeld- und Massenänderungen liegt allerdings bei vielen hundert Kilometern und kann nur für Eisschilde (Velicogna und Wahr 2005) und ausgedehnte Gletscherregionen wie Alaska (Luthcke et al. 2008) oder das Tienschan-Gebirge (Farinotti et al. 2015) angewendet werden. Die Herausforderung bei der Datenauswertung liegt im Aufteilen des Signals in seine einzelnen Anteile, weil hier alle Massenänderungen, z. B. auch hydrologische, enthalten sind.

Einzelne Gebirgsgletscher können mit Satellitengravimetrie also noch nicht erfasst werden; dies ist lediglich mit terrestrischer Gravimetrie möglich, mit der Massenänderungen registriert werden können, die einem Abschmelzen der Gletscheroberfläche von wenigen Dezimetern entsprechen. Allerdings ist diese Methode sehr aufwändig und wird deshalb bislang nur bei speziellen Messprogrammen eingesetzt, aber nicht im Routinebetrieb (Gerlach 2013). Fluggravimetrie ist effektiver als terrestrische Messungen. Die Auflösung liegt hier bei wenigen Kilometern, allerdings ist auch die Genauigkeit um zwei bis drei Größenordnungen geringer, so dass sie für Gletschermassenbilanzen, zumindest über kürzere Zeiträume, ungeeignet ist (Gerlach 2013).

Die Nachteile der gravimetrischen Methoden liegen im Aufwand und in Unsicherheiten bei der Datenauswertung und in der räumlichen Auflösung. In Zukunft könnte sich die Gravimetrie, vor allem die satelliten- oder flugzeuggestützte, zu einer zusätzlichen, unabhängigen Methode der Massenbilanzbestimmung entwickeln.

> Massenänderungen wirken sich auf das Schwerefeld der Erde aus, die messbar sind und auf Änderungen der Massenverteilung rückschließen lassen. Allerdings können mit diesem Verfahren bisher nur große Gletschergebiete mit vertretbarem Aufwand und Messfehler erfasst werden, und hier kann sich die Trennung der Eismassen von anderen Massensignalen schwierig gestalten.

4.1.3 Massenbilanzmessungen weltweit

Mit der Gründung der Commission Internationale des Glaciers in Zürich begannen im Jahr 1894 systematische Aufzeichnungen über Gletscheränderungen. Dies waren zunächst hauptsächlich Längenänderungen, erst ab 1945 kamen Massenbilanzmessungen mit der glaziologischen Methode dazu. Heute werden standardisierte Daten durch den World Glacier Monitoring Service (WGMS) in Zürich gesammelt. Der WGMS führt selbst keine Messkampagnen durch, archiviert und pflegt aber sämtliche Daten, die ihm durch ein weltweites Netz von nationalen Korrespondenten zugeführt werden. Die Datenbank, die auch über die Internetpräsenz ▶ www.wgms.ch zugänglich ist, umfasst derzeit 47.695 Längenänderungen von 2579 Gletschern und 7032 Massenbilanzmessungen von 460 Gletschern. Aktuelle Messreihen existieren an 163 Gletschern, davon sind 40 länger als 30 Jahre (WGMS 2020). Diese Gletscher mit langen Beobachtungsreihen, die sich besonders für klimatische Interpretationen eignen, werden als Referenzgletscher bezeichnet. ◼ Tab. 4.1 verdeutlicht das Ungleichgewicht zwischen den Gletscherflächen

◘ Tab. 4.1   Gletscherfläche und Anzahl der beobachteten Gletscher in den Haushaltsjahren 2015/2016 und 2016/2017 in verschiedenen Makroregionen des WGMS. (Quelle: WGMS 2020)

	Gletscherfläche (km²)	Anzahl aktueller Massenbilanzreihen	Anzahl Referenzgletscher
Alaska	86.500	4	2
Westliches Nordamerika	14.500	21	6
Kanadische Arktis	146.000	4	4
Grönland	89.500	3	0
Island	11.000	9	0
Spitzbergen und Jan Mayen	34.000	10	2
Skandinavien	3000	18	8
Zentraleuropa	2000	52	11
Kaukasus und Mittlerer Osten	1500	2	1
Russische Arktis	51.500	0	0
Nordasien	2500	1	3
Zentralasien	49.500	12	2
Südasien	48.500	6	0
Tropen	2500	7	0
Südliche Anden	29.500	9	1
Neuseeland	1000	2	0
Antarktis (inkl. Inseln)	133.000	3	0
Weltweit	**706.000**	**163**	**40**

einzelner Regionen und der Anzahl der Massenbilanzmessreihen. Während es in Zentraleuropa (Alpen, Pyrenäen, Apennin) immerhin 52 aktuelle Messreihen und elf Referenzgletscher sind, existiert z. B. in den südlichen Anden, wo die Gletscherfläche fast 15-mal so groß ist, nur ein einziger Gletscher mit einer über 30-jährigen Messreihe. In Südasien, wo die vergletscherte Fläche noch deutlich größer ist, existiert kein einziger Referenzgletscher und in der russischen Arktis nicht einmal eine einzige aktuelle Messreihe.

Von 1991 bis 2000 lag der Mittelwert der AAR bei den Referenzgletschern des WGMS (2020) bei 44 %, von 2001 bis 2010 bei 34 % und im Jahr 2017/2018 nur noch bei 13 % (vorläufiger Wert). Statt zu zwei Dritteln, wie es bei Gletschern im Gleichgewicht der Fall wäre, waren die Gletscher am Ende der Schmelzperiode

2018 also nur noch zu etwa einem Achtel mit Schnee bedeckt. Dies führt zu fortgesetzt negativen Massenbilanzen, was in ▶ Kap. 8 noch genauer besprochen wird.

4.2 Energiebilanz von Gletscheroberflächen

Ähnlich, wie man bei Massenänderungen den Gewinn und Verlust von Masse gegenüberstellt, kann man auch die Zu- und Abfuhr von Energieflüssen bilanzieren. Verschiedene Prozesse führen dem Gletscher Energie zu, andere wiederum entziehen sie ihm. Addiert man die Beträge dieser einzelnen Terme, so erhält man als resultierende Größe die Gesamtenergie. Ist sie positiv, so findet Schmelze statt. An dieser Stelle soll betont werden, dass hier nur die Energiebilanz von Gletscheroberflächen, also die Kontaktfläche zur Atmosphäre, betrachtet wird. Auch an der Kontaktfläche zum Fels findet Energieaustausch statt, dieser ist aber im Vergleich zur Oberfläche verschwindend gering und kann für die Energiebilanz des Gesamtgletschers vernachlässigt werden.

Der wichtigste Term für Energieumsätze ist die **Strahlungsbilanz**, also die Differenz aus eingehender und ausgehender Strahlungsenergie. Eine weitere Energiequelle ist der **fühlbare Wärmestrom**, also die thermische Energie, die sich in einer Zu- oder Abnahme der Lufttemperatur äußert. Der **latente Wärmestrom** ist an Phasenübergänge des Wassers gekoppelt; er kann durch Kondensation (Energiezufuhr) oder Verdunstung (Energieabfuhr) in Erscheinung treten, also ein positives oder ein negatives Vorzeichen haben. Die Wärmezufuhr durch Regen und der Wärmefluss in oder aus dem Eis spielen quantitativ kaum eine Rolle. Diese beiden Größen können deswegen vernachlässigt werden, so dass sich die vereinfachte Energiebilanzgleichung (Gl. 4.2) folgendermaßen darstellt:

$$M = R + H + LE \tag{4.2}$$

M = Gesamtenergie (Schmelzenergie)

R = Strahlungsbilanz

H = fühlbarer Wärmestrom (Temperatur)

LE = latenter Wärmestrom (Verdunstung, Kondensation)

Die Energieumsätze durch Strahlung müssen bei genauerer Betrachtung in zwei Wellenlängenbereiche getrennt werden, die kurzwellige und die langwellige Strahlung. Kurzwellige Strahlung ist die Sonnenstrahlung und damit die primäre Energiequelle auf der Erdoberfläche, während mit **langwelliger Strahlung** die Wärmestrahlung gemeint ist, die von jedem Körper ausgeht.

Die kurzwellige Strahlung wird auch als Globalstrahlung (S_G) bezeichnet. Sie setzt sich aus der Strahlung zusammen, die ungehindert die Atmosphäre passiert (**direkte Strahlung**) und jener, die an Wolkenbestandteilen oder anderen Partikeln abgelenkt wird (**diffuse Strahlung**). Abhängig vom Reflexionsvermögen der Oberfläche, der so genannten Albedo (a), wird ein Teil der eintreffenden Globalstrahlung reflektiert, der andere wird absorbiert und in Wärme umgewandelt. Ein perfekt weißer Körper hat eine Albedo von 100 % oder 1, auf Gletschern variiert der Wert etwa zwischen 0,9 (Neuschnee) und 0,2 (dunkles Eis), bei Schuttbedeckungen kann er auch auf 0,1 absinken (Paterson 1994). Das bedeutet, dass zwischen 10 % (Neuschnee) und 90 % (Schutt) der solaren Strahlung absorbiert werden. Die kurzwellige Strahlungsbilanz berechnet sich aus der Globalstrahlung (S_G), multipliziert mit dem Kehrwert der Albedo (1−a), also dem absorbierten Anteil der Einstrahlung.

Jeder Körper emittiert langwellige Wärmestrahlung. Nach dem Stefan-Boltzmann-Gesetz nimmt diese sehr stark mit der Temperatur des Körpers zu. Ein warmer Heizkörper emittiert zum Beispiel mehr Wärmestrahlung als ein kalter. Bei schmelzenden Eisoberflächen beträgt die Temperatur 0 °C. Aus dem Emissionskoeffizient von Eis und der Stefan-Boltzmann-Konstante ergibt sich daraus ein konstanter Wert für die Wärmestrahlung von 315 Watt pro Quadratmeter. Ein Teil der langwelligen Ausstrahlung geht in den Weltraum und verlässt das System Erde-Atmosphäre, ein anderer Teil wird in der Atmosphäre reflektiert und erreicht als langwellige Gegenstrahlung wieder die Erd- bzw. Eisoberfläche. Die Reflexion der langwelligen Strahlung findet an Wasserdampf, anderen Treibhausgasen und Wolken statt. Diese Komponente der Strahlungsbilanz ist auch der Grund dafür, dass Nächte mit Wolkenbedeckung milder sind als solche mit klarem Himmel. Auch im langwelligen Wellenlängenbereich gibt es also Energieflüsse in beide Richtungen: von der Gletscheroberfläche weg und zu ihr hin. Diese werden in der langwelligen Strahlungsbilanz miteinander verrechnet.

Die kurz- und langwellige Bilanz können in der Gesamtstrahlungsbilanz (Gl. 4.3) zusammengefasst werden:

$$R = S_G \left(1 - a\right) + \varepsilon \sigma T^4 + L_G \tag{4.3}$$

S_G = Globalstrahlung [Wm^{-2}] = direkte + diffuse Strahlung

a = Albedo = Anteil der kurzwelligen Reflexion

ε = Emissionskoeffizient von Eis (0,98 … 1,0)

σ = Stefan-Boltzmann-Konstante $5.6697 \cdot 10^{-8}$ ($Wm^{-2}\,K^{-4}$)

T = Oberflächentemperatur (K)

L_G = langwellige Gegenstrahlung (Wm^{-2})

Die Strahlungsbilanz ist die wichtigste Energiequelle für die Eisoberfläche. Auf Alpengletschern macht sie während der Hauptablationsperiode (Juli, August) ca. 75–80 % des gesamten Wärmegewinns aus. An zweiter Stelle steht der fühlbare Wärmestrom mit durchschnittlich etwa 15–20 %. Verdunstung und Kondensation können kurzfristig wichtige Energiequellen oder -senken sein. Ein wichtiger Steuerfaktor ist in diesem Zusammenhang die Luftfeuchtigkeit. Überschreitet der Druck des Wasserdampfs, also des gasförmigen Wassers in der Luft, einen Wert von 6,1 Hektopascal (hPa), dann tritt über schmelzenden Eisoberflächen Kondensation und damit Energiegewinn auf, bei niedrigeren Werten herrschen Verdunstungsbedingungen. Weil das Verdunsten von geschmolzenem und für den Gletscher bereits verlorenem Eis viel Energie verbraucht, bleibt weniger für weiteres Schmelzen übrig. Trockene Luft verringert also, indem sie für Verdunstungsbedingungen sorgt, die Ablation. Auf lange Sicht gleichen sich die beiden Prozesse im Alpenraum aber mehr oder weniger aus, so dass sich latente Wärmeströme aus der Gleichung kürzen oder, bei leichtem Überwiegen der Kondensation, einen kleinen

Energiegewinn darstellen. Der Gesamtbeitrag der latenten Wärme zum gesamten Energiegewinn beträgt im Alpenraum etwa 0–10 %. Diese Zahlen wurden von aufwändigen Kurzzeitexperimenten abgeleitet (Hoinkes 1953; Funk 1985; Moser et al. 1986; Greuell und Oerlemans 1987; Weber 2008) und liefern nur grobe Orientierungswerte für die sommerlichen Bedingungen bei Alpengletschern; über kurze Zeiträume unterliegen sie jedoch großen, witterungsbedingten Schwankungen.

In anderen Klimaten kann die Bedeutung der einzelnen Terme der Energiebilanz deutlich von den alpinen Verhältnissen abweichen. In kontinentalem, trockenem Klima nimmt die relative Bedeutung der Strahlung mit der Abnahme der Bewölkung noch zu, bei geringerer Luftfeuchtigkeit wird hier gleichzeitig die Verdunstung gefördert. Dies kann einen erheblichen Energieverlust für die Eisoberflächen bedeuten. Bei starker Einstrahlung und trockener Luft kann sogar verstärkt Sublimation auftreten, bei diesem Phasenübergang wird 8,5-mal so viel Energie konsumiert wie beim Schmelzen. Bei starker Sublimation können aus Vertiefungen im Schnee und Eis zentimeter- bis metergroße Zackenformen entstehen. Während in der trockenen Luft an den Spitzen der Zacken Sublimation stattfindet, können in den windgeschützten und feuchteren Vertiefungen dazwischen noch Schmelzprozesse auftreten. Weil die Schmelze effizienter ist, werden die Zacken immer größer, solange die Sonnenstrahlen die Vertiefungen noch erreichen. Diese Formen treten auch in subtropisch-randtropischen Trockengebieten auf und werden als **Büßerschnee (*snow penitents*)** bezeichnet (◻ Abb. 4.7).

In maritimen Klimaten kommt es bei stärkerer Bewölkung zu einer Abnahme der kurzwelligen Globalstrahlung. Auch wenn die langwellige Gegenstrahlung zunimmt, verliert die Strahlungsbilanz insgesamt an Bedeutung für den Energiegewinn. Gleichzeitig kann die latente Wärme bei diesen Gletschern, an denen Kondensationsbedingungen eindeutig überwiegen, deutlich zur Schmelzenergie beitragen (Winkler 2009).

> Die größte Energiequelle ist für die meisten Gletscher die solare Strahlung, gefolgt von der fühlbaren Wärme. Latente Wärmeströme stellen bei Verdunstungsbedingungen in trockener Luft einen Energieverlust dar, dieser Effekt überwiegt in kontinentalem Klima. Bei hoher Luftfeuchtigkeit an maritimen Gletschern kann Kondensationswärme deutlich zur Schmelzenergie beitragen.

◻ **Abb. 4.7** Büßerschnee im Elbrus-Gebiet, Kaukasus (links) und im Fedtschenko-Gebiet, Pamir (rechts). (Foto links: W. Hagg, Foto rechts: Ludwig Braun)

Literatur

Ageta Y, Higuchi K (1984) Estimation of mass balance components of a summer-accumulation type glacier in the Nepal Himalaya. Geogra Ann Ser A Phys Geogr 66:249–255. https://doi.org/10.2307/520698

Bhardwaj A, Sam L, Martín-Torres FJ, Kumar R (2016) Remote sensing of 427 environment UAVs as remote sensing platform in glaciology: present applications and future 428 prospects. Remote Sens Environ 175:196–204. https://doi.org/10.1016/j.rse.2015.12.029

Bolch T, Buchroithner MF, Pieczonka T, Kunert A (2008) Planimetric and volumetric glacier changes in the Khumbu Himal, Nepal, since 1962 using Corona, Landsat TM and ASTER data. J Glaciol 54(187):592–600

Farinotti D, Longuevergne L, Moholdt G, Duethmann D, Molg T, Bolch T, Vorogushyn S, Guntner A (2015): Substantial glacier mass loss in the Tien Shan over the past 50 years. Nat Geosci 8:716–722. https://doi.org/10.1038/ngeo2513

Finsterwalder S (1897) Der Vernagtferner – seine Geschichte und seine Vermessung in den Jahren 1888 und 1889. Wiss Ergänzungshefte Z Dtsch Oesterr Alpenvereins 1(1), Verlag des DuÖAV, Graz

Funk M (1985) Räumliche Verteilung der Massenbilanz auf dem Rhonegletscher und ihre Beziehung zu Klimaelementen. Zürcher Geogr Schriften 24:183

Geist T, Elvehøy H, Jackson M, Stotter J (2005) Investigations on intra-annual elevation changes using multitemporal airborne laser scanning data – case study Engabreen, Norway. Ann Glaciol 42:195–201

Gerlach C (2013) Gravimetrie und deren Potential für eine unabhängige Bestimmung der Massenbilanz des Vernagtferners. Z Gletscherk Glazialgeol 45/46:281–293

Greuell W, Oerlemans J (1987) Energy balance calculations on and near Hintereisferner (Austria) and an estimate of the effect of greenhouse warming on ablation. In: Oerlemans J (Hrsg) Glacier fluctuations and climatic change. Glaciology and quaternary geology, Kluwer Academic Publishers, Dordrecht, S 305–323

Hagen JO, Eiken T, Kohler J, Melvold K (2005) Geometry changes on Svalbard glaciers: mass-balance or dynamic response? Ann Glaciol 42:255–261

Hoinkes HC (1953) Zur Mikrometeorologie der eisnahen Luftschicht. Arch Met Geoph Biokl B2:451–465

Huss M (2013) Density assumptions for converting geodetic glacier volume change to mass change. Cryosphere 7:877–887. https://doi.org/10.5194/tc-7-877-2013

Kaab A (2002) Monitoring high-mountain terrain deformation from repeated air- and spaceborne optical data: examples using digital aerial imagery and ASTER data. ISPRS J Photogramm Remote Sens 57(1–2):39–52

Luthcke SB, Arendt A, Rowlands D, McCarthy J, Larsen CF (2008) Recent glacier mass changes in the Gulf of Alaska region from GRACE mascon solutions. J Glaciol 54(188):767–777. https://doi.org/10.3189/002214308787779933

Moser H, Escher-Vetter H, Oerter H, Reinwarth O, Zunke D (1986) Abfluß in und von Gletschern. GSF-Bericht 41, Teil I u. II. GSF Gesellschaft für Strahlen- und Umweltforschung, München

Østrem G, Brugman M (1991) Glacier mass-balance measurements: a manual for field and office work. NHRI science report. National Hydrology Research Institute, Saskatoon

Paterson WSB (1994) The physics of glaciers. Butterworth Heinemann, Oxford/Birlington

Tangborn WV, Krimmel RM, Meier MF (1975) A comparison of glacier mass balance by glacier hydrology and mapping methods, South Cascade Glacier. In: Snow and ice symposium – Neiges et Glaces. Proceedings of the Moscow symposium, August 1971. IAHS publication 104. International Association of Hydrological Sciences, Washington, DC, S 185–196

Velicogna I, Wahr J (2005): Greenland mass balance from GRACE. Geophys. Res. Lett. 32, L14501. https://doi.org/10.1029/2005GL023458

Literatur

Weber M (2008) Mikrometeorologische Prozesse bei der Ablation eines Alpengletschers. Abhandlungen. Verl. der Bayerischen Akad. der Wiss., München, S 177. ISBN 978-3-7696-2564-6 http://publikationen.badw.de/de/013223297

WGMS (2020) Global glacier change bulletin no. 3 (2016–2017). Zemp M, Gärtner-Roer, I, Nussbaumer SU, Bannwart J, Rastner P, Paul F, Hoelzle M (Hrsg), ISC(WDS)/IUGG(IACS)/UNEP/UNESCO/WMO, World Glacier Monitoring Service, Zurich, Switzerland, S 274., publication based on database version: https://doi.org/10.5904/wgms-fog-2019-12

Winkler (2009) Gletscher und ihre Landschaften. WBG, Darmstadt

Zemp M, Thibert E, Huss M, Stumm D, Rolstad Denby C, Nuth C, Nussbaumer SU, Moholdt G, Mercer A, Mayer C, Joerg PC, Jansson P, Hynek B, Fischer A, Escher-Vetter H, Elvehøy H, Andreassen LM (2013) Reanalysing glacier mass balance measurement series, Cryosphere 7:1227–1245. https://doi.org/10.5194/tc-7-1227-2013

Gletschertypen und -verbreitung

Inhaltsverzeichnis

> **Überblick**
>
> Es gibt mehrere Ansätze, die Vielfalt der Gletscher in Schubladen zu stecken, und nicht alle davon sind sehr glücklich. In der klassischen deutschen Literatur findet sich eine Typisierung nach der Ernährungsweise, die heute kaum noch gebräuchlich ist. Die am häufigsten verwendete Einteilung stellen morphologische Gletschertypen dar, wobei hier genau genommen nach der Größe der Gletscher, nach ihrer Lage im Relief und nach dessen Einfluss auf die Eisbewegung kategorisiert wird. Aus der Geophysik stammt die Untergliederung nach thermischen Kriterien in temperierte, kalte und polythermale Gletscher. Heute existieren weltweit etwas mehr als 200.000 Gletscher mit einer Gesamtfläche von ca. 700.000 km^2, wenn man die beiden Inlandeise Grönlands und der Antarktis nicht berücksichtigt. Die meisten dieser Gletscher sind vergleichsweise klein, ein Großteil der Fläche steckt aber in den wenigen großen Gletschern, die vor allem in polnäheren Regionen zu finden sind. Der größte Gletscher Islands ist beispielsweise mehr als viermal so groß wie alle Alpengletscher zusammen.

5.1 Typisierung von Gletschern

Unterschiedliche Ansätze, Gletscher zu klassifizieren, führten in der ersten Hälfte des 20. Jahrhunderts zu einiger Begriffsverwirrung (Schneider 1962). Die Einteilung erfolgte nach geographischer Verbreitung (z. B. Himalaja- oder Pyrenäen-Typ), nach Klimazone (z. B. tropischer oder subtropischer Typ) oder nach Größenklassen (z. B. Inlandeis, Eiskappe). Abgesehen vom allgemeinen Problem, komplexe Naturphänomene zu katalogisieren, ergeben sich auch durch die Unterschiede in den genannten Ordnungsprinzipien Probleme mit Abgrenzungen und Überlappungen. Trotzdem finden sich auch viele der älteren Begriffe immer noch in der aktuellen Literatur, weshalb hier drei wichtige Klassifikationssysteme in ihren Grundzügen vorgestellt werden sollen. Während in der klassischen Literatur oft die Ernährungsweise (Schneider 1962) und die Morphologie (von Klebelsberg 1948) als Hauptkriterien herangezogen wurden, scheint eine Typisierung nach thermischen Eigenschaften (Ahlmann 1935) angebracht, wenn die Bewegung des Eises und deren geomorphologische Auswirkungen im Fokus der Betrachtung stehen.

5.1.1 Typisierung nach der Ernährungsweise

Diese Einteilung geht auf Visser (1934) zurück und beruht auf der Lagebeziehung zwischen Gleichgewichtslinie, Form und Größe des Gletschers. Im englischen Sprachraum hat sich diese Untergliederung nicht etabliert. Bei der **zentralen Firnhaube** fließen aus einem Nährgebiet mehrere Gletscherzungen radial in verschiedene Richtungen ab. Die Gleichgewichtslinie ist demzufolge mehr oder weniger kreisförmig, zumindest aber geschlossen. Dieser Gletschertyp kommt vorwiegend in polaren und subpolaren Regionen (z. B. *Mýrdalsjökull*, Island) vor. Durch den Anstieg der klimatischen Schneegrenze im Zuge der aktuellen Klimaerwärmung zählen aber immer mehr Gletschersysteme in gemäßigteren Breiten streng genommen zu diesem Typ. Während die Gleichgewichtslinie früher über die Gletscherzungen verlief und dazwischen unterbrochen war, liegt sie heute kreisförmig geschlossen im zentralen Firngebiet (z. B. Adamello Gletscher, Italien).

Ein **Firnmuldengletscher** liegt vor, wenn das Nährgebiet in einer Flachform liegt und die Ernährung vorwiegend durch Schneefall und nicht durch Lawinen erfolgt. Der Gletscher selbst kann auf die Mulde beschränkt bleiben oder, bei größeren Verflachungen, eine Zunge ausbilden. Vereinigen sich Eisströme aus anderen Firnmulden, so spricht man auch von einem zusammengesetzten Gletscher (z. B. Aletschgletscher, Schweiz).

Wenn nicht nur hochgelegene Verflachungen zum Nährgebiet gehören, sondern auch die oberen Bereiche der zentralen Gletscherzunge, so handelt es sich um einem **Firnstromgletscher** (◙ Abb. 5.1).

Bei noch stärkerer Absenkung der Gleichgewichtslinie und stärkerem Anschwellen der Gletscher fließen diese über so genannte Transfluenzpässe in Nachbartäler. Wenn sie sich mit dortigen Gletscherästen verbinden, spricht man von einem **Eisstromnetz**. Gebirgskämme ertrinken bei zunehmender Vergletscherung langsam unter dem Eis und nur hohe Gipfel ragen als Nunatakker genannte Felsinseln aus dem Eismeer heraus. Rezent existieren Eisstromnetze nur in Polargebieten (z. B. Alaska, Spitzbergen), während der pleistozänen Kaltzeiten (▶ Kap. 8) waren aber auch die Alpen von diesem Gletschertyp bedeckt.

Bei niedriger gelegenen Firnbecken, die unterhalb der klimatischen Schneegrenze liegen, spielt neben dem Schneefall der Lawineneintrag eine entscheidende Rolle für die Ernährung. In diesem Fall wird aus dem zusammengesetzten Firnmuldentyp ein **Firnkesselgletscher** und aus dem singulären Typ ein **Lawinenkesselgletscher** (◙ Abb. 5.2). Bei sehr starkem Lawineneintrag aus sehr hohen Felsum-

◙ **Abb. 5.1** Fedtschenko-Gletscher in Tadschikistan. Beim längsten Talgletscher der Welt (ca. 70 km) gehört auch der obere Teil der Gletscherzunge zum Nährgebiet. Es handelt sich demzufolge um einen Firnstromgletscher. (Foto: Surat Toimastov[†])

Abb. 5.2 Lawinenkesselgletscher in der Alai-Kette,
Kirgisistan. (Foto: W. Hagg)

rahmungen muss der Gletscher nicht auf das flache Becken beschränkt bleiben, sondern kann auch lange Zungen ausbilden (z. B. Shispar-Gletscher, Pakistan).

Eine **Flankenvereisung** liegt vor, wenn das Firngebiet nicht in einer Verflachung, sondern in steilem Gelände liegt, ohne dass bereits Eislawinen die bevorzugte Art der Ablation sind. Dieser Gletschertyp ist oft deutlich breiter als lang. Bei etwas geringerem Gefälle und größeren Eisdicken ist auch von einer „Wandvergletscherung" die Rede (Schneider 1962).

Ein Sonderfall der Ernährung liegt vor, wenn ein Gletscher durch eine Gefällstufe unterbrochen wird. Der untere Teil liegt oft unterhalb der klimatischen Schneegrenze und wird dann ausschließlich durch Eislawinen ernährt. Bewahrt er alle dynamischen Charakteristika eines fließenden Gletschers, wird er als **regenerierter Gletscher (*reconstituted glacier*)** bezeichnet (**Abb. 5.3).

5.1.2 **Morphologische Gletschertypen**

Diese Einteilung wird manchmal als problematisch betrachtet, weil sie teilweise rein beschreibend ist und Gletscher nicht nach dynamischen oder prozessbasierten Kriterien unterteilt. Daraus ergeben sich eine gewisse Willkür und Schwierigkeiten

Abb. 5.3 Regenerierter Gletscher: Fellaria, Italien. (Foto: Anne Nowottnick)

bei der Abgrenzung. Obwohl sie also nicht durchwegs befriedigt, ist die Gliederung nach Relieftypen so stark in der wissenschaftlichen und alpinistischen Literatur verankert, dass hier zumindest ansatzweise auf sie eingegangen werden soll. Die Grundgliederung ergibt sich aus der Unterscheidung, ob das Relief die Fließrichtung des Eises bestimmt oder nicht.

Deckgletscher

Deckgletscher überdecken den Untergrund so vollständig, dass die Fließrichtung des Eises von diesem entkoppelt ist und nur durch Neigung der Eisoberfläche gesteuert wird. Sie werden deshalb als dem „Relief übergeordnet" bezeichnet. Zu den Deckgletschern gehören Eisschilde, Piedmontgletscher, Eiskappen und Plateaugletscher.

Eisschilde (*ice sheets*) sind flache, uhrglasförmig gewölbte Kuppeln von kontinentalem Ausmaß. Die einzigen Eisschilde, die heute existieren, sind die **Inlandeise** Grönlands (ca. 1,7 Mio. km^2) und der Antarktis (ca. 12,3 Mio. km^2). Sie grenzen entweder direkt an das Meer, wo sie den Großteil ihrer Massenverluste durch Kalbungsprozesse erfahren, oder erreichen dieses über **Auslassgletscher (*outlet glaciers*)**. Dies sind Fließabschnitte entlang von Talflanken, die im dünneren Randbereich der Inlandeise aus der Eisoberfläche herausragen. Weil die Fließrichtung der Gletscher hier wieder vom Untergrund gesteuert wird, gehören diese Teile der Eisschilde bereits zur Relief untergeordneten Vergletscherung. Dieser Umstand verdeutlicht ein weiteres Problem der morphologischen Gletschertypen, nämlich dass ein großer Gletscher in unterschiedlichen Bereichen unter Umständen verschiedenen Typen zugewiesen werden kann. Während der pleistozänen Kaltzeiten gab es noch zwei weitere Inlandeise auf der Nordhalbkugel: der Laurentische Eisschild in Nordamerika und der Fennoskandische oder Skandinavische Eisschild in Nord- und Mitteleuropa (▶ Kap. 8).

Eiskappen (*ice caps*) sind um mehrere Größenordnungen kleiner als Eisschilde (bis 50.000 km^2). Typische Beispiele sind die Devon Ice Cap in der kanadischen Arktis oder die Eiskappe auf der Nordinsel (Nowaja Semlja) in Russland. In der deutschsprachigen Literatur wird manchmal zwischen Eiskappen, die deutliches Relief überlagern, und **Plateaugletschern (*plateau glaciers*)**, die über verhältnismäßig flachem Untergrund liegen, unterschieden. Als typische Vertreter werden hierfür oft norwegische Gletscher, z. B. der Jostedalsbreen, genannt. Im internationalen Schrifttum wird diese Unterscheidung nicht getroffen.

Vorlandgletscher (*piedmont glaciers*) entstehen, wenn ein Gletscher das seitlich einengende Relief eines Gebirges verlässt, um dann im wenig reliefierten Vorland lobenförmig nach allen Seiten auszufließen. Vorlandgletscher sind keine eigenständigen Gletscher, sondern nur Teile eines größeren Gletschers oder Gletschersystems. Auch hier ist die Abgrenzung von oberen Gletscherbereichen, ähnlich wie bei den Auslassgletschern, problematisch. Vorlandgletscher bedeckten während der Hochphasen der pleistozänen Kaltzeiten große Bereiche des Alpenvorlands (z. B. Isar-Loisach-Gletscher, Inn-Chiemsee-Gletscher), als Musterbeispiel für einen rezenten Vorlandgletscher gilt der Malaspina-Gletscher in Alaska.

> Bei Deckgletschern ist die Vergletscherung so stark, dass sich der Untergrund nicht mehr auf die Fließrichtung an der Oberfläche auswirkt. Solche Situationen treten heute nur in den hohen Breiten, also nahe oder jenseits des Polarkreises auf.

Gebirgsgletscher

Gebirgsgletscher kommen in der Regel in Hochgebirgen vor. Sie sind dem Relief untergeordnet, weil ihre Eisbewegung durch das subglaziale Talrelief gesteuert wird. Der denkbar stärkste Vergletscherungstyp eines Gebirges ist das **Eisstromnetz (*ice field, dendritic glacier system*)**. Dieses wurde bereits bei den ernährungsbedingten Gletschertypen besprochen; an dieser Stelle überlappen nicht nur die Gletschertypen, sondern auch die Klassifikationssysteme. Die Eisstromnetze der Kaltzeiten haben die gerade erwähnten Vorlandgletscher gespeist, rezente Beispiele finden sich in der Eliaskette in Alaska oder in Spitzbergen.

Wenn der Grad der Vergletscherung abnimmt und die Gletscher zwar noch mehr oder weniger weit in Täler herunterreichen (◗ Abb. 5.4), aber nicht mehr über Pässe und Wasserscheiden mit denen der Nachbartäler verbunden sind, spricht man von **Talgletschern (*valley glaciers*)**. Dies sind die typischen größeren Gletscher der Hochgebirge, die in allen Klimazonen vorkommen. Sie werden aus einem oder aus mehreren Firnbecken gespeist. Bei baumartig verzweigten Nebengletschern spricht man von dendritischen Gletschersystemen. Diese findet man z. B. in den am stärksten vergletscherten Bereichen Zentralasiens. Hier besteht eine gewisse Verwechslungsgefahr mit dem englischen Terminus *dendritic glacier system*, der ein Eisstromnetz beschreibt.

◖ Abb. 5.4 Talgletscher in Zentralasien: Muskulak-Gletscher im Pamir (oben) und Abramov-Gletscher in der südlichen Alai-Kette, Tadschikistan (unten). (Foto oben: Hans-Dieter Schwartz, Foto unten: W. Hagg)

Haben Gletscher keine Zungen, sondern sind auf kleine Verflachungen, die so genannten Kare (► Abschn. 10.4), beschränkt, spricht man von **Kargletschern** (*cirque glaciers*; ◖ Abb. 5.5). Diese Gletscher sind die ersten, die entstehen, wenn ein Gebirge vergletschert und die letzten, die bleiben, bevor es eisfrei wird. In diesem Fall entstehen sie aus Talgletschern, die durch Flächenschwund ihre Zunge verlieren. Kargletscher markieren die klimatische Existenzgrenze für eine Vergletscherung.

❯ Bei einem Absinken der Schneegrenze vergletschern zuerst die höchstgelegen Verflachungen, die so genannten Kare. Wachsen die Gletscher darüber hinaus, spricht man von Talgletschern, und wenn sich diese über Pässe hinweg miteinander verbinden, so entsteht ein Eisstromnetz.

Existieren kleine Gletscher nicht in Verflachungen, sondern an Bergflanken (◖ Abb. 5.6), spricht man von einer Wandvereisung oder, in noch steileren Situationen, von einem **Hängegletscher (*hanging glacier*)**. Sie müssen, um sich im sehr steilen Gelände halten zu können, am Felsuntergrund angefroren sein. Dies ist nur bei kaltem Eis möglich, so dass sie in außerpolaren Gebieten auf sehr große Meereshöhen beschränkt sind. Ablation findet bei Hängegletschern oft überwiegend oder ausschließlich über Eislawinen statt.

◘ Abb. 5.5   Kargletscher (Vedretta del Lupo) in den Bergamasker Alpen. (Foto: W. Hagg)

◘ Abb. 5.6   Hängegletscher im Altai. (Foto: W. Hagg)

5.1.3 Thermische (geophysikalische) Gletschertypen

Die thermische oder geophysikalische Klassifikation ergibt sich aus dem Temperaturprofil von Gletschereis (▶ Abschn. 2.3.). Ein Gletscher, der durchwegs aus kaltem Eis deutlich unter dem Druckschmelzpunkt besteht, wird demzufolge als kaltbasaler oder **kalter Gletscher** (*cold glacier*) bezeichnet. Da er am Fels festgefroren ist, kann kein basales Gleiten stattfinden, und die Eisbewegung findet ausschließlich durch Deformationsfließen statt. Diesen Gletschertyp findet man in Polargebieten, wo geringmächtige Gletscher durch die niedrigen Lufttemperaturen vollständig aus kaltem Eis bestehen können. Die obersten Schichten eines kalten Gletschers nehmen im Sommer selbstverständlich ebenfalls Temperaturen im Bereich des Schmelzpunkts an.

Ein warmbasaler, warmer oder **temperierter Gletscher (*temperate glacier*)** besteht aus Eis, das sich am Druckschmelzpunkt befindet. Auf dem Schmelzwasserfilm an der Kontaktfläche zum Fels kann basales Gleiten stattfinden. Temperierte Gletscher findet man in den Gebirgen der Mittelbreiten und der Tropen. Hier entsteht, abgesehen von sehr hochgelegen Regionen, in der Regel temperiertes Eis. Während des Winters können sich auch auf temperierten Gletschern die obersten Schichten deutlich unter den Schmelzpunkt abkühlen.

Ein Gletscher muss nicht vollständig einer einzigen thermischen Kategorie zuzuordnen sein. Gletscher, die sowohl temperierte als auch kalte Bereiche haben, werden als **polythermale Gletscher (*polythermal glacier*)** bezeichnet. Dieser Gletschertyp ist häufig in Subpolargebieten zu finden. Dabei verhält es sich nicht unbedingt so, wie man intuitiv meinen könnte, nämlich dass die kalten Bereiche oben und die warmen an der niedriger gelegenen Gletscherzunge zu finden sind. Es ist sogar häufig genau das Gegenteil zu beobachten: Da Schnee und Firn schlechte Wärmeleiter sind, schützen sie im Akkumulationsgebiet vor dem Eindringen der Winterkälte. Außerdem kommt es hier im Sommer durch Schmelz- und Wiedergefrierprozesse zu einer Zufuhr von latenter Energie. Beim Schmelzen muss zwar Energie aufgewendet werden, diese wird aber wieder frei, wenn das Schmelzwasser in tieferen Schneeschichten wieder gefriert. Auf diese Weise kommt es zu einer Erwärmung der Schneedecke, die sich dann nah am Schmelzpunkt befindet. Aus diesem temperierten Schnee entsteht schließlich temperierter Firn und letztendlich temperiertes Eis. Im Ablationsgebiet kommt es zwar im Frühjahr, solange eine Schneedecke existiert, ebenfalls zum Schmelzen und Wiedergefrieren, aber danach fehlt dieser latente Wärmegewinn. Außerdem ist die dünnere Schneedecke im Winter ein schlechterer Isolator, so dass die Gletscherzunge im Winter stärker auskühlen kann und deshalb aus kaltem Eis besteht.

Der soeben beschriebene Typ polythermaler Gletscher wird als Svalbard-Typ bezeichnet (◖ Abb. 5.7c, d). Es gibt jedoch auch davon abweichende Anordnungen von kalten und warmen Bereichen. In der kanadischen Hocharktis ist z. B. das Eis vorrangig kalt und nur an der Basis existieren kleine, temperierte Zonen (◖ Abb. 5.7a, b).

5.2 Verbreitung von Gletschern

Die globalen Gletschereisreserven beinhalten ca. 74 % der weltweiten Süßwasservorräte und bedecken ca. 10 % des Festlands. Die Anzahl der Gletscher auf der Erde war lange Zeit unbekannt beziehungsweise hat je nach Studie stark geschwankt. Dies ist damit zu begründen, dass in Gletscherinventaren die Minimalgröße, bis zu der kleinere Eisflecken berücksichtigt werden, variiert. Außerdem verändert sich die Anzahl der Gletscher mit der Zeit durch das Verschwinden kleiner Gletscher, aber auch durch die Auflösung größerer Gletscher in mehrere kleinere. Hier kommt es natürlich auf die Zählweise an, d. h., ob die bei einem Zerfall entstehenden Gletscherteile weiterhin als eine Einheit oder als mehrere Gletscher betrachtet werden. Auch die globale Gletscherfläche ist nicht einfach zu beziffern. Einen ersten Versuch, basierend auf Karten, Luft- und Satellitenbildern um die

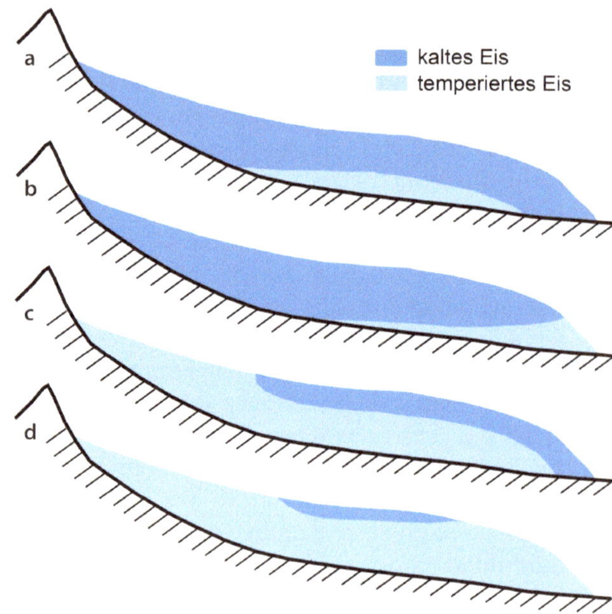

Abb. 5.7 Verschiedene Ausprägungen polythermaler Gletscher. (Verändert nach Pettersson 2004)

1960er-Jahre, stellt das World Glacier Inventory (WGMS 1989) dar. Bei diesem Vorhaben wurden immerhin 100.000 Gletscher mit einer Gesamtfläche von 240.000 km^2 erfasst, was aber nur etwa einem Drittel der globalen Gesamtfläche entspricht. Probleme bei der fernerkundlichen Kartierung von Gletschern stellen Wolken, Schnee und Schuttbedeckungen dar, die eine Abgrenzung erschweren und eine vollautomatische Kartierung unmöglich machen. Auch bei halbautomatischen Methoden sind stets noch eine manuelle Nachbereitung und Korrektur notwendig, was bei globalen Inventaren einen erheblichen Aufwand darstellt.

Ein jüngeres Projekt, das Anfang dieses Jahrhunderts initiiert wurde, stellt GLIMS (Global Land Ice Measurements from Space) dar. Es beteiligen sich international über 60 Institute, um durch ein standardisiertes Vorgehen auf einer homogenen Datenbasis ein weltweites Inventar zu schaffen. Das erste Inventar mit globaler Abdeckung ist jedoch das RGI (Randolph Glacier Inventory), das für den fünften Sachstandsbericht des Weltklimarats (IPCC 2013) angefertigt wurde. Hier lag der Fokus auf der Komplettheit der Abdeckung und weniger auf der Homogenität der Datenbasis wie bei GLIMS. Aktuell werden beide Inventare zusammengeführt. Laut Version 6 des RGI (2017) existieren weltweit 215.547 Gletscher mit einer Gesamtfläche von 705.739 km^2 (ohne die beiden Inlandeise), deren Verteilung in Abb. 5.8 dargestellt ist.

Die durchschnittliche Gletscherfläche in den einzelnen Regionen schwankt beträchtlich: In der Russischen Arktis liegt sie bei 48,2 km^2, in Neuseeland bei nur 0,33 km^2 (RGI 2017). Global betrachtet liegt bei der Gletscheranzahl das Maximum in der Größenklasse 2–4 km^2, die meisten Eisflächen stecken jedoch in relativ großen Gletschern der Klasse 256–512 km^2 (Pfeffer et al. 2014). In den außerpolaren Hochgebirgen ist das Ungleichgewicht in der Gletschergröße besonders stark ausgeprägt (■ Abb. 5.9).

In den Alpen existieren noch 3896 Gletscher (RGI 2017). 3489 bzw. 90 % davon sind kleiner als 1 km², tragen aber nur 25 % zur Gesamtfläche bei. Demgegenüber existieren in den Alpen nur noch 27 Gletscher, die größer als 10 km² sind. Obwohl dies nur 0,68 % der Anzahl entspricht, machen diese Gletscher aber ebenfalls 25 % der gesamten Gletscherfläche aus.

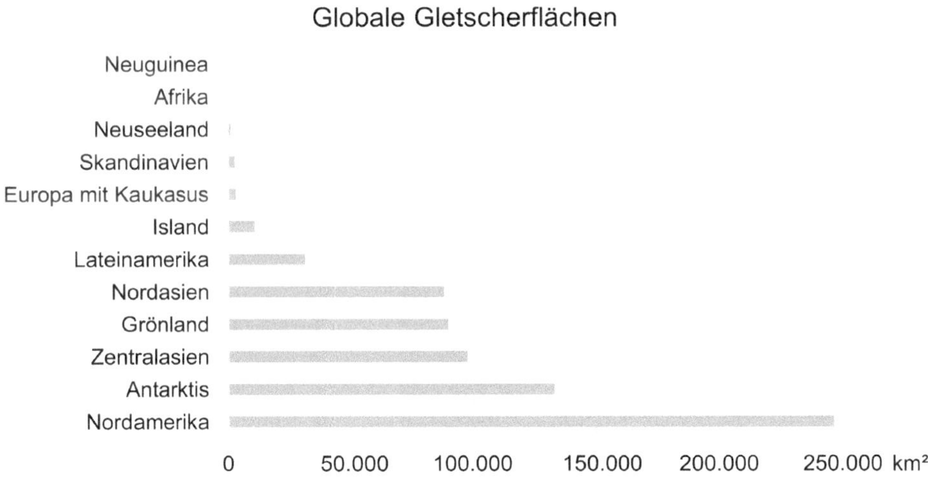

■ **Abb. 5.8** Regionale Verteilung von Gletschern und Eiskappen (ohne Eisschilde). (Datenquelle: RGI 2017)

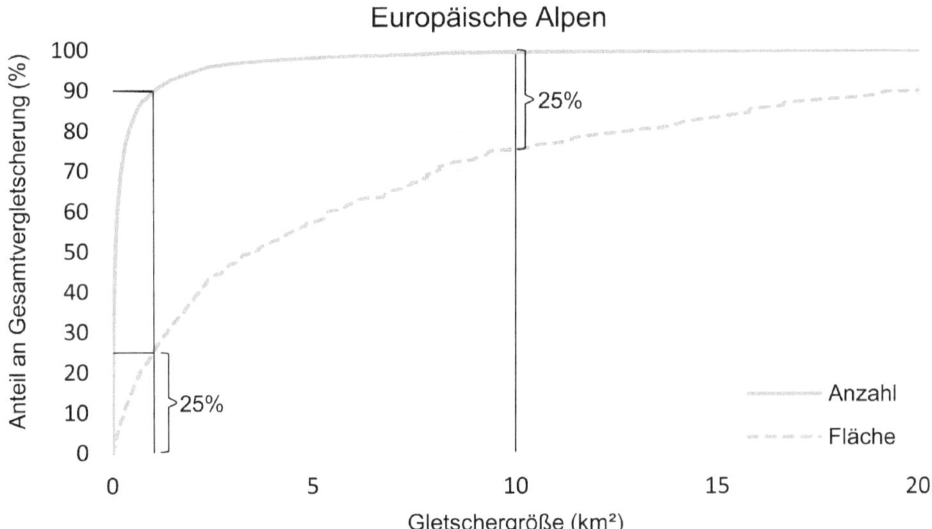

■ **Abb. 5.9** Kumulativer Anteil unterschiedlicher Gletschergrößen an der Gesamtzahl und -fläche der Alpengletscher. (Datenquelle: RGI 2017)

Literatur

Ahlmann HW (1935) Contribution to the physics of glaciers. Geogr J 86:97–113
IPCC (2013) Climate change 2013: the physical science basis. Contribution of working group I to the fifth assessment report of the intergovernmental panel on climate change [Stocker TF, Qin D, Plattner G-K, Tignor M, Allen SK, Boschung J, Nauels A, Xia Y, Bex V, Midgley PM (Hrsg)]. Cambridge University Press, Cambridge, UK/New York
von Klebelsberg R (1948) Handbuch der Gletscherkunde und Glazialgeologie, Bd 1. Springer, Wien
Pettersson R (2004) Dynamics of the cold surface layer of polythermal Storglaciären, Sweden. Ph.D. thesis, The Departement of Physical Geography and Quatenary Geology, Stockholm University
Pfeffer WT, Arendt AA, Bliss A, Bolch T, Cogley JG, Gardner AS, Hagen J-O, Hock R, Kaser G, Kienholz C, Miles ES, Moholdt G, Moelg N, Paul F, Radic V, Rastner P, Raup BH, Rich J, Sharp MJ, Andreassen LM, Bajracharya S, Barrand NE, Beedle MJ, Berthier E, Bhambri R, Brown I, Burgess DO, Burgess EW, Cawkwell F, Chinn T, Copland L, Cullen NJ, Davies B, De Angelis H, Fountain AG, Frey H, Giffen BA, Glasser NF, Gurney SD, Hagg W, Hall DK, Haritashya UK, Hartmann G, Herreid S, Howat I, Jiskoot H, Khromova TE, Klein A, Kohler J, Koenig M, Kriegel D, Kutuzov S, Lavrentiev I, Le Bris R, Li X, Manley WF, Mayer C, Menounos B, Mercer A, Mool P, Negrete A, Nosenko G, Nuth C, Osmonov A, Pettersson R, Racoviteanu A, Ranzi R, Sarikaya MA, Schneider C, Sigurdsson O, Sirguey P, Stokes CR, Wheate R, Wolken GJ, Wu LZ, Wyatt FR (2014) The Randolph glacier inventory: a globally complete inventory of glaciers. J Glaciol 60(221):537–552
RGI Consortium (2017) Randolph glacier inventory (RGI) – a dataset of global glacier outlines: version 6.0. Technical report, global land ice measurements from space, Boulder, Colorado, USA. Digital Media. https://doi.org/10.7265/N5-RGI-60
Schneider H-J (1962) Die Gletschertypen. Versuch im Sinne einer einheitlichen Terminologie. Geographisches Taschenbuch, Wiesbaden, S 276–283
Visser PC (1934) Benennung von Vergletscherungstypen. Z f Glkd 21:137–139
World Glacier Monitoring Service (WGMS) (1989) World glacier inventory: status 1988. Haeberli W, Bösch H, Scherler K, Østrem G, Wallén CC (Hrsg). IAHS(ICSI)/UNEP/UNESCO, World Glacier Monitoring Service, Zürich

Gletscher und Klima

Inhaltsverzeichnis

© Springer-Verlag GmbH Deutschland, ein Teil von Springer Nature 2020
W. Hagg, *Gletscherkunde und Glazialgeomorphologie*,
https://doi.org/10.1007/978-3-662-61994-0_6

Überblick

„Die Gletscher schmelzen, weil es wärmer wird." Obwohl dieser Satz nicht komplett falsch ist, wird bei einer genaueren Darlegung der Zusammenhänge klar, dass er zumindest zu kurz greift. Sowohl „das Klima" und seine Veränderung als auch die Reaktion der Gletscher können recht vielschichtig sein. Zum einen ist die Lufttemperatur weder das einzige noch das wichtigste Klimaelement, das sich auf das Gletscherverhalten auswirkt. Zum anderen können Geschwindigkeit und Stärke der Reaktion sowohl in unterschiedlichen Klimazonen voneinander abweichen als auch von nichtklimatischen Größen mitgesteuert werden, was eine simple Zuweisung erschwert. Schließlich existieren auch Gletschervorstöße ohne jegliche klimatische Ursache, was die Gefahr einer kompletten Fehldeutung mit sich bringt.

6

Aufgrund der aktuellen Veränderungen sowohl in der Kryosphäre als auch in der Atmosphäre wird der Begriff „Gletscher" derzeit oft in einem Atemzug mit Begriffen wie „Klima", „Klimawandel" und „Erderwärmung" genannt. Bevor dieser Zusammenhang näher beleuchtet wird, soll hier kurz auf den Begriff „Klima" eingegangen werden. „Klima" ist definiert als der mittlere Zustand der Atmosphäre an einem bestimmten Ort oder einem Gebiet. Damit Extremwerte die Statistik nicht verfälschen, muss ein ausreichend langer Zeitraum zugrunde gelegt werden. Dies sind in der Regel 30 Jahre, die so genannte klimatologische Referenzperiode. Von der Weltorganisation für Meteorologie (WMO) wurde der Zeitraum 1961–1990 als Referenz- oder Normalperiode definiert, im Jahr 2021 wird er durch die Jahre 1991–2020 ersetzt werden. Bei der Betrachtung des Klimawandels dürfen streng genommen nur 30-jährige Perioden miteinander verglichen werden. Hierbei können sich nicht nur Mittelwerte verändern, sondern auch andere statistische Größen wie Streuung oder Extremwerte. Der Begriff „Witterung" betrachtet dagegen wesentlich kürzere Zeiträume von einigen Tagen bis zu Jahreszeiten, während „Wetter" den Zustand der Atmosphäre zu einem Zeitpunkt oder sehr kurzem Zeitraum an einem bestimmten Ort beschreibt. Charakterisiert werden Wetter, Witterung und Klima anhand quantifizierbarer Größen wie Lufttemperatur, Niederschlag, Luftfeuchte, Luftdruck, Windrichtung und Windgeschwindigkeit.

> „Klima" beschreibt den mittleren Zustand der Atmosphäre über einen langjährigen Zeitraum, während der Begriff „Witterung" Tage bis Monate umfasst und „Wetter" das Geschehen zu einem bestimmten Zeitpunkt beschreibt.

6.1 Die klimatische Steuerung des Gletscherverhaltens

In ▶ Kap. 3 wurden bereits die klimatischen Voraussetzungen für die Entstehung von Gletschern besprochen und in ▶ Kap. 4 wurde gezeigt, wie die Höhenlage der Gleichgewichtslinie (ELA) die für den Massenhaushalt entscheidenden Zonen voneinander trennt. Und genau diese, von meteorologischen Bedingungen abhängige, Höhenlage der Gleichgewichtslinie ist es, die den Massenhaushalt und damit das Gletscherverhalten steuert. Sie wird vom winterlichen Schneezuwachs und den sommerlichen Verlusten von Schnee, Firn und Eis bestimmt und kann jedes Jahr, je nach Witterungsverläufen, andere Werte annehmen. In einem stabilen Klima schwankt sie um einen stabilen Mittelwert und steuert die jährliche Massenbilanz, die ebenfalls um einen Mittelwert (hier: null) schwankt. Verändert sich das Klima jedoch, so wird eine Prozesskette in Gang gesetzt, die letztendlich auch den Gletscher verändert.

Im Falle gletschergünstiger Veränderungen, also einer Zunahme des Schneefalls oder einer Abnahme der Schmelzraten in kühleren Sommern, wandert die Schneegrenze nach unten. Das bedeutet, dass der Schnee bis in tiefere Lagen den Sommer überdauert. Auch auf dem Gletscher wandert die Gleichgewichtslinie nach unten, wodurch sich das Nährgebiet auf Kosten des Zehrgebiets vergrößert und die Massengewinne durch Akkumulation zunehmen. Geschieht dies mehrere Jahre nacheinander, dann nimmt die Eismächtigkeit im Nährgebiet zu. Die Verdickung führt zu einer Zunahme der Fließgeschwindigkeit und der Massenüberschuss wird durch den Gletscher transportiert. Wenn er das Gletscherende erreicht, kommt dort mehr Masse an als abschmilzt, und die Zunge reagiert mit einem Vorstoß.

Im entgegengesetzten Fall, wie wir ihn seit mehreren Jahrzehnten überwiegend beobachten, wandert die Schneegrenze nach oben. Demzufolge reagiert auch die gesamte Prozesskette entgegengesetzt, und die Gletscherzunge regiert mit einem Rückschmelzen. An dieser Stelle sei kurz angemerkt, dass man besser von einem „Rückschmelzen" statt einem „Zurückziehen" oder „Rückzug" sprechen sollte, da letztere Begriffe den Eindruck vermitteln, dass sich das Eis bergauf bewegt. Dies ist jedoch nicht der Fall; auch bei rückschmelzenden Gletschern gibt es eine Eisbewegung „nach unten", nur reicht diese nicht mehr aus, um dort die Verluste durch Ablation zu kompensieren.

Weiterhin bleibt festzustellen, dass nur die Höhenlage der Gleichgewichtslinie und die Gletschermassenbilanz unmittelbar mit dem Klima zusammenhängen. Sie sind die direkte, ungefilterte und zeitlich nicht verzögerte Antwort auf die meteorologischen Bedingungen im Haushaltsjahr. Veränderungen der Gletscherlänge durch Vorstoß oder Rückschmelzen und damit verbundene Änderungen der Gletscherfläche reagieren verzögert, weil das Massensignal erst durch den gesamten Gletscher transportiert werden muss. Die zeitliche Verzögerung vom Klimasignal bis zur Reaktion der Gletscherzunge wird **Reaktionszeit (*terminus response time*)** genannt. Es ist leicht nachvollziehbar, dass Gletscher mit schnellen Massenumsätzen auch schnell auf Klimaschwankungen reagieren, also kurze Reaktionszeiten haben.

Schnelle Massenumsätze haben vor allem kleine und schnell fließende Gletscher. Da die Fließgeschwindigkeit in erster Linie von Temperaturregime, Masseninput und Neigung abhängt, sind es vor allem temperierte, maritime und steile Gletscher, die kurze Reaktionszeiten aufweisen. Ein Beispiel hierfür ist der Franz-Josef-Gletscher in Neuseeland (◙ Abb. 6.1), der trotz einer beachtlichen Länge von 10,5 km eine extrem kurze Reaktionszeit von nur drei bis vier Jahren hat (Purdie et al. 2014).

> Die Klimaelemente steuern direkt die Höhenlage der Gleichgewichtslinie und damit die Massenbilanz. Bei Veränderungen kommt es zur Verstärkung oder Abschwächung des Eistransports, bis nach einer Reaktionszeit, deren Dauer von Größe und Fließgeschwindigkeit abhängt, die Gletscherfront darauf reagiert.

◑ Abb. 6.1   Die Zunge des Franz-Josef-Gletschers im Jahr 2012; bis 2019 ist sie von dieser Position aus um ca. 800 m zurückgeschmolzen. Drei Menschen in der Bildmitte verdeutlichen den Maßstab. (Foto: W. Hagg)

Demgegenüber dauert es bei großen, kalten, flachen und kontinentalen Gletschern länger, bis sich das Klimasignal in einer Längenänderung ausdrückt. Oerlemans (2007) hat an vier Gletschern in den Alpen und Norwegen die Reaktionszeit aus Änderungen der Gleichgewichtslinie und Gletscherlänge berechnet. An zwei kleinen, steilen Gletschern betrug sie ca. fünf Jahre, an zwei Talgletschern mit flachen und langen Gletscherzungen ca. 35 Jahre. Was an diesen Gletschern an der Zunge passiert, ist demzufolge die Antwort auf das Klima vor dreieinhalb Jahrzehnten. Noch länger als die Reaktionszeit dauert die **Anpassungszeit (*dynamic/volume response time*)**. Darunter versteht man den Zeitraum, den es dauern würde, bis sich ein Gletscher auf eine sprunghafte Klimaänderung einstellt und, mit neuer Größe und Geometrie, zu einem neuen Gleichgewicht findet. Da Klimaveränderungen selten sprunghaft sind, sondern sich über Jahrzehnte oder länger erstrecken, kann die Anpassungszeit nur theoretisch über Annahmen zur Geometrie und Eisdynamik ermittelt werden. Die Werte schwanken von Jahrzehnten bis zu Jahrtausenden. Entgegen älteren Vorstellungen scheint die Anpassungszeit nicht zwangsläufig mit der Gletschergröße zuzunehmen, sondern eher von der Kontinentalität und der Klimazone gesteuert zu sein. Eine vergleichende Studie in sieben Regionen kam zu dem Ergebnis, dass die Anpassungszeit in extrem maritimen Gebirgen ca. drei Jahrzehnte beträgt, im gemäßigten Kontinentalklima der Mittelbreiten ca. fünf bis acht Jahrzehnte und in der Arktis Jahrhunderte bis Jahrtausende (Raper und Braithwaite 2009). Einer aktuellen Studie zufolge benötigen die Alpengletscher im Durchschnitt 50 Jahre, bis sich ihre Geometrie auf ein neues Klima eingestellt hat (Zekollari et al. 2020).

Veränderungen der Gletscherlänge oder -fläche sind also klimatologisch schwieriger zu interpretieren als Massenbilanzen, weil sie verzögert sind und stärker von nichtklimatischen Faktoren mitbeeinflusst werden. Dies unterstreicht die Bedeutung von Gletschermassenbilanzmessungen und vor allem von Langzeitbeobachtungen für klimarelevante Aussagen.

6.2   Gletscher als Klimaindikatoren

Gletscher gelten zu Recht als hervorragende Klimaindikatoren, und das hat mehrere Gründe. Zum einen können sie bereits kleine Veränderungen von Klimaparametern sehr deutlich sichtbar machen. Bei manchen Talgletschern kann eine Änderung der Jahrestemperatur von einem Zehntel Grad Celsius eine Längenänderung von mehreren hundert Metern bewirken. Zum anderen reagieren sie nicht auf kurzfristige Wetterkapriolen, sondern filtern diese Ereignisse heraus und zeigen uns den längerfristigen Trend an, um den es bei klimarelevanten Fragestellungen geht. Des Weiteren liefern Gletscher Informationen aus Meereshöhen und Weltgegenden, aus denen es kaum Messungen gibt. Sogar in gut erschlossenen Gebirgen wie den Alpen gibt es für viele Fragestellungen des Klimawandels noch zu wenige Langzeitmessungen von hochgelegenen Stationen, in anderen Hochgebirgen der Erde sieht es diesbezüglich noch weitaus dürftiger aus. Hier können Gletscher dazu beitragen, Wissenslücken zu schließen. Besonders hilfreich ist hierbei, dass Längen- und Flächeninformationen mittels Fernerkundungsmethoden relativ schnell und einfach ermittelt werden können. Aber nicht nur für den aktuellen Klimawandel sind sie von Bedeutung: Dadurch, dass ihre ehemaligen Ausdehnungen lange Zeit durch Moränen in der Landschaft angezeigt werden, tragen sie auch zur Rekonstruktion des Paläoklimas bei, dessen Kenntnis enorm wichtig ist, um den aktuellen Klimawandel richtig einordnen zu können.

Die klimatische Interpretation von Gletscherschwankungen ist trotz des scheinbar starken kausalen Zusammenhangs kein leichtes Unterfangen. Probleme können sich ergeben, weil das Gletscherverhalten immer die Antwort auf das Gesamtklima (z. B. Strahlung, Temperatur, Niederschlag, Luftfeuchte) darstellt und eine quantitative Zuordnung zu einzelnen Parametern nicht immer leichtfällt. In ▶ Kap. 4 wurde deutlich, dass die Lufttemperatur einen deutlich geringeren Anteil an der Schmelze hat als die solare Strahlung. Allerdings korrelieren die beiden Klimaelemente miteinander, weil strahlungsreiche Sommer in der Regel auch heiße Sommer sind.

Ein Gletschervorstoß kann beispielsweise durch schneereiche Winter, durch kühlere bzw. strahlungsärmere Sommer oder durch beides verursacht werden. Hierbei ist es enorm hilfreich, wenn nicht nur die jährliche Massenbilanz bekannt ist, sondern auch die Sommer- und Winterbilanz. Die Winterbilanz kann durch Bestimmung des Wasseräquivalents der Schneedecke am Ende der Akkumulationsperiode ermittelt werden, die Sommerbilanz ergibt sich dann aus der Differenz zur Jahresbilanz. Nur eine Gegenüberstellung der saisonalen Bilanzen beantwortet die Frage, ob die Jahresbilanz und damit das Gletscherverhalten durch Schneefall oder Schmelze gesteuert wird. Beim Aalfotbreen in Norwegen kann auf diese

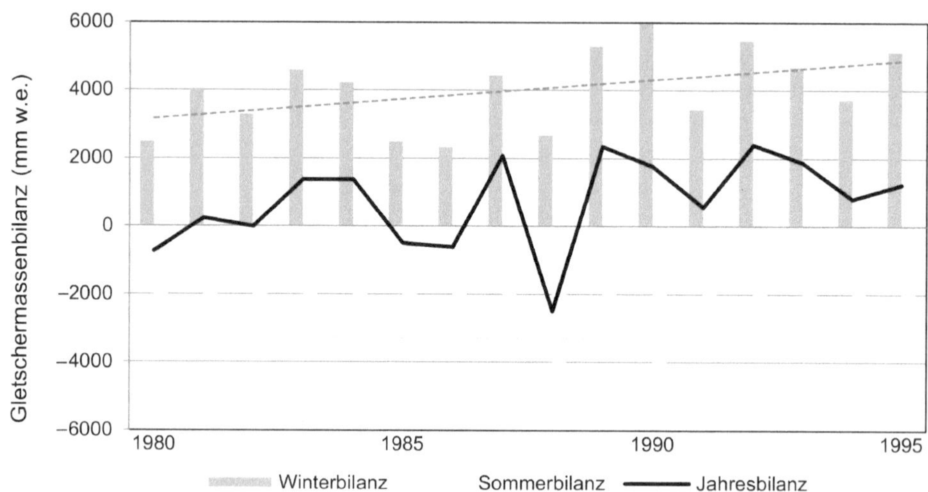

☑ **Abb. 6.2**   Saisonale und jährliche Massenbilanz am Aalfotbreen, Norwegen von 1980 bis 1995. (Datenquelle: WGMS 2019)

Weise eindeutig belegt werden, dass die Gletschervorstöße in den frühen 1990er-Jahren nicht durch kühlere Sommer, sondern durch schneereichere Winter verursacht wurden: Während sich die Sommerbilanz von 1980 bis 1995 nicht signifikant ändert, zeigt die gestrichelte Trendlinie bei der Winterbilanz einen starken Anstieg (☑ Abb. 6.2). Aus den jährlichen Nettobilanzwerten wäre diese Information nicht ableitbar.

> Die Bestimmung der Sommer- und Winterbilanz hat einen starken Mehrwert für die klimatologische Interpretation, weil sie sichtbar macht, welche Jahreszeit für ein spezielles Gletscherverhalten verantwortlich ist.

Bei der Lufttemperatur sind auch nicht nur die Mittelwerte entscheidend, sondern auch die Verteilung: Ergeben sich hohe Mittelwerte durch einzelne sehr heiße Tage, kann das weniger Massenverluste verursachen als warme Tage über einen längeren Zeitraum. Entscheidend ist auch, ob Niederschläge an kalten oder warmen Tagen fallen. Dadurch können sich Schneemengen während zweier Perioden mit gleichen Mittelwerten deutlich unterscheiden. Aber auch im Sommer können sich einzelne Niederschlagsereignisse entscheidend auf die Massenbilanz auswirken. Sommerschneefälle setzen die Eisschmelze schlagartig auf null. Die Energie, die für das erneute Ausapern aufgewendet werden muss, geht nicht in die Eisschmelze und reduziert damit die sommerlichen Massenverluste.

Berücksichtigt werden muss auch, dass die Klimasensitivität der Gletscher vom regionalen Klima, dem so genannten Makroklima, abhängt. In maritimen, also meernahen Klimaten mit hohen Niederschlägen sind die Winterniederschläge für das Gletscherverhalten entscheidend. In kontinentalen, also meerfernen Bereichen mit generell geringeren Schneefällen ist eher die Strahlung in den Sommermonaten ausschlaggebend. In tropischen Regionen kommt es dagegen viel mehr auf den

Wasserdampfgehalt der Atmosphäre an, weil er sich auf Strahlungssummen und das Reflexionsvermögen von Eisoberflächen auswirkt. Im südlichen Asien muss die Stärke des Monsuns berücksichtigt werden. Außerdem finden hier, wie auf allen tropischen Gletschern, Akkumulation und Ablation gleichzeitig statt (▶ Kap. 4). Diese beispielhafte Auflistung soll zeigen, dass Gletscherverhalten zwar überall auf der Erde klimabeeinflusst ist, aber nicht überall auf die gleiche Art und Weise.

Ein Problem bei der klimatischen Interpretation der Gletschergeschichte über Moränenablagerungen ist, dass man keine Informationen über Minimalausdehnungen bekommt. **Moränen** markieren immer nur den Höchststand der Gletscherausdehnung, der danach nie wieder erreicht wurde. Dazwischen können riesige Lücken sein, in denen die Gletscher deutlich kleiner waren. Auch kleinere Gletschervorstöße bleiben undokumentiert, wenn die Moränen von jüngeren, weiterreichenden Vorstößen wieder zerstört werden. Außerdem ist die Stärke eines Vorstoßes nicht nur von der Intensität einer Klimaverschlechterung abhängig, sondern auch von deren Dauer und von der Ausgangsposition der Gletscherzunge. Mit anderen Worten: Kurze, aber heftige Klimaverschlechterungen können Gletscher genauso weit vorstoßen lassen wie moderatere, aber länger andauernde Kaltphasen. Patzelt (1973) geht zum Beispiel davon aus, dass die Abkühlung um 1920, die kleinere Moränen im Alpenraum hinterlassen hat, ähnlich stark war wir diejenige zum Hochstand der Kleinen Eiszeit um 1850. Es sei nur nicht lange genug so kühl gewesen, um die Gletscher genauso weit vorstoßen zu lassen wie 70 Jahre zuvor.

Leider ist das Gletscherverhalten auch durch nichtklimatische Faktoren mit beeinflusst, was zu Fehlinterpretationen führen kann. Als wichtigste Größe ist hier die Topographie zu nennen, welche die Neigung kleiner Gletscher und die Flächen-Höhen-Verteilung großer Gletscher bestimmt. Bei flachen Gletschern sind bei einem Anstieg der Gleichgewichtslinie größere Flächenanteile betroffen als bei einem steilen Gletscher mit größerer Vertikalerstreckung (◘ Abb. 6.3a). Demzufolge ist von dem flacheren Gletscher eine sensiblere Reaktion zu erwarten. Bei großen Gletschern ist die Höhenlage von Verflachungszonen entscheidend. In ihrem Bereich reagiert der Gletscher überproportional auf Fluktuationen der Gleichgewichtslinie (◘ Abb. 6.3b).

Durch die sich verstärkende globale Erwärmung befinden sich Gletscher heute in einem deutlichen Ungleichgewicht und hinken der klimatischen Entwicklung weit hinterher. Dies verstärkt derzeit die negativen Massenbilanzen zusätzlich. Dadurch, dass die Gletscher, salopp gesprochen, gar nicht so schnell schmelzen können, wie sich die Atmosphäre erwärmt, liegen teilweise noch Gletscherbereiche in sehr niedrigen und warmen Bereichen, wo sie mit dem heutigen Klima nicht mehr erklärbar sind und auch verschwinden würden, wenn es zu keiner weiteren Erwärmung mehr käme. Solche Bereiche haben natürlich extrem hohe Schmelzraten und machen die Massenbilanz negativer, als sie bei einer angepassten Gletschergröße wäre (Charalampidis et al. 2018).

Schließlich gibt es auch Gletschervorstöße, die keine klimatische Ursache haben und deren Moränen deshalb fehlgedeutet werden können. Dies sind zum einen Surges (▶ Kap. 3), bei denen ein aufgestautes Massenungleichgewicht plötzlich abgebaut wird, und zum anderen Vorstöße, die von Massenbewegungen ausgelöst

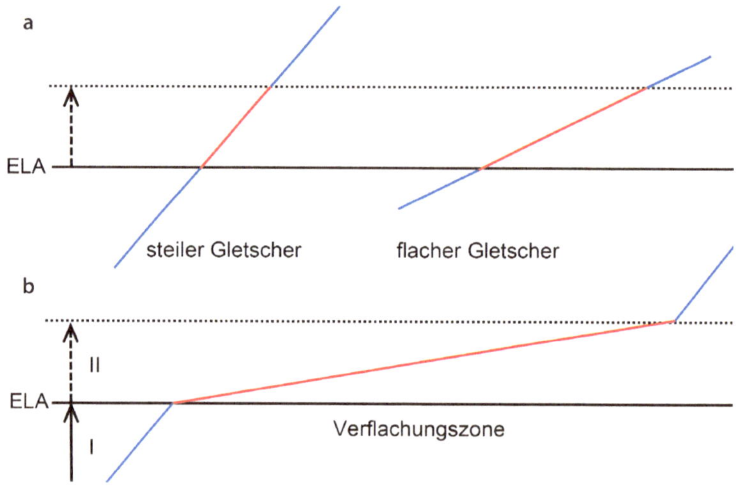

a

ELA

steiler Gletscher   flacher Gletscher

b

II

ELA

I

Verflachungszone

◎ **Abb. 6.3** Einfluss der Topographie auf das Gletscherverhalten. **a** Flache Gletscher reagieren sensibler, weil bei einem Anstieg der Gleichgewichtslinie (ELA) größere Flächenanteile (rot) betroffen sind. **b** Ein weiterer ELA-Anstieg (II) um den gleichen Betrag wie (I) würde zu größeren Massenverlusten führen als der bisherige Anstieg

werden. Wenn Fels- oder Bergstürze auf Gletscher niedergehen, kann das zu einer mechanischen Deformation des Eises durch die kinetische Energie und den Druck der Felsmassen führen (▶ Exkurs 6.1). Aber auch schon kleinere Ereignisse können Auswirkungen haben, wenn sie größere Teile der Gletscherzunge mit Schutt bedecken. Der Schutt wirkt isolierend und reduziert die Schmelze effizient (▶ Abschn. 7.1), so dass eine positive Massenbilanz und in der Folge ein Vorstoß der Gletscherzunge resultieren können.

Exkurs 6.1: Waiho-Loop-Moräne

Ein prominentes Beispiel findet sich in den neuseeländischen Südalpen (◎ Abb. 6.4), wo die Waiho-Loop-Moräne des Franz-Josef-Gletschers lange als spätglaziale Egesenmoräne (▶ Kap. 8) gedeutet wurde und als Beweis für die Klimasynchronität zwischen Nord- und Südhalbkugel galt (Denton und Hendy 1994). Jüngere Sedimentanalysen (Tovar et al. 2008) und Massenbilanzmodellierungen (Reznichenko et al. 2011) deuten jedoch darauf hin, dass ein Felssturz auf die Gletscherzunge die Ablation so stark verringert hat, dass es zu diesem deutlichen Vorstoß kam.

◘ Abb. 6.4 Die Waiho-Loop-Moräne des Franz-Josef-Gletschers ist vermutlich durch einen Vorstoß entstanden, der durch einen Felssturz ausgelöst wurde. (Google Earth)

Zusammenfassend lässt sich also festhalten, dass Gletscher gute und wichtige Klimaindikatoren sind, dass die klimatische Interpretation des Gletscherverhaltens jedoch nicht ohne Hintergrundwissen möglich ist und Experten vorbehalten werden sollte.

> Nicht als Klimaindikatoren geeignet sind surgende, stark schuttbedeckte oder kalbende Gletscher. Bei letzteren wirken sich marine Faktoren wie Strömungen, Wassertemperatur oder Wasserstand stark auf Kalbungsprozesse aus und entkoppeln diese schwimmenden Gletscherzungen teilweise vom Regionalklima.

Literatur

Charalampidis C, Fischer A, Kuhn M, Lambrecht A, Mayer C, Thomaidis K, Weber M (2018) Mass-budget anomalies and geometry signals of three Austrian glaciers. Front Earth Sci 6:218. https://doi.org/10.3389/feart.2018.00218

Denton GH, Hendy CH (1994) Younger dryas age advance of Franz Josef glacier in the southern Alps of New Zealand. Science 264(5164):1434–1437. https://doi.org/10.1126/science.264.5164.1434

Oerlemans J (2007) Estimating response times of Vadret da Morteratsch, Vadret da Palü, Brikdalsbreen from their length records. J Glaciol 53(182):357–362

Patzelt G (1973) Die neuzeitlichen Gletscherschwankungen in der Venedigergruppe (HoheTauern, Ostalpen). Z Gletscherk Glazialgeol 9:5–57

Purdie H, Anderson B, Chinn T, Owens I, Mackintosh A, Lawson W (2014) Franz Josef and Fox Glaciers, New Zealand: historic length records. Glob Planet Chang 121:41–55. https://doi.org/10.1016/j.gloplacha.2014.06.008

Raper SCB, Braithwaite R (2009) Glacier volume response time and its links to climate and topography based on a conceptual model of glacier hypsometry. Cryosphere 3:183–194. www.the-cryosphere.net/3/183/2009/

Reznichenko NV, Davies TR, Alexander DJ (2011) Effects of rock avalanches on glacier behaviour and moraine formation. Geomorphology 132:327–338

Tovar DS, Shulmeister J, Davies TRH (2008) Evidence for a landslide origin of New Zealand's Waiho Loop Moraine. Nat Geosci 1:524–526

WGMS (2019) Fluctuations of glaciers database. World Glacier Monitoring Service, Zurich. https://doi.org/10.5904/wgms-fog-2019-12

Zekollari H, Huss M, Farinotti D (2020) On the imbalance and response time of glaciers in the European Alps. Geophys Res Lett 47:e2019GL085578. https://doi.org/10.1029/2019GL085578

6

Gletscher und Wasser

Inhaltsverzeichnis

© Springer-Verlag GmbH Deutschland, ein Teil von Springer Nature 2020
W. Hagg, *Gletscherkunde und Glazialgeomorphologie*,
https://doi.org/10.1007/978-3-662-61994-0_7

> **Überblick**
>
> Gletscher entstehen und bestehen aus gefrorenem Wasser. Die meisten Ablations-
> prozesse gehen mit einem Übergang in die flüssige Phase, zu einem geringeren Anteil
> auch in die gasförmige Phase, einher. Es existieren hydrologische Systeme auf, in und
> unter Gletschern, die den Haushalt dieses Wasserspeichers regulieren. Bei der supra-
> glazialen Eisschmelze kommt neben dem Energieaustausch mit der Atmosphäre den
> Schuttauflagen eine besondere Bedeutung zu, weil diese je nach Dicke die Schmelze
> fördern oder bremsen können. Beim intraglazialen System ist die saisonale Entwick-
> lung von Entwässerungskanälen wichtig, weil dadurch die Geschwindigkeit der
> Drainage und damit das ganze hydrologische Verhalten beeinflusst wird. Das Vor-
> kommen von subglazialem Wasser ist vor allem für die Bewegungsform des Eises
> und für die Formung des Untergrunds wichtig. Der Gesamtabfluss von Gletschern
> weist besondere Charakteristika auf, die sich auf die Wasserführung von gletscher-
> gespeisten Flüssen auswirkt.

7

Gletscher sind bedeutende Wasserspeicher, 69 % der globalen Süßwasservorräte liegen derzeit als Gletschereis vor (Liu et al. 2011). In vielen Regionen der Erde sind sie nicht nur Lieferanten von Trinkwasser, sondern haben auch wirtschaftliche Bedeutung, zum Beispiel für landwirtschaftliche Bewässerung oder zur Gewinnung von Wasserkraft. Wasser in Gletscherumgebungen kann aber auch zur Naturge-fahr werden (▶ Kap. 9), in diesen Fällen rückt es deshalb in den Fokus von Wissen-schaft und Katastrophenvorsorge.

Schmelzen ist auf vielen Gletschern der wichtigste Ablationsprozess, weshalb Schmelzwasser auf Gletschern, zumindest im Sommer, allgegenwärtig ist. Schmelz-prozesse finden fast ausschließlich auf der Eisoberfläche (**supraglazial**) statt, in ge-ringem Umfang können sie aber auch innerhalb des Gletschers (**englazial**) und an seiner Unterseite (**subglazial**) auftreten. Das Vorhandensein von Schmelzwasser an der Gletscherbasis steuert wiederum die Eisdynamik (▶ Kap. 3) und hat Auswir-kungen auf die Formung des Untergrunds (▶ Kap. 10). Einen Überblick über die hydrologischen Systeme auf und in einem Gletscher bietet ◘ Abb. 7.1.

Die Glazialhydrologie behandelt zum einen qualitative und quantitative Er-scheinungen des flüssigen Wassers auf und in Gletschern, zum anderen aber auch den Wasserhaushalt vergletscherter Flusseinzugsgebiete. In diesem Kapitel werden zunächst die verschiedenen glazialhydrologischen Systeme beschrieben, bevor der Gesamtabfluss von Gletschern charakterisiert und die hydrologische Bedeutung der Gletscher für die Flusssysteme erläutert wird.

7.1 Glazialhydrologische Systeme

7.1.1 Supraglaziales System

Auf der Gletscheroberfläche findet mit Abstand der Großteil der gesamten Schmelze statt, hier existieren verschiedene hydrologische Zonen mit unterschied-licher Bedeutung für den Wasserhaushalt (◘ Abb. 7.1).

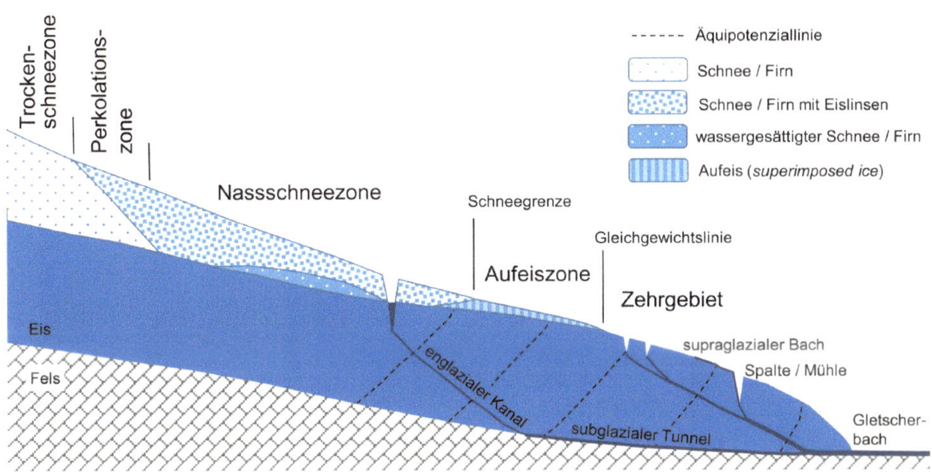

◨ Abb. 7.1 Überblick über die glazialhydrologischen Systeme. (Verändert nach Müller 1962; Röthlisberger und Lang 1987; Paterson 1994)

Oberhalb der Trockenschneelinie liegt die **Trockenschneezone**, in der die Lufttemperatur nie über 0 °C steigt und deshalb keine Schmelze stattfindet. Ablation ist in dieser Zone auf Sublimation und Winddrift beschränkt.

An der unterhalb anschließenden **Perkolationszone** findet Schmelze an der Schneeoberfläche statt. Wenn die Schwerkraft größer ist als die bindenden Kräfte in den Poren, sickert es in tiefere Schneeschichten ein, was als Perkolation bezeichnet wird. Dort gefriert es wieder, wodurch es zur Bildung von Eislinsen und zum Transport latenter Wärme von der Oberfläche nach unten kommt. Das Wiedergefrieren findet statt, bevor das Schmelzwasser durch die gesamte Schneedecke des Winters perkoliert ist. Infiltration und Wiedergefrieren sind wichtige Prozesse, durch die Schmelzwasser im Schnee zwischengespeichert werden kann.

Ab der Nassschneelinie ist das gesamte Schneepaket bis zur Herbstoberfläche des Vorjahres von Schmelz- und Wiedergefrierprozessen betroffen. In dieser **Nassschneezone** ist die komplette Schneeschicht auf Schmelztemperatur. An subpolaren Gletschern entsteht hier oft die so genannte *slush zone*, eine extrem wasserübersättigte Schicht über wasserundurchlässigem, kaltem Eis. Hier kann es zu plötzlichen Abflussereignissen, so genannten *slush flows*, kommen. Im unteren Teil der Nassschneezone ist der Schmelzwasseranteil so stark, dass er sich am Vorjahreshorizont staut und als kompaktes, durchsichtiges Eis (Aufeis, *superimposed ice*) wiedergefriert.

Gelangt dieses Eis durch Ausapern der darüberliegenden Schneedecke an die Oberfläche, bildet es dort die **Aufeiszone (*superimposed ice zone*)**. Diese tritt in bedeutendem Umfang nur an subpolaren Gletschern auf. Hier wird sie nach oben durch die Schneegrenze und nach unten durch die Gleichgewichtslinie begrenzt. Diese beiden Linien, die normalerweise identisch sind, divergieren hier. Die Aufeiszone gehört noch zum Akkumulationsgebiet, ist aber nicht mehr schneebedeckt. Dieser Umstand muss bei Massenbilanzmessungen berücksichtigt werden und er-

◘ **Abb. 7.2**   Mäandrierender Schmelzwasserbach auf der Gletscherzunge. Golubin-Gletscher, kirgisischer Alatau. (Foto: W. Hagg)

schwert die Lokalisierung der Gleichgewichtslinie, die hier eben nicht durch die Grenze zwischen Schnee und Eis, sondern zwischen klarem Aufeis und körnigem Gletschereis markiert wird.

Unterhalb der Gleichgewichtslinie schließt das **Ablationsgebiet** an. Dieses ist im Sommer schneefrei, durch die geringere Albedo von Eis werden hier besonders hohe Schmelzraten erreicht. Das Schmelzwasser kann hier nicht zwischengespeichert werden, sondern es fließt in einem Netz von kleinen und größeren supraglazialen Bächen sofort ab (◘ Abb. 7.2).

❯ Schnee und Firn wirken hydrologisch wie ein Schwamm: Sie können flüssiges Wasser aufnehmen und zwischenspeichern, wodurch Abflussspitzen gedämpft werden.

Das Ablationsgebiet kann oberflächlich aus blankem Gletschereis bestehen oder von Gesteinspartikeln unterschiedlicher Größe, von Staub bis zu metergroßen Blöcken, bedeckt sein. Wenn nur noch wenig oder gar kein Eis mehr zu sehen ist, spricht man von „schuttbedeckten Gletschern" (*debris-covered glaciers*). Durch die emergente, gegen die Oberfläche gerichtete Eisbewegung im Zehrgebiet (▶ Kap. 3) bleibt jeder Stein, der durch diese Bewegung oder durch Steinschlag auf die Eisoberfläche gelangt ist, bis zur endgültigen Ablagerung am Gletscherrand auf der Oberfläche liegen. Zusätzlich kann Staub durch Wind auf den Gletscher geblasen werden. Ist die Akkumulation durch Ausschmelzen, Steinschlag und äolischer Sedimentation größer als der Abtransport durch die Eisbewegung, so bilden sich Schuttauflagen aus, die je nach Mächtigkeit unterschiedliche hydrologische Effekte entfalten. Aufgrund der abnehmenden Eisbewegung beim aktuellen Gletscherschwund entstehen derzeit in vielen Gebieten der Erde schuttbedeckte Gletscher bzw. nehmen bereits bestehende Schuttauflagen an Ausdehnung und Mächtigkeit zu (Mayr und Hagg 2019).

Die Schmelze unter einer, auch als **Obermoräne (*supraglacial moraine*)** bezeichneten, Schuttauflage wird als **bedeckte Ablation** bezeichnet. Im Vergleich zu unbedecktem Eis verstärkt eine dünne Schuttschicht die Schmelze, weil Schutt durch die geringere Albedo mehr Sonneneinstrahlung absorbiert, außerdem kann es sich stärker erwärmen als Eis. Wenn die Auflage jedoch dicker wird, kann immer weniger Wärme hindurch geleitet werden. Bei einer gewissen Mächtigkeit, die als „kritische Schuttdicke" bezeichnet wird, entspricht die Schmelze deshalb wieder derjenigen von blankem Eis. Die kritische Dicke liegt, je nach Schutteigenschaften (Korngrößenzusammensetzung, Porosität, Wassergehalt etc.) zwischen ca. 2 cm und 8 cm. Bei noch mächtigerem Schutt überwiegt der isolierende Effekt und die Eisschmelze wird gegenüber derjenigen von sauberem Eis vermindert. Diese Zusammenhänge können in der nach ihrem Erstbeschreiber benannten Østrem-Kurve visualisiert werden (**◨** Abb. 7.3) (Østrem 1959).

> **◗** Eisschmelze wird durch dünne Schuttauflagen verstärkt und durch dicke vermindert.

Das äolische Sediment, also der durch Wind eingeblasene Feinstaub, wird auf Gletschern als **Kryokonit** bezeichnet und von Mikroorganismen wie Bakterien oder Blaualgen zu Kryokonitkörnchen verklebt. Diese Körnchen können sich durch oberflächliche Schmelzprozesse lokal anhäufen. Auch sie verstärken, wenn sie nur eine dünne Auflage bilden, die Schmelze. Dadurch entstehen Vertiefungen,

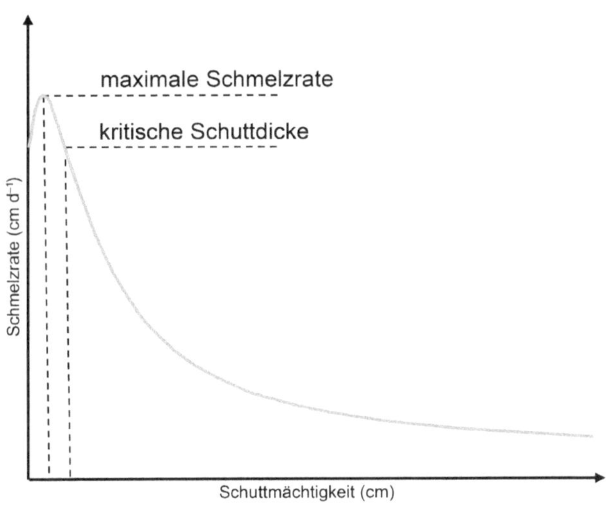

◨ Abb. 7.3 Veränderung der Schmelzrate unter verschieden mächtigen Schuttauflagen

◘ **Abb. 7.4** Kryokonitlöcher. Die Nahaufnahme oben rechts zeigt die körnige Struktur des Kryokonits. (Fotos: W. Hagg)

die als **Kryokonitlöcher** (◘ Abb. 7.4) bezeichnet werden. Diese Mikroformen der selektiven Ablation können nur so lange in die Tiefe wachsen, so lange Sonnenstrahlen auf den Boden des Lochs treffen. Sie haben deshalb eine Maximaltiefe, die vom Sonnenhöchststand abhängt. Auf tropischen Gletschern werden sie deshalb tiefer als auf polaren.

Schmelzlöcher entstehen auch bei einzelnen Steinen bis zu einem maximalen Durchmesser. Ab diesem Durchmesser kann die zusätzliche Erwärmung nicht mehr durch den Stein geleitet werden; auch größere Einzelsteine oder Felsblöcke entfalten also eine isolierende Wirkung. Sie wachsen als so genannte **Gletschertische** aus ihrer Umgebung heraus, wo die Ablation größer ist als unter ihnen (◘ Abb. 7.5). Auch sie haben eine Maximalhöhe, denn irgendwann ist der Eissockel so hoch, dass ihn die Sonnenstrahlen über längere Zeit erreichen und er beginnt, sich zu neigen. Irgendwann rutscht der Stein vom Sockel, der daraufhin schnell verschwindet, während der Stein auf der neuen Unterlage beginnt, sich über seine schneller schmelzende Umgebung zu erheben.

Die Schuttbedeckung nimmt, wo vorhanden, in Richtung Gletscherstirn generell zu. Stark schuttbedeckte Gletscher können an ihrem talwärtigen Ende Schuttauflagen von 3 m Mächtigkeit aufweisen, auf dem Miage-Gletscher im italienischen Aostatal wachsen sogar Bäume auf der Obermoräne. Das Eis unter solch mächtigen Schuttdecken bewegt sich in der Regel nur noch wenig und die Gletscherfront ist oft sehr stabil; Massenverluste äußern sich hier meist eher in einem Einsinken der Oberfläche als in Längenänderungen. Als letzte Konsequenz können sich diese stark schuttbedeckten Gletscherenden vom aktiven Gletscher trennen und als Toteis noch relativ lange existieren.

Über die Effizienz der Schmelze unter dicken Schuttauflagen gehen die Ansichten in der Fachliteratur auseinander. Dass überhaupt noch Ablation stattfindet, ist oft dem Wirken supraglazialer Schmelzwasserbäche zu verdanken, die regelmäßig ihren Lauf verändern und an deren Uferhängen es zur Ausbildung von so genannten **Eiskliffs** kommt. Dies sind Eispartien, die so steil sind, dass die gesamte Schuttauflage abrutscht und allenfalls eine dünne Schmutzauflage zurück bleibt. Zusammen mit supraglazialen Seen, deren Bildung ebenfalls mit Schmelzwasserbächen zusammenhängt und an deren Ufer ebenfalls steile Wände ohne Schuttauflagen entstehen (◖ Abb. 7.6), gelten Eiskliffs als „Hot Spots" der Ablation auf schuttbedeckten Gletschern (Buri und Pellicciotti 2018).

◖ **Abb. 7.5**   Gletschertisch im nördlichen Tienschan. (Foto: W. Hagg)

◖ **Abb. 7.6**   Supraglazialer See mit Eiskliffs auf dem Abramov-Gletscher, Kirgisistan. Die Grenze zwischen senkrechter Wand und geneigtem Kliff markiert einen ehemaligen Seespiegel. (Foto: W. Hagg)

Abb. 7.7 Ein Schmelzwasserbach verschwindet im Eis. Gletschermühle auf der Pasterze, dem größten Gletscher Österreichs. (Foto: W. Hagg)

Diese für die Entstehung von Eiscliffs offensichtlich wichtigen Schmelzwasserbäche verlaufen nicht zwangsläufig bis zum Gletscherende supraglazial, sondern sie verschwinden oft an senkrechten Schloten, den **Gletschermühlen**, im Inneren des Eises (Abb. 7.7).

Gletschermühlen entstehen bevorzugt an Gletscherspalten und können auch bestehen bleiben, nachdem die Spalte sich wieder geschlossen hat. Mühlen können trockenfallen, wenn der Bach von einer weiter oben liegenden Mühle angezapft wird.

7.1.2 Intraglaziales System

Eine intra- oder englaziale Entwässerung existiert nur bei temperiertem Eis, während kaltes Eis wasserundurchlässig ist und auf kalten Gletschern daher nur supraglaziale Entwässerung stattfindet.

Bei warmen Gletschern bilden sich jedoch feine Risse und Klüfte zwischen den Kristallen. Entlang diesen entstehen geringe Durchlässigkeiten im intakten Gletschereis, was als primäre Permeabilität bezeichnet wird. Durch die Wärmeenergie des flüssigen Wassers weiten sich bevorzugte Fließwege immer weiter. Wenn das Wasser schließlich in Gängen und Tunnels fließt, spricht man von sekundärer Permeabilität. Es entsteht schließlich ein System aus englazialen Röhren, so dass die Schmelzwasserdrainage mit dem Abfluss in einem Karstaquifer verglichen werden kann. Ein Karstaquifer ist ein Grundwasserkörper in löslichem Gestein, in dem ebenfalls ein System aus unterirdischen Röhren, Höhlen und Tunneln entsteht. Eine mögliche Unterteilung in eine vadose Zone, in der die Röhren nicht komplett mit Wasser gefüllt sind und Atmosphärendruck herrscht, und in eine phreatische Zone unterhalb des Wasserspiegels, in der das Wasser unter hydrostatischem Druck fließt, unterstreicht die Analogie zum Karstwasserkörper (Sugden und John 1976). In den Kanälen walten stets entgegengesetzte Kräfte: Der Eisdruck von außen wirkt auf ein Schließen der Kanäle hin, der Wasserdruck von innen auf deren Erweiterung. Der Durchmesser solcher Röhren, die auch als **Röthlisberger-** oder **R-Kanäle (*R-channels*)** bezeichnet werden, ist im Normalfall annähernd kreisrund (Shreve 1985); unter verschiedenen Bedingungen kann er aber auch von dieser Form abweichen (◨ Abb. 7.8).

Während des Winters überwiegt der Eisdruck und das Tunnelsystem wird zerstört, in der nächsten Schmelzperiode bildet es sich neu. Im Sommer werden die Querschnitte der Röhren durch die fühlbare Wärme des Schmelzwassers, die mechanische Erosion und die Reibungswärme effizient erweitert, so dass die Drainage zum Ende der Ablationsperiode hin immer effizienter und schneller verläuft. Das

◨ **Abb. 7.8** Trockengefallene, englaziale Drainageröhre (Röthlisberger-Kanal), die durch den Eisdruck bereits elliptisch verformt ist. Vernagtferner, Österreich. (Foto: W. Hagg)

bedeutet konkret, dass das Schmelzwasser weniger lange im Gletscher verweilt und die tägliche Verzögerung zwischen maximaler Schmelze und maximalem Abfluss am Gletschertor geringer wird.

> Entwässerungskanäle, die im Eis entstehen und sich über die Schmelzperiode erweitern, werden bei fehlendem Wasserdruck im Winter wieder geschlossen und müssen sich im Frühjahr neu bilden. Aus diesem Grund haben Geschwindigkeit und Effizienz der Wasserabfuhr einen saisonalen Zyklus mit einem Maximum im Hochsommer.

Die intraglaziale Entwässerung gleicht bei wassergefüllten Röhren einem Druckfließen vom hohen zum niedrigen hydraulischen Potenzial. Dieses Potenzial ist abhängig von der Höhe (potenzielle Energie), der Auflast (Eisdruck) und dem Kanalquerschnitt. Die Flächen gleichen Potenzials (Potenziallinien) verlaufen deshalb nicht parallel zur Gletscheroberfläche, sondern steigen zum Gletscherende hin an (◘ Abb. 7.1). Die Kanäle verlaufen rechtwinklig zu diesen Potenziallinien und können durch die Neigung derselben auch Gegengefälle überwinden. In aller Regel ist die Entwässerung jedoch mehr oder weniger nach unten gerichtet, so dass die Kanäle irgendwann das Gletscherbett erreichen.

7.1.3 Subglaziales System

Die Art der subglazialen Entwässerung ist von entscheidender Bedeutung für die Fließgeschwindigkeit und für geomorphologische Prozesse (▶ Kap. 11). Je nach Wassermenge, basaler Temperatur, Topographie und Durchlässigkeit des Untergrunds können sich verschiedene Drainagetypen ausbilden. Generell wird zwischen kanalisierten und flächenhaften Systemen unterschieden. Die Erforschung der Entwässerung unter Gletschern wird durch den Umstand erschwert, dass sich die beteiligten Prozesse meist einer direkten Beobachtung entziehen. Aus diesem Grund beruhen einige Annahmen auf theoretischen Überlegungen. Zusätzlich kompliziert wird es dadurch, dass an einem Gletscher auch gleichzeitig mehrere Typen ausgebildet sein können. Auch (jahres-)zeitliche Veränderungen der Systeme sind möglich (Bennet und Glasser 2009).

Der Normalfall bei temperierten Gletschern ist ein lineares subglaziales Tunnel- oder Kanalsystem, das mehr oder weniger baumartig verzweigt sein kann. Wasser kann in diesem System schnell fließen, so dass der Gletscher rasch entwässert wird. Kanäle, die nur im Eis ausgebildet sind, werden auch hier als Röthlisberger- oder R-Kanäle bezeichnet, wohingegen jene, die in das Gletscherbett eingeschnitten sind, **Nye-** oder **N-Kanäle (*N-channels*)** heißen.

Flächenhafter Abfluss ist deutlich ineffektiver als ein Kanalsystem und kann auf verschiedene Weise ablaufen. Das Wasser kann sich im Lockergesteinsuntergrund befinden und dort durch die Deformation desselben, durch freie Perkolation wie bei einem Porengrundwasserleiter oder entlang von Röhren (*pipes*) bewegt werden. Bei einem Gletscherbett aus Festgestein kann der subglaziale Abfluss als millimeterdünner Schmelzwasserfilm zwischen Eis und Gestein stattfinden (Weertman

1972). Dieses Wasser stammt in aller Regel nicht aus supraglazialer oder englazialer Schmelze, sondern ist subglazial entstanden. Dort, wo der Energiegewinn durch geothermalen Wärmefluss und Reibung größer ist als die Energieabfuhr, kann basales Schmelzen stattfinden. Der Großteil des Schmelzwasserfilms entsteht jedoch durch Druckschmelzen an der Stirnseite von Felshindernissen (▶ Abschn. 3.2.2).

> Abfluss findet unter Gletschern entweder konzentriert in Kanälen oder flächenhaft statt. Im zweiten Fall fließt deutlich weniger Wasser, weil es nur einen dünnen Film zwischen Eis und Fels bildet oder sehr langsam durch den lockeren Untergrund sickert.

Übergangsformen zwischen linearem flächenhaftem Fließen stellen verflochtene Kanalnetze (*braided canal systems*; Walder und Fowler 1994) oder Systeme aus miteinander verbundenen Hohlräumen (*linked cavity systems*; Kamb 1987) dar. *Braided canal systems* entstehen dort aus linienhaften Kanalsystemen, wo der Untergrund weich ist und Wasser seitlich in die Kontaktfläche zwischen Eis und Gletscherbett gedrückt wird, wodurch breite, flache und miteinander verbundene Kanäle entstehen. *Linked cavity systems* bestehen aus Hohlräumen, die über Verengungen miteinander verbunden sind. Je nach Wasserdruck ist dieses Netzmuster einer ständigen Veränderung unterworfen, weil sich Verbindungen schließen und neue öffnen, wodurch einzelne Hohlräume an das Abflusssystem angeschlossen und wieder abgeklemmt werden können (Kamb 1987). Bei hohen Abflüssen kann sich das Wasser zunehmend auf wenige Fließwege konzentrieren, so dass ein dendritisches Röthlisberger-Kanalsystem entsteht

7.2 Abfluss von Gletschern

Der Begriff „Abfluss" bezeichnet in der Hydrologie den Durchfluss von Wasser an einem bestimmten Punkt eines Bach- oder Flusslaufs. Die gesamte Fläche, aus der diesem Punkt Wasser zuströmt, wird als Einzugsgebiet bezeichnet und durch die so genannte Wasserscheide von benachbarten Einzugsgebieten abgegrenzt. Den vergletscherten Flächenanteil eines Einzugsgebiets nennt man **Vergletscherung (*glacierization*)**. Betrachtet man große Flussgebiete, so ist die Vergletscherung in der Regel gering. In jenem Teil der Alpen, der über die Donau entwässert wird, existieren Gletscher mit einer Fläche von 358 km^2 (Weber et al. 2016); für das gesamte Einzugsgebiet des Flusses an seiner Mündung ins Schwarze Meer entspricht das einer Vergletscherung von nur 0,04 %. Der quantitativ wichtigste alpine Donauzufluss ist der Inn. Bei seinem Eintritt in die Donau in Passau dominiert er die Flusscharakteristik. Sein größerer Schwebstoffreichtum **(Gletschermilch)** und seine geringere Temperatur im Vergleich zur Donau belegen im Sommer eindrücklich seinen Ursprung in den vergletscherten Zentralalpen, obwohl die Vergletscherung am Pegel Wasserburg erst ca. 5 % beträgt. Mit zunehmender Nähe zu den Gletschern nimmt der Flächenanteil der Gletscher und damit die glaziale Charakteristik des Abflusses stetig zu. Die ausgedehntesten Gletscherflächen (ca. 130 km^2) im Flussgebiet des Inns liegen in den Ötztaler Alpen, die Vergletscherung der Rofenache beträgt am Pegel Vent bereits ca. 35 %. Hier stammen je ein Drittel des Wassers aus Eisschmelze, Schneeschmelze und Regen (Weber et al. 2010).

Die höchstgelegene Abflussmessstelle im Ötztal und im gesamten Donau-Einzugsgebiet ist die auf 2640 m ü. M. gelegene Pegelstation Vernagtbach, hier sind 62 % des Einzugsgebiets (Stand 2018) von Gletschereis bedeckt. Dieser hohe Flächenanteil bewirkt einen stark von der Eisschmelze beeinflussten Abflussgang, man spricht auch von einem glazialen Abflussregime. Typisch hierfür sind ein deutliches Maximum des Jahresgangs während der stärksten Schmelzraten im Juli oder August, während in den Wintermonaten nur ein sehr geringer Basisabfluss auftritt (◨ Abb. 7.9a). Dies ist nicht nur auf das größte Angebot an Energie in Form von kurzwelliger Strahlung und fühlbarere Wärme in dieser Jahreszeit zurückzuführen, sondern auch auf die maximale Ausaperung des Gletschers. In gleichem Maß wie die Schneegrenze über den Sommer nach oben wandert, vergrößern sich die dunkleren Eisoberflächen. Aufgrund der niedrigeren Albedo von Eis kann dieses mehr Strahlung absorbieren, deshalb schmilzt ein ausgeaperter Gletscher im Sommer deutlich stärker als im Frühjahr, auch an Tagen mit vergleichbarem Strahlungsinput und Lufttemperatur. Eindrücklich ist der Albedo-Effekt bei Sommerschneefällen, die die Eisschmelze schlagartig auf null setzen und damit den Gesamtabfluss drastisch erniedrigen.

Neben den starken saisonalen Schwankungen sind auch noch hohe Abflussamplituden während eines Tagesganges typisch für Glazialabflüsse. Das Maximum des Abflusses tritt, mit einer gewissen Verzögerung zur maximalen Schmelze, am Nachmittag auf, während am frühen Morgen die niedrigsten Wasserstände im Gletscherbach zu verzeichnen sind. Dies ist schon manchem Wanderer zum Verhängnis geworden, der solch einen Bach früh am Tag überquert und am Nachmittag den Rückweg angetreten hat. Die Tagesschwankungen am Vernagtferner werden über den Juli immer stärker (◨ Abb. 7.9b), weil das Ablationsgebiet durch die

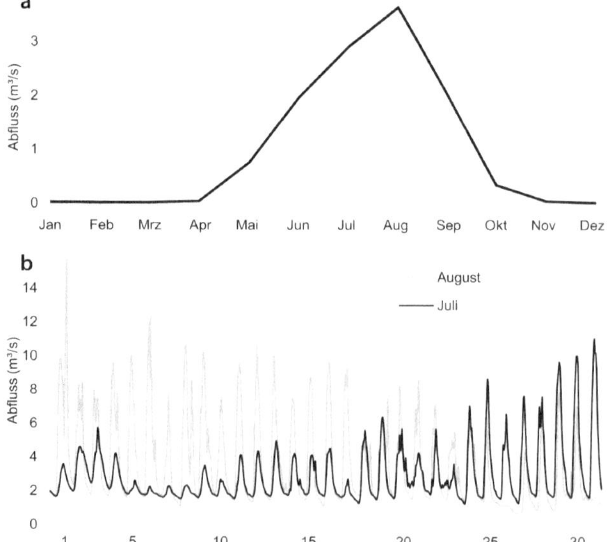

◨ **Abb. 7.9** Gemessener Abfluss an der Pegelstation Vernagtbach (Vergletscherung: 62 %) im Jahr 2018. Monatsmittelwerte **a** und stündliche Werte **b** der Monate Juli (schwarz) und August (grau). (Datenquelle: Erdmessung und Glaziologie, Bayerische Akademie der Wissenschaften)

nach oben wandernde Schneegrenze größer wird und das sich stetig entwickelnde englaziale Tunnelsystem immer effektiver entwässert. Ende Juli variiert der Abfluss im Tagesgang um den Faktor fünf, das Maximum an einem Nachmittag Anfang August ist beinahe achtmal so hoch wie das Minimum am selben Morgen.

> Gletscherbäche haben sowohl einen sehr starken Tagesgang zwischen morgendlichem Minimum und nachmittäglichem Maximum als auch einen sehr starken Jahresgang zwischen winterlichem Minimum und sommerlichem Maximum.

Was die Jahr-zu-Jahr-Variation des Abflusses betrifft, haben Gletscher eine ausgleichende Wirkung auf die Wasserführung. In kühlen und feuchten Jahren bauen sie ihre Rücklagen auf, die sie in trockenen und heißen Jahren wieder aufbrauchen und dem Abfluss zuführen. Dadurch, dass die Gletscher gerade dann stark schmelzen, wenn die Niederschläge ausbleiben, haben Flüsse mit Gletscher im Einzugsgebiet immer eine garantierte Mindestwassermenge, die entweder durch Regen oder durch Schmelze erzeugt wird. Dieser **Kompensationseffekt** (Röthlisberger und Lang 1987) ist am stärksten bei Vergletscherungen um 40 % ausgeprägt. Bei sehr starken oder sehr geringen Vergletscherungen dominiert eine der beiden Komponenten (Regen oder Schmelze), dadurch sind die Abflussmengen wieder größeren interannuellen Schwankungen ausgesetzt.

> Weiter stromabwärts wirken Gletscher regulierend auf Flusspegel, weil sie besonders in trocken-heißen Sommerperioden schmelzen, wenn Regen fehlt. Gletschergespeiste Flüsse haben deshalb geringere Abflussschwankungen von Jahr zu Jahr und sind weniger stark von Niedrigwasser bedroht.

Literatur

Bennet MR, Glasser NF (2009) Glacial geology. Ice sheets and landforms. Wiley-Blackwell, Chichester

Buri P, Pellicciotti F (2018) Aspect controls the survival of ice cliffs on debris-covered glaciers. Proc Natl Acad Sci:201713892. https://doi.org/10.1073/PNAS.1713892115

Kamb B (1987) Glacier surge mechanism based on linked cavity configuration of the basal water conduit system. J Geophys Res 92:9083–9100

Liu J, Dorjderem A, Fu J, Lei X, Lui H, Macer D, Qiao Q, Sun A, Tachiyama K, Yu L, Zheng Y (2011) Water ethics and water resource management. Ethics and climate change in asia and the pacific (ECCAP) project, Working group 14 report. UNESCO, Bangkok

Mayr E, Hagg W (2019) Debris-covered glaciers. In: Heckmann T, Morche D (Hrsg) Geomorphology of proglacial systems, geography of the physical environment, Springer, Cham, S 59–71. https://doi.org/10.1007/978-3-319-94184-4_4

Müller F (1962) Zonation in the accumulation area of the glaciers of Axel Heiberg Island, N.W.T., Canada. J Glaciol 4(33):302–311. https://doi.org/10.3189/S0022143000027623

Østrem G (1959) Ice melting under a thin layer of moraine, and the existence of ice cores in moraine ridges. Geogr Ann 41:228–230

Paterson WSB (1994) The physics of glaciers. Butterworth Heinemann, Oxford/Birlington, S 481

Röthlisberger H, Lang H (1987) Glacial Hydrology. In: Gurnell AM, Clark MJ (Hrsg) Glacio-fluvial sediment transfer, John Wiley, Chichester, S 207–284

Shreve (1985) Esker characteristics in terms of glacier physics, Katahdin esker system, Maine. Geol Soc Am Bull 96:639–646

Sugden DE, John BS (1976) Glaciers and landscape. Halsted Press, London

Walder, Fowler (1994) Channelized subglacial drainage over a deformable bed. J Glaciol 40:3–15

Weber M, Braun L, Mauser W, Prasch M (2010) Contribution of rain, snow- and icemelt in the upper Danube discharge today and in the future. Geogr Fis Din Quat 33:221–230

Weber M, Prasch M, Kuhn M, Lambrecht A, Hagg W (2016) Ice Reservoir. In: Mauser W, Prasch M (Hrsg) Regional assessment of global change impacts. The project GLOWA-Danube. Springer, Cham/Heidelberg/New York/Dordrecht/London, S 109–115. https://doi.org/10.1007/978-3-319-16751-0

Weertman J (1972) General theory of water flow at the base of a glacier or ice sheet. Rev Geophys 10:287–333

7

Gletschergeschichte

Inhaltsverzeichnis

© Springer-Verlag GmbH Deutschland, ein Teil von Springer Nature 2020
W. Hagg, *Gletscherkunde und Glazialgeomorphologie*,
https://doi.org/10.1007/978-3-662-61994-0_8

Überblick

Es existiert ein ganzes Bündel von Methoden, mit denen man ehemalige Gletscherstände rekonstruieren kann. Viele davon zielen auf die Datierung von Moränen ab, aber auch Moore und menschliche Spuren lassen Rückschlüsse auf vergangene Ausdehnungen zu. In den Eiszeitaltern wechselten sich Warmzeiten und Kaltzeiten, in denen die Gletscher besonders groß waren, miteinander ab. Die Auslöse- und Regelmechanismen dieser großen Klimaschwankungen unterliegen sowohl einer terrestrischen als auch extraterrestrischen Steuerung. Das jüngste Eiszeitalter, das Pleistozän, hat bis heute sichtbare Spuren in den Landformen Europas und Nordamerikas hinterlassen. Im Zeitraum seit der letzten Kaltzeit gab es ebenfalls Klima- und Gletscherschwankungen, allerdings mit kleinerem Ausschlag als in der Epoche davor. Derzeit haben wir es fast überall auf der Erde mit einem beschleunigten Gletscherschwund zu tun, der sich in Zukunft noch fortsetzen wird und dessen Folgen auf verschiedenen räumlichen Skalen wirken.

Unter Gletschergeschichte versteht man die zeitliche Entwicklung der Gletscher in der Vergangenheit. Die globale Gletscherausdehnung war schon immer, wie das globale Klima als Hauptantrieb, großen Schwankungen unterworfen. Für die ältere Vergangenheit, noch bevor das Gletscherverhalten durch den Menschen direkt zu beobachten war, müssen ehemalige Gletscherausdehnungen mit Hilfe von indirekten Methoden rekonstruiert werden. Zu Beginn dieses Kapitels erfolgt ein kurzer Abriss über diese Methoden, bevor die Gletschergeschichte auf verschiedenen Zeitskalen beleuchtet wird. Die erste Skala betrifft Vereisungsphasen, die sehr weit zurückliegen und die keinen Einfluss mehr auf die heutige Gestalt der Erdoberfläche haben. Die zweite Skala ist das Pleistozän, also das jüngste Eiszeitalter, das landschaftsgestaltend für weite Bereiche Europas und Nordamerikas war. Als dritte Skala wird die Gletschergeschichte des Holozäns, des Zeitabschnitts seit der letzten Kaltzeit, beleuchtet. In besonderem Maße wird hier auf neuzeitliche Schwankungen und den aktuellen Gletscherschwund eingegangen. Je jünger der betrachtete Zeitabschnitt ist, desto besser und zahlreicher sind naturgemäß die Informationen darüber.

8.1 Methoden zur Rekonstruktion der Gletschergeschichte

Gletscher türmen bei Vorstößen Lockergestein vor ihrer Stirn auf und lagern Schutt, den sie mit sich führen, an ihrer Seite ab (▶ Kap. 11). Die so entstehenden **Moränen** liefern direkte Hinweise auf ehemalige Gletscherausdehnungen. Wenn jüngere Vorstöße weiter reichen als ältere, dann werden die alten Moränen beim Überfahren zerstört. Aus diesem Grund sind in der Regel nicht alle Vorstöße markiert, und eine Gletschergeschichte, die auf Moränen basiert, ist meist lückenhaft. Andererseits erlaubt dieser Umstand beim Vorhandensein mehrerer Moränenstände bereits eine relative Datierung: Die äußersten Moränen sind die ältesten, mit zunehmender Gletschernähe werden die Ablagerungen jünger. Einfache Altersbestimmungen und Korrelationen über Täler hinweg sind durch morphologische Kriterien wie Formfrische und Erhaltungszustand möglich. Steile Moränen mit scharfen Graten sind jünger als stark abgerundete und abgeflachte Formen.

> Moränen werden zum Gletscher hin immer jünger.

Weitere Altershinweise sind über Reifestadien der bodenbildenden Prozesse (z. B. Humusbildung, Verbraunung, Entkarbonatisierung) möglich. Auch die Stärke der Verwitterung von Felsen lässt Rückschlüsse über das Moränenalter zu. Mit Hilfe eines Rückprallhammers („Schmidt-Hammers"), eines Instruments, das für die Werkstoffprüfung entwickelt wurde, lässt sich die Härte der Gesteinsoberfläche prüfen (◙ Abb. 8.1). Da diese davon abhängt, wie lange die Oberfläche atmosphärischen Verwitterungsprozessen ausgesetzt war, ermöglicht diese Methode eine relative Altersdatierung (Winkler 2000, 2005). Ein relatives Alter erlaubt Aussagen darüber, welche Ablagerung jünger oder älter als eine andere ist. Manchmal finden sich von Moränen begrabene, fossile Böden. Wenn diese organische Makroreste enthalten, liegt ein besonderer Glücksfall vor, denn dann kann man mit der **Radiokarbonmethode** (▶ Exkurs 8.1) das Absolutalter des Bodens (in Jahren vor heute) und damit den Überschüttungszeitpunkt ermitteln.

Exkurs 8.1: Radiokarbonmethode

Von den drei in der Natur existierenden Isotopen des Kohlenstoffs, $^{12}C, ^{13}C$ und ^{14}C, wird letzteres in den oberen Atmosphärenschichten durch den Beschuss von ^{14}N mit kosmischer Strahlung gebildet. ^{14}C ist deshalb, im Gegensatz zu den anderen Kohlenstoffisotopen, radioaktiv und zerfällt mit einer Halbwertszeit von 5730 Jahren wieder zu Stickstoff. Lebende Organismen bauen die Kohlenstoffisotope annähernd in demselben Verhältnis, in dem sie in der Atmosphäre vorkommen, in ihre Biomasse ein. Wenn ein Lebewesen stirbt, nimmt es kein neues ^{14}C mehr auf, das bestehende zerfällt aber weiter. Dadurch kann anhand der Halbwertszeit aus dem Isotopenverhältnis der Todeszeitpunkt eines Organismus bzw. das Alter von organischem Material bestimmt werden. Das Verfahren, das auch als ^{14}C-Methode (gesprochen: C-14-Methode) bezeichnet wird, kann im Zeitbereich von 300 bis ca. 60.000 Jahren angewandt werden. Willard Frank Libby entwickelte diese Datierungsmethode 1946 und erhielt dafür 1960 den Nobelpreis für Chemie.

Ein Problem der Methode besteht darin, dass das Isotopenverhältnis in der Atmosphäre nicht konstant ist, sondern sich mit der Sonnenaktivität und dem Kohlenstoffkreislauf ändert. Aber auch menschliche Aktivitäten haben Einfluss: Seit der Industrialisierung gelangten große Mengen an Kohlenstoff in Form von CO_2 aus fossilen Brennstoffen in die Atmosphäre. Weil diese so alt sind, dass sie kein ^{14}C mehr enthalten, wird dessen Konzentration verdünnt. Von 1945 bis 1963 wurde der Gehalt an radioaktivem Kohlenstoff außerdem durch Atombombentests stark erhöht, das $^{14}C/^{12}C$-Verhältnis liegt aus diesem Grund noch heute über dem Wert von vor 1945.

Aufgrund dieser Schwankungen müssen die Messungen mit anderen Methoden kalibriert, also geeicht werden. Dafür bieten sich zum Beispiel die Dendrochronologie an, mit der das Alter von Bäumen über Jahrringe bestimmt wird.

◘ Abb. 8.1   Methoden zur Datierung von Moränen. Links: Anwendung des Rückprallhammers auf einer Moräne im Silvretta-Gebiet. Rechts: Die Flechte *Rhizocarpon subgenus* (grün-gelblich) neben anderen Arten (grau, rötlich) auf einem Felsblock. (Foto: W. Hagg)

Eine weitere Möglichkeit zur Datierung von Moränen bietet die **Lichenometrie**. Sie beruht auf dem konstanten Wachstum einiger Flechtenarten, das es erlaubt, vom Durchmesser der Flechte auf deren Alter zu schließen (Beschel 1950). Da freigelegte oder abgelagerte Gesteinsoberflächen sehr schnell von Flechten besiedelt werden, liefern die größten Durchmesser von Flechten gute Hinweise auf das Ablagerungsalter größerer Steine und Blöcke. Da die Wachstumsgeschwindigkeit von Makroklima und Gestein abhängt, müssen regionale Eichkurven berücksichtigt werden. Diese werden anhand der Flechtendurchmesser auf Oberflächen bekannten Alters erstellt (Locke et al. 1979). Hierfür kommen z. B. Bauwerke oder Moränen, die mit anderen Methoden datiert wurden, in Frage. Die Anwendbarkeit der Methode ist auf wenige Jahrhunderte beschränkt. Wegen ihrer Langlebigkeit und konstanten Wachstumsrate sind Flechten der Gattung *Rhizocarpon* (◘ Abb. 8.1) besonders gut für lichenometrische Studien geeignet (Armstrong 2016).

Fossile Hölzer, also vor längerer Zeit abgestorbene Baumreste, haben ebenfalls einen wichtigen Beitrag zur Rekonstruktion der Gletschergeschichte geleistet. Besonders wertvoll sind so genannte In-situ-Funde, die am Fundort gewachsen sind (Furrer und Holzhauser 1984). Dies ist zum Beispiel im Schutz von Felsen möglich, die verhindern, dass der Baum vom vorstoßenden Gletscher mitgerissen wird. Erkennen kann man In-situ-Funde daran, dass der Wurzelstock noch gut im Boden verankert ist, dass der Stamm noch zahlreiche Äste hat oder dass die Rinde nur einseitig abgeschabt ist. Baumstämme, die im Gletscher transportiert wurden, haben in der Regel weder Äste noch Rinde. Der In-situ-Fundort zeigt die Gletscherausdehnung zum Absterbezeitpunkt, das Alter des Baumes belegt den Mindestzeitraum, in dem die Gletscherausdehnung zuvor kleiner war. Zu diesem Zeitraum kann noch die durchschnittliche minimale Zeitspanne zwischen dem Eisfreiwerden und der Wiederbesiedlung addiert werden. Diese variiert ja nach Meereshöhe und Baumart zwischen fünf und zehn Jahren bzw. 60 und 100 Jahren (Holzhauser 2009).

Bei Auffinden mehrere In-situ-Hölzer lässt sich sogar die Vorstoßgeschwindigkeit berechnen. Während man das Alter des Baumes sehr einfach durch Abzählen der Jahrringe bestimmt, kann der Absterbezeitpunkt bei alten Funden durch eine Radiokarbondatierung der äußersten Jahrringe ermittelt werden. Weitaus kostengünstiger und genauer ist jedoch eine Altersbestimmung mit der Jahrringforschung (Dendrochronologie). Hierbei werden sowohl die Breite als auch die Dichte der einzelnen Ringe untersucht. Durch den Vergleich der Ringmuster vieler Bäume kann eine mittlere Baumringabfolge (Jahrringchronologie) erstellt werden. Durch Überlappungen unterschiedlicher Baumalter kann die Abfolge mehrere tausend Jahre betragen. Dazu werden lebende Bäume, in Gebäuden verarbeitetes Bauholz und fossile Funde verwendet. Das Ergebnis ist ein für die Region typisches Muster, das an einen Barcode erinnert. Im Höhenbereich der alpinen Waldgrenze, wo grenzwertige Lebensbedingungen für Baumwuchs herrschen, gelten die Jahrringchronologien sogar für den gesamten Alpenraum (Holzhauser 2009). Bei einem neuen Fundstück kann überprüft werden, welche Sequenz des Barcodes es darstellt, und die Lebensphase des Baumes kann so jahresgenau datiert werden. Auf diese Art und Weise konnten am Großen Aletschgletscher die Vorstoß- und Rückschmelzphasen der letzten 3500 Jahre rekonstruiert werden (Holzhauser et al. 2005).

Eisfrei gewordene Landschaften neigen zur Bildung von Seen. Dies ist dadurch zu erklären, dass gletschergestaltetes Relief viele Dellen und Hohlformen aufweist (▶ Kap. 10 und 11), deren Untergrund durch das feine, vom Gletscher zermahlene Material („Geschiebemergel") relativ wasserundurchlässig ist. Durch natürliche Verlandungsprozesse entstehen aus Seen Moore. Diese bestehen aus unvollständig zersetzten Pflanzenresten (Torf), die mit der Radiokarbonmethode datierbar sind und durch das relativ schnelle Vertikalwachstum eine hohe zeitliche Auflösung gewährleisten. Eine Datierung der untersten Schichten ergibt das Alter des Moores und damit den Mindestzeitraum für das Eisfreiwerden des Standorts. Außerdem können Einschwemmungen von Sand auf erneute Gletschervorstöße, die das Moor nicht mehr erreicht haben, hindeuten.

Historische Gletscherschwankungen können auch durch menschliche Spuren datiert werden. Zerstörte Wege, Wasserfassungen und Gebäude können einen Hinweis auf ehemalige Gletscherausdehnungen geben; hierbei kann die Geländearchäologie wertvolle Hinweise liefern. Auch Schrift- und Bildquellen können, in Zusammenarbeit mit Historikern und Kunsthistorikern, das Wissen um Gletscherschwankungen ergänzen. Zu den Schriftquellen zählen Chroniken, Reiseberichte, Aufzeichnungen über Verwüstungen. Bildquellen sind neben Zeichnungen und Gemälden (◻ Abb. 8.2) auch Karten oder, aus jüngerer Zeit, Fotografien (Zumbühl und Nussbaumer 2018).

8

● **Abb. 8.2**   Aquarell des Rhonegletschers von Spengler (1843–1908). Das Bild stammt vermutlich aus den 1890er-Jahren (Heinz J. Zumbühl, persönliche Mitt.), die aufgewölbte Zunge lässt einen Vorstoß vermuten. Heute ist das Gletscherende am Standpunkt des Malers nicht mehr zu sehen

Um die Stärke einzelnen Eisvorstöße und der damit einhergehenden Klimaverschlechterung zu quantifizieren und vergleichbar zu machen, wird bei den nordischen Eisschilden, Eiskappen und Plateaugletschern (▶ Kap. 5) einfach die Entfernung der Gletscherzunge bzw. ihrer Endmoräne (▶ Kap. 10) zur Eismitte herangezogen. Dies ist zulässig, weil diese Gletscher mehr oder weniger ungestört über flaches Relief fließen. Gebirgsgletscher hingegen sind stark von der Topographie des Untergrunds gesteuert, was ihre Länge zu einem schlechten Indikator macht. Um ihre Vorstöße miteinander zu vergleichen, wird die Absenkung der Schneegrenze (▶ Exkurs 8.2) herangezogen, die nötig war, um den Gletscher auf das entsprechende Ausmaß anwachsen zu lassen.

Exkurs 8.2 Schneegrenzdepression

Die Ermittlung der so genannten **Schneegrenzdepression** wird durch das relativ konstante Verhältnis zwischen Akkumulations- und Ablationsgebiet bei ausgeglichenen Gletschern ermöglicht. Am Umkehrpunkt zwischen Vorstoß und Rückschmelzen markieren Moränen einen stationären Zustand, bei dem das erwähnte Verhältnis 2:1 beträgt. Dies entspricht einer AAR von 0,67 und bedeutet, dass auf zwei Dritteln der Gletscherfläche Massengewinne zu verzeichnen sind.

Rekonstruiert man die ehemalige Gletscherfläche anhand der Moränen, so lässt sich mit Hilfe der Flächen-Höhen-Verteilung des Gletschers die Höhenlage der Gleichgewichtslinie ermitteln, die den Gletscher in die beiden für den Massenhaushalt relevanten Bereiche untergliedert (Gross et al. 1978). Als Bezugsniveau für die Absenkung wird nicht die heutige Schneegrenze verwendet, weil diese relativ aufwändig zu bestimmen wäre. Man müsste dafür in jeder Gebirgsgruppe die mittlere Höhenlage der Gleichgewichtslinie, also der höchsten jährlichen Schneegrenze auf den Gletschern, ermitteln. In Gebieten, in denen heute keine Gletscher mehr existieren, ist sie gar nicht mehr direkt bestimmbar, sondern nur noch berechenbar. Um diese Schwierigkeiten zu umgehen, wird als Bezugsniveau meist das Jahr 1850 herangezogen, weil aus dieser Zeit im gesamten Alpenraum deutliche Moränen existieren, die eine Berechnung der ELA mit dieser so genannten 2:1-Flächenteilungsmethode ermöglichen.

8.2 Kaltzeiten

Es gab in Lauf der Erdgeschichte immer wieder immense Klimaschwankungen. Immer dann, wenn ein Pol der Erde oder sogar beide vergletschert sind, sprechen Wissenschaftler von einem „**Eiszeitalter**". Auch innerhalb dieser Zeitabschnitte treten starke Klimaschwankungen auf. Phasen, in denen die Temperaturen deutlich unter dem Durchschnitt liegen und größere Bereiche des Festlands vergletschern, nennt man Kaltzeit. Ein Eiszeitalter kann mehrere Kaltzeiten beinhalten, die durch Warmzeiten voneinander getrennt sind. Der Begriff **Eiszeit** als Synonym für Kaltzeit wird von manchen Wissenschaftlern abgelehnt, weil sich die Klimaanomalie nicht global durch gefrorenes Wasser bemerkbar macht, sondern sich in manchen Gegenden einfach nur durch eine Abkühlung oder veränderte Niederschlagsverhältnisse ausdrückt. Unverfängliche Begriffe sind dagegen **Kaltzeit (Glazial)** und **Warmzeit (Interglazial)**.

> Von „Eiszeit" sollte man nur sprechen, wenn die Landschaft in der entsprechenden Zeit von Gletschern geprägt war. Überall sonst oder bei allgemeinen Aussagen ist „Kaltzeit" der exaktere Begriff.

Als Ursachen für Kaltzeiten werden viele Faktoren diskutiert und es ist bis heute nicht klar, bei welchen Kaltzeiten sie in welchem Umfang eine Rolle gespielt haben. Eine große Bedeutung hat in jedem Fall die Plattentektonik, sie kann in mehrfacher Hinsicht eine Abkühlung des Klimas bewirken. Wandern große Landmassen in Richtung Pol, können sie vergletschern und dadurch zusätzlich den globalen Strahlungsgewinn mindern. Schnee und Eis reflektieren nämlich deutlich mehr Sonnenstrahlung (60–90 %) als Landoberflächen (5–30 %) oder Wasser (5 %). Diese positive Rückkopplung nennt man Albedo-Effekt, sie kann eine anfängliche Abkühlung deutlich verstärken. Außerdem schließen und öffnen sich durch die Bewegung der Kontinente Meeresstraßen, wodurch sich das Strömungsmuster der Ozeane und dadurch die Verteilung von Wärmeenergie auf dem Planeten verändern. Die Trennung der Antarktis von Südamerikas vor 30–40 Mio. Jahren erlaubte zum Beispiel die Ausbildung einer umlaufenden Meeresströmung (Zirkumpolarstrom), wodurch die Landmasse klimatisch stärker isoliert wurde, was schließlich zur bis heute andauernden Vergletscherung derselben führte. Plattentektonik führt weiterhin zur Bildung von Hochgebirgen, deren verstärkte chemische Verwitterung CO_2 bindet. In Phasen mit herabgesetzten CO_2-Gehalten kann auch eine geringe Sonnenaktivität als Ursache in Frage kommen.

Ist ein Eiszeitalter erst einmal in Gang gekommen, dann wird der Rhythmus zwischen Kalt- und Warmzeiten offensichtlich durch Schwankungen der Erdbahnparameter, den so genannten Milanković-Zyklen bestimmt (▶ Exkurs 8.3).

Exkurs 8.3: Milanković-Zyklen

Die Erde kreist nicht vollkommen stabil um die Sonne, sondern schlingert ein wenig. Dabei überlagern sich mehrere Kenngrößen mit unterschiedlichem zeitlichem Rhythmus: Die Form der Erdbahn (Exzentrizität) pendelt alle 100.000 Jahre zwischen einer kreisförmigeren und einer stärker elliptischen Variante hin und her (◧ Abb. 8.3). Die Neigung der Erdachse (Erdschiefe) ist nicht konstant bei 23,43° wie derzeit, sondern schwankt im Abstand von 41.000 Jahren zwischen 22,1° und 24,5°. Dies wirkt sich vor allem auf den Strahlungshaushalt in den Polarregionen aus. Auch die Neigungsrichtung der Rotationsachse ändert sich, ähnlich wie bei einem trudelnden Kreisel, mit Zyklen von ca. 26.000 Jahren (Präzession der Erdachse). Dies wird überlagert von der Präzession der Apsiden, bei der die Halbachsen in der Bahnebene während 112.000 Jahren einmal um die Sonne rotieren. Die Kombination der Präzessionsbewegungen führt dazu, dass die Jahreszeitenwechsel relativ zur Lage auf

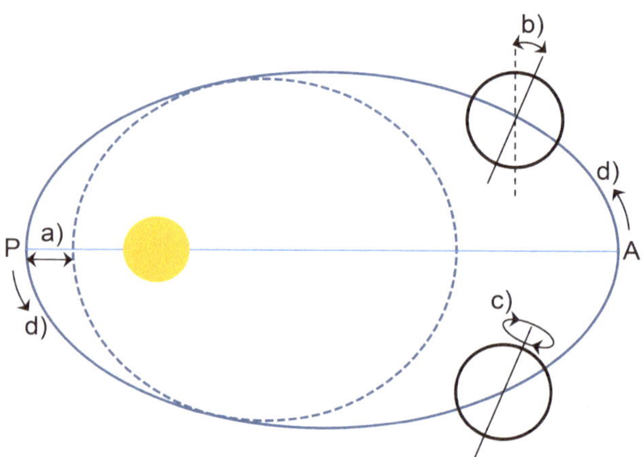

◧ **Abb. 8.3** Schwankungen von **a** Exzentrizität, **b** Erdschiefe und **c** Präzession der Erdachse. **d** Die Drehung von Perihel (P) und Aphel (A)

der Erdbahn 21.000 Jahre lang über das gesamte Kalenderjahr wandern. Der kleinste Sonnenabstand (Perihel) ist derzeit im Januar, der größte Abstand (Aphel) im Juli. Dies verschiebt sich aber etwa alle 58 Jahre um einen Tag nach hinten, so dass es in 10.500 Jahren genau anders herum sein wird. Durch die Ungleichverteilung der Landmassen auf beiden Hemisphären stellt es einen Unterschied für den globalen Energiegewinn dar, ob die größte Sonnennähe im Nordsommer oder im Südsommer auftritt.

Der Einfluss der Orbitalzyklen auf das Weltklima und die Vereisungszyklen wurde erstmals von James Croll (1821–1890) beschrieben, der seiner Zeit weit voraus war. Basierend auf diesen Vorarbeiten arbeitete Milutin Milanković Jahrzehnte später an seiner Theorie, die er als „Kanon der Erdbestrahlung" betitelte. Das finale Werk wurde 1941 in Belgrad vollendet, wo es während des Drucks beinahe noch durch Kriegshandlungen zerstört worden wäre. Aber auch die Thesen von Milanković wurden zunächst von der Mehrheit der Wissenschaftler abgelehnt. Erst als Mitte der 1970er-Jahre die Schwankungen der großen Eisschilde mit anderen Methoden (▶ Exkurs 8.4) rekonstruiert werden konnten und gut zu den Milanković-Zyklen passten, wurden diese allgemein akzeptiert. Milanković erlebte die späte Anerkennung seines Schaffens nicht mehr.

Spricht man heute vom Eiszeitalter, dann meint man in der Regel das letzte, das erst vor etwas mehr als 10.000 Jahren zu Ende ging. Es gibt in der Erdgeschichte jedoch auch Vereisungsphasen, die sehr viel älter sind und sehr viel länger angedauert haben.

8.2.1 Die älteren Eiszeitalter

Die ältesten Spuren großflächiger Vergletscherungen sind zwei Gesteinshorizonte in Südafrika, die der Pongola-Vereisung vor 2,9 Mrd. Jahren zugeschrieben werden.

Für die huronische (2,4–2,2 Mrd. Jahre v.h.) und die cryogenische (0,7 Mrd. Jahre v.h.) Vereisung wurde das Konzept „Schneeball Erde" (Kirschvink 1992) entwickelt. Laut dieser Vorstellung war die gesamte Erde von einem Eispanzer bedeckt, und selbst am Äquator herrschten Temperaturen von −20 °C vor, was zu einer globalen Meereisbildung geführt hat. Dieses Konzept ist höchst umstritten, weil Organismen nur unter einer dünnen Eisdecke in äquatornahen Ozeanen überleben hätten können.

Im Erdaltertum gab es Eiszeitalter in den geochronologischen Perioden Ordovizium/Silur (450–420 Mio. Jahre v.h.) und Karbon/Perm (360–260 Mio. Jahre v.h.). Die letztere, auch permokarbonische Vereisung genannt, wurde in Südafrika anhand von verfestigten Moränenablagerungen („Tilliten") nachgewiesen (◑ Abb. 8.4).

Afrika war damals ein Teil des Superkontinents Pangäa und lag in der Nähe des Südpols. Die Vereisungsspuren auf den Südkontinenten gehörten zu den Indizien,

◨ Abb. 8.4   Verfestigte Moräne („Tillit") der permokarbonischen Vereisung in Südafrika. Das Sedimentgestein besteht aus unterschiedlich großen, eckigen und ungeschichteten Fragmenten, was auf eine Ablagerung durch Gletscher hindeutet. (Foto: W. Hagg)

anhand derer Alfred Wegener 1915 die Theorie der Kontinentaldrift, einen wegweisenden Vorläufer der heute gültigen Theorie der Plattentektonik, entwickelte.

8.2.2 Das Pleistozän

Das **Pleistozän** oder das „Eiszeitalter" im engeren Sinne bezeichnet den Abschnitt der Erdgeschichte von 2,6 Mio. Jahren v.h. bis 11.700 Jahren v.h., der sich durch einen Wechsel von Kalt- und Warmzeiten auszeichnet. Während der Kaltzeiten waren ca. 30 % der Festlandsoberfläche mit Eis bedeckt (◨ Abb. 8.5), derzeit sind es knapp 10 %. Durch die riesigen Wassermassen, die als Eis auf den Kontinenten gebunden waren, ist der Meeresspiegel in den Hochglazialen um mehr als 100 m abgesunken. Flache Meeresbereiche fielen trocken, die britischen Inseln gehörten genauso zum Festland wie zum Beispiel Borneo.

Neben den heutigen Inlandeisen der Antarktis und Grönlands gab es zwei weitere Eisschilde: Der skandinavische Eisschild hat die britischen Inseln mit eingeschlossen und bis nach Sibirien gereicht, der Laurentische Eisschild bedeckte große Teile Kanadas, den Norden der USA und war zumindest teilweise mit Grönland verbunden. Andere Hochgebirge waren ebenfalls stark vergletschert, sogar Mittelgebirge wie Bayerischer Wald oder Schwarzwald trugen kleine Lokalgletscher.

◘ Abb. 8.5   Die Erde im Würm-Hochglazial. (Datenquelle: Ehlers et al. 2011)

Untersuchungen von Sauerstoffisotopen aus Eisbohrkernen und Meeressedimenten (► Exkurs 8.4) ermöglichen es inzwischen, den Temperaturverlauf bis relativ weit in die Vergangenheit zu rekonstruieren.

Exkurs 8.4. Sauerstoffisotopenmethode

Diese Methode untersucht das Verhältnis der stabilen Sauerstoffisotope ^{18}O zu ^{16}O, kurz $\delta^{18}O$ (gesprochen: Delta-O-18) in Meeressedimenten und Eisbohrkernen. Ein hoher Wert bedeutet einen hohen Gehalt an schweren ^{18}O-Isotopen im Vergleich zu einem Normwert.

Weil Wassermoleküle, die das leichte ^{16}O enthalten, leichter in die gasförmige Phase übergehen, reichert sich durch die Verdunstung über den Weltmeeren ^{18}O im Ozean an; Meerwasser ist demzufolge isotopisch schwerer als der Wasserdampf in der Atmosphäre (◘ Abb. 8.6). Während bei hohen Lufttemperaturen die Verdunstung so stark ist, dass auch noch einige schwere Wassermoleküle in die gasförmige Phase übergehen können, ist bei geringen Lufttemperaturen die Bevorzugung des leichten Sauerstoffs bei der Verdunstung besonders stark ausgeprägt. Aus diesem Grund ist in Kaltphasen der Wasserdampf in der Atmosphäre und damit auch der Niederschlag isotopisch leichter als in Warmphasen, der $\delta^{18}O$-Wert ist demzufolge niedriger. Weil aus diesem Niederschlag auch Gletschereis entsteht, können anhand von Eisbohrkernen die Lufttemperaturen der Vergangenheit rekonstruiert werden.

Schmelzwasser in der Schneedecke würde das Isotopensignal verschmieren; deshalb können Eisbohrkerne nur an Orten ausgewertet werden, an denen

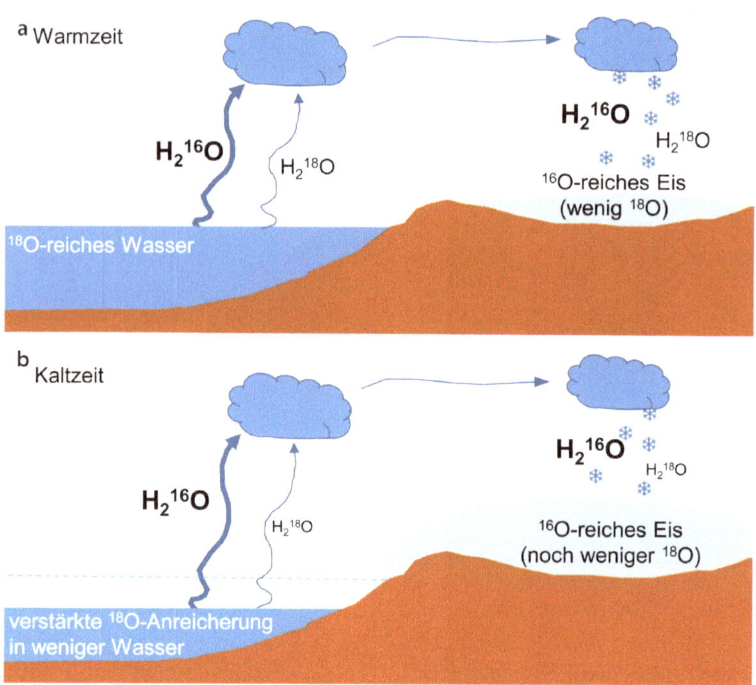

Abb. 8.6 Vereinfachtes Schema der Fraktionierung von Sauerstoffisotopen während Warm- und Kaltzeiten

nie Schmelze auftritt. Dies beschränkt die Methode auf sehr hoch gelegene Gebirgsregionen oder hochpolare Klimate. Eisschilde sind in diesem Zusammenhang besonders interessant, weil sie sehr altes Eis enthalten. In Eisbohrkernen können außerdem die Isotopenverhältnisse in „fossilen" Luftbläschen bestimmt werden, wobei hier berücksichtigt werden muss, dass das Alter der Luft nicht dem des Eises entspricht. Weil es in hocharktischem Klima lange dauern kann, bis der Firn so stark komprimiert wird, dass die Luft im Porenraum nicht mehr zirkuliert, können Luftbläschen deutlich jünger sein als das Eis, von dem sie umschlossen werden. Zusätzlich zur Lufttemperatur liefern Eisbohrkerne noch andere Informationen über die ehemalige Zusammensetzung der Atmosphäre, z. B. den Gehalt an Treibhausgasen, oder über Großereignisse wie Vulkanausbrüche.

Auch im Ozean ändert sich das Isotopenverhältnis, hier aber in erster Linie aufgrund der unterschiedlichen Wassermenge: Während der Kaltzeiten wird enorm viel leichtes Wasser in Form von Gletschereis auf den Festländern zurückgehalten. In diesen Phasen ist der Meeresspiegel niedriger und das δ^{18}O im Ozean deutlich höher als in Warmzeiten. Marine Einzeller wie zum Beispiel Foraminiferen bauen dann auch mehr schweren Sauerstoff in ihre Kalkschalen ein, die sich nach dem Absterben am Meeresboden ablagern. Eine Isotopenanalyse solcher Sedimente erlaubt Rückschlüsse auf das Ausmaß der Festlandsvereisung:

Ein hoher Gehalt an ^{18}O deutet auf einen niedrigen Meeresspiegel während einer Kaltzeit hin und umgekehrt. Damit ist das Signal genau entgegengesetzt zu dem in den Eisbohrkernen.

Durch die Untersuchung von Ozeansedimenten wurde es möglich, seit Beginn des Pleistozäns 103 kältere und wärmere Abschnitte voneinander zu unterscheiden. Diese so genannten **Isotopenstadien** (*marine isotope stages*, **MIS**) wurden rückwärts nummeriert, von der aktuellen Warmzeit (MIS 1), bis zum Beginn des Pleistozäns (MIS 103). Das Resultat wird als marine Sauerstoffisotopenstratigraphie bezeichnet und stimmt in seiner zeitliche Abfolge weitgehend mit den Milanković-Zyklen (▶ Exkurs 8.3) überein, was in den 1970er-Jahren ein starkes Indiz für deren Richtigkeit war.

Aus dem bis in über 3 km Tiefe reichenden Eisbohrkern des EPICA-Projekts (EPICA = European Project for Ice Coring in Antarctica) konnten die Temperaturen der letzten 800.000 Jahre rekonstruiert werden (◙ Abb. 8.7). Dies ist zwar äußerst beeindruckend, man sollte sich aber bewusst sein, dass der Zeitraum lediglich ein Drittel des gesamten Pleistozäns abdeckt.

In diesem Temperaturverlauf sind acht glaziale Zyklen zu erkennen, in denen die Temperaturen in der Antarktis 8–10 °C niedriger waren als heute. Die globale Abkühlung war geringer und wird für die letzte Kaltzeit mit 5,8 °C beziffert (Schneider von Deimling et al. 2006). Es zeigt sich, dass während der Kaltphasen die Eisschilde über 90.000 Jahre lang gewachsen und in nur 10.000 Jahren wieder geschrumpft sind.

> Das letzte Eiszeitalter heißt Pleistozän, es dauerte von 2,6 Mio. bis 11.700 Jahren vor heute und umfasste mehrere Kaltzeiten.

Der Ablauf des Pleistozäns wurde im Gelände anhand der Ablagerungen von Gletschern (Moränen) und deren Schmelzwässer (Schotterfelder) rekonstruiert. Im Alpenvorland wurden zunächst Sedimente aus vier Kaltzeiten (mit zunehmendem Alter: Würm, Riß, Mindel, Günz) identifiziert (Penck und Brückner 1901–

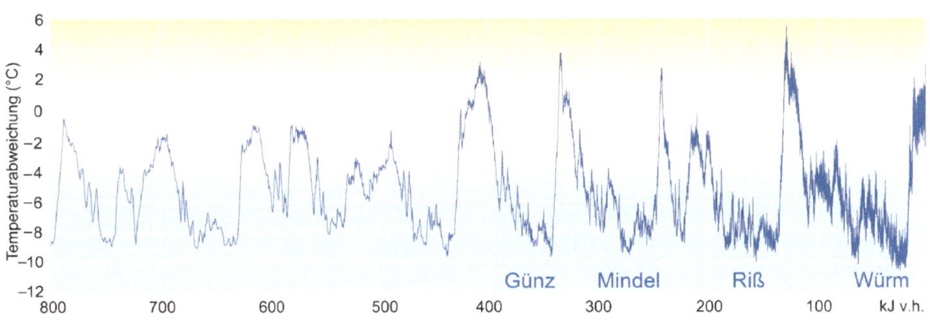

◙ **Abb. 8.7** Aus einem antarktischen Eisbohrkern (Dome C) rekonstruierte Temperaturabweichungen gegenüber heute. (Datenquelle: Jouzel et al. 2007, abgerufen von ▶ www.ncdc.noaa.gov am 09.09.2019)

1909), die später um zwei ältere (Donau, Biber) auf sechs erweitert wurden (Eberl 1930). Ein von den Mindel-Ablagerungen getrennter Schotterkörper wird einer weiteren, eigenständigen Kaltzeit (Haslach) zugewiesen (Schreiner und Ebel 1981), kann aber bisher nur an einer Lokalität im nordöstlichen Rheingletschergebiet nachgewiesen werden. Somit können in Süddeutschland sechs bis sieben Kaltzeiten, in denen die Eismassen in das Alpenvorland vorgestoßen sind, durch Geländebefunde nachgewiesen werden. Die genaue Zahl der alpinen Vereisungsperioden ist jedoch nicht bekannt. Die Vorstöße der vorletzten (Riß-)Kaltzeit waren nördlich der Alpen meist die am weitesten in die Vorländer reichenden und sind deshalb noch gut erkennbar, auch wenn sie durch Abtragungsprozesse schon etwas abgeflacht wurden.

Mit zunehmendem Alter werden Geländenachweise immer schwieriger, weil die Ablagerungen alter Kaltzeiten durch jüngere Eisvorstöße weitgehend zerstört wurden. Spuren der älteren Kaltzeiten sind hauptsächlich Schmelzwasserablagerungen, die nichts über die Ausdehnung der Gletscher aussagen. Auch die überregionale Korrelation der pleistozänen Gletscherschwankungen bleibt bis auf Weiteres unsicher.

Während in Süddeutschland der Vergletscherungstyp eines Eisstromnetzes (innerhalb der Alpen) mit Vorlandgletscher vorlag, war Norddeutschland von einem Eisschild bedeckt, das mit dem heutigen Inlandeis Grönlands vergleichbar ist (▶ Kap. 5). Das nordische Inlandeis (auch Skandinavischer Eisschild genannt) erreichte Norddeutschland nur in den drei jüngsten Glazialen. Während der beiden älteren Kaltzeiten (hier Elster und Saale genannt) reichte das Eis bis an die deutschen Mittelgebirge, während des jüngsten Glazials (hier: Weichsel) lagerte es seine Endmoränen deutlich weiter in Richtung Ostsee ab. In beiden deutschen Vereisungsgebieten werden die Saale-/Riß-Moränen als **Altmoränen** bezeichnet und die Moränenkränze der Weichsel-/Würm-Kaltzeit als **Jungmoränen**. Letztere zeigen die größte Formfrische und oft auch die größten Höhen gegenüber ihrer Umgebung.

> Die letzten beiden Kaltzeiten heißen in Süddeutschland Riß und Würm und in Norddeutschland Saale und Weichsel. Die Alpen waren von einem Eisstromnetz bedeckt, das in eine Vorlandvergletscherung überging, die bis vor die Tore Münchens reichte. Das Skandinavische Inlandeis bedeckte ganz Norddeutschland und reichte bis an die Mittelgebirge.

In der offiziellen Tabelle der Deutschen Stratigraphischen Kommission (DSK 2016) sind nur die jüngsten Kaltzeiten mit Zeitangaben versehen, mit zunehmendem Alter werden die Absolutdatierung und die Korrelation zwischen alpiner und nordischer Vereisung immer schwieriger.

Der chronologische Ablauf der Kaltzeiten und die unterschiedlichen Regionalbezeichnungen sind in ◼ Tab. 8.1 dargestellt.

> Bei ca. 6 °C niedrigeren Globaltemperaturen entsprachen die weltweiten Gletscherflächen während der Würm-Kaltzeit mehr als dem Dreifachen der heutigen, wodurch der Meeresspiegel um über 100 m abgesenkt wurde.

◘ Tab. 8.1 Bezeichnung und Alter der durch Geländebefunde nachgewiesenen Kaltzeiten in Süd- und Norddeutschland

Name in Süddeutschland	Name in Norddeutschland	Alter (Jahre vor heute)
Würm	Weichsel	115.000–11.700
Riß	Saale	300.000–126.000
Mindel	Elster	> 380.000
Günz	Menap	< 780.000
Donau	Eburon	< 1,8 Mio.
Biber	–	> 1,8 Mio.

Der Hochstand der letzten Kaltzeit war vor etwa 20.000 Jahren erreicht. Danach stellten sich die periodischen Erdbahnschwankungen wieder auf Erwärmung um und wie schon in den Glazialen davor wurden die Eismassen deutlich schneller abgebaut, als sie sich gebildet hatten. In den Alpen waren die Gletscher der einzelnen Täler bereits 16.000 Jahre v.h. nicht mehr über die Pässe hinweg miteinander verbunden. Das bedeutet, dass aus dem Eisstromnetz eine Talvergletscherung geworden war. Der gesamte Zeitraum des Eiszerfalls vom Hochglazial bis zum Ende der Kaltzeit vor 11.700 Jahren, als die Gletscher eine neuzeitliche Größenordnung erreicht haben, wird als **Spätglazial** bezeichnet. Dieses Rückschmelzen verlief nicht kontinuierlich, sondern war durch mehrere kleinere Vorstoßphasen, so genannte **Stadiale**, unterbrochen. In den Alpen ist die Korrelation der Vorstöße zwischen verschiedenen Tälern und Gebirgsgruppen nicht trivial, weil die Moränen nur an vereinzelten Orten erhalten blieben. ◘ Abb. 8.8 zeigt die sechs bekannten Stadiale der Alpengletscher und die zugehörigen Erniedrigungen der Schneegrenze.

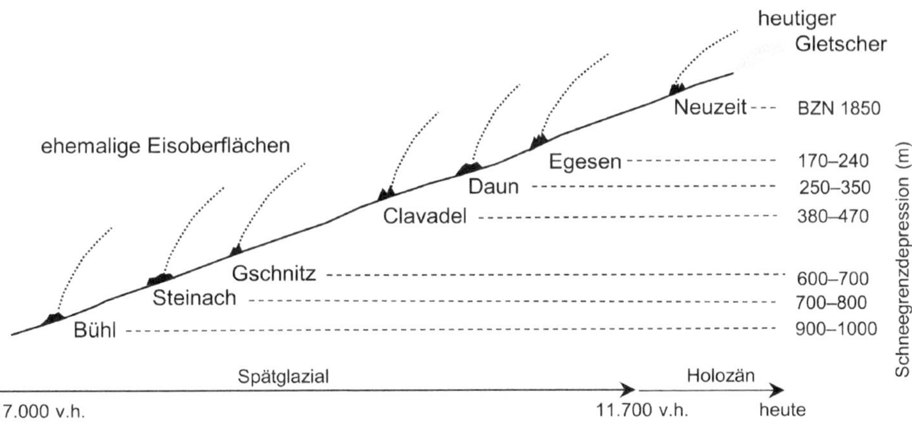

◘ Abb. 8.8 Spätglaziale Moränen und zugehörige Schneegrenzdepressionen. Bezugsniveau (BZN) ist der Hochstand der Kleinen Eiszeit um 1850. (Verändert nach Maisch 1982)

◨ Abb. 8.9   Neuzeitliche Moränen von 1850 (weiße Pfeile) und Egesen-Moränen aus der letzten Kälteperiode des Spätglazials (um 12.500 Jahre v.h.) am Triest-Gletscher, Wallis. (Foto: W. Hagg)

In keinem Alpental sind alle Gletscherstände so exemplarisch vorhanden wie in ◨ Abb. 8.8, am deutlichsten sind naturgemäß die jüngsten Ablagerungen der Egesen-Vorstöße (◨ Abb. 8.9) erkennbar.

8.3 Gletscherentwicklung im Holozän

Während der letzten 11.700 Jahre war das Klima zwar keinen derart starken Schwankungen wie im Pleistozän ausgesetzt, es war aber alles andere als stabil. Es gab mehrfache Wechsel zwischen wärmeren (**Optima**) und kälteren Abschnitten (**Pessima**), allein die Magnitude war mit maximal 2 °C deutlich geringer als diejenige zwischen Glazial und Interglazial. Es gab vermutlich zwölf Phasen, in denen die Alpengletscher kleiner waren als heute (Jörin et al. 2006). Dies lässt sich durch Baumstämme belegen, die heute aus Gletschern ausschmelzen und zum Beispiel zwischen 8000 und 9000 Jahren v.h. auf dem Pasterzenboden, wo heute die längste Gletscherzunge Österreichs liegt, einen Wald bildeten (Böhm et al. 2007). Komplett abgeschmolzen waren die Alpengletscher während des **Holozäns** jedoch nie, und es kam auch wiederholt zu Hochständen. Der grobe Temperaturverlauf des Holozäns wird in ◨ Abb. 8.10 skizziert.

Markante Gletschervorstöße im **Altholozän** waren der Palü-Vorstoß um 10.500 Jahre v.h. und die Misox-Schwankung um Jahre 8200 Jahre v.h., die auf den Ausbruch eines gewaltigen Gletscherstausees in Nordamerika zurückgeführt wird: Der Lake Agassiz staute sich am Laurentischen Eisschild, das Richtung Norden zurückschmolz. Der See beinhaltete mehr Wasser als alle heutigen Seen zusammen. Als er schließlich den Eisdamm an mehreren Stellen durchbrach und sich bis zu 70.000 km^3 Wasser über ein halbes Jahr lang in den Atlantik ergoss, stieg der Meeresspiegel um bis zu 19 cm (Clarke et al. 2004), und der Golfstrom, der enorme

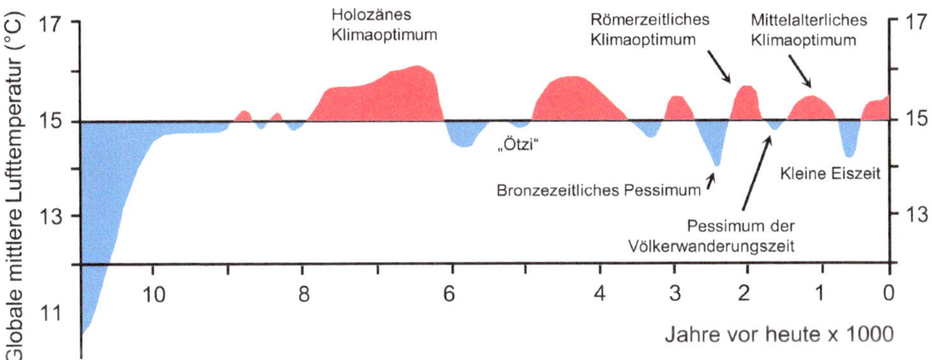

■ **Abb. 8.10**   Temperaturentwicklung im Holozän. (Verändert nach Schönwiese 1995)

Mengen an Wärme in den Nordatlantik transportiert, wurde abgeschwächt. Dies führte zu einer Abkühlung in Grönland und Europa (Barber et al. 1999) und verursachte einen Vorstoß der Alpengletscher.

Die wärmste Phase war das **holozäne Klimaoptimum** (7000–6600 Jahre v.h.), in dem der Mensch sesshaft wurde und begann, Ackerbau zu betreiben. Allerdings war auch diese Phase nicht durchgehend warm, wie früher angenommen, sondern von kühleren Phasen unterbrochen. In einem darauffolgenden, gut 1000 Jahre andauernden kühleren Abschnitt kam ein Mann auf dem Hauslabjoch ums Leben, der etwa 5200 Jahre später als Gletschermumie „Ötzi" wieder auftau(ch)te. Weitere bekannte Klimaanomalien der Nacheiszeit sind das **römerzeitliche Klimaoptimum** (300 v. Chr. bis 400 n. Chr.), in dem Hannibal mit seinen Elefanten die nur wenig vereisten Alpen überquerte. Darauf folgte das **Pessimum der Völkerwanderungszeit** (450–700 n. Chr.), wobei nicht eindeutig geklärt werden kann, ob tatsächlich die Klimaverschlechterung Auslöser für die Migrationsbewegungen in dieser Periode war. Nach dem **mittelalterlichen Klimaoptimum** (750–1500 n. Chr.), während dem Grönland besiedelt wurde, folgt schließlich die stärkste Kälteperiode des Holozäns, die so genannte **Kleine Eiszeit** (1550–1850 n. Chr.). Während dieser Zeit, die gut durch historische Dokumente belegt ist, war die globale Mitteltemperatur um 0,8 °C kälter als heute (Mann et al. 1999); in den Alpen wird von einer Erniedrigung um 2 °C ausgegangen. Als Ursache gelten eine geringe Sonnenaktivität (das Maunderminimum um 1700 n. Chr.) und starke Vulkanausbrüche. Diese führten zur Ausbreitung von Asche in hohe Atmosphärenschichten, wo sie einen Teil der Sonnenstrahlung reflektierte. Der Ausbruch des indonesischen Tambora im Jahr 1815 schleuderte mehr als 100 km^3 Lockermaterial aus und führte ein Jahr später zu Ernteausfällen und Hungersnöten in Europa („Jahr ohne Sommer"). Neben vielen Phänomenen wie zugefrorenen Grachten in den Niederlanden führten die niedrigen Temperaturen auch dazu, dass die Alpengletscher vorstießen und ihre Gesamtfläche zum Hochstand um 1850 gut doppelt so groß war wie heute. Zu dieser Zeit wirkten sie äußerst bedrohlich auf die Bergbewohner, weil sie Wege, Almen und Gebäude zerstörten. Es fanden Bittprozessionen statt, um dem Gletscherwachstum Einhalt zu gebieten.

> Im Holozän schwankte die Temperatur in einer Bandbreite von ca. 2 °C, die Gletscher waren mehrmals sowohl kleiner als auch größer als heute. Die letzte markante Hochphase, deren Moränen in allen Hochgebirgen der Erde zu finden sind, war die Kleine Eiszeit mit ihrem Höchststand um 1850 n. Chr., als die Alpengletscher mehr als doppelt so groß wie heute waren.

8.4 Aktueller und zukünftiger Gletscherschwund

Seit der Kleinen Eiszeit hat die globale Mitteltemperatur um 0,8 °C zugenommen, worauf die Gletscher weltweit mit einer Abnahme ihrer Masse, Länge und Fläche reagiert (Paul und Bolch 2019). In den Alpen haben die großen Gletscher um bis zu 2,5 km ihrer Länge eingebüßt, die Gesamtgletscherfläche hat sich von 1850 bis 2010 um 50–60 % verringert. Daraus errechnet sich ein Flächenschwund seit der Kleinen Eiszeit um 0,34 % pro Jahr. Die Erwärmung verlief nicht kontinuierlich, sondern war durch Abkühlungsphasen unterbrochen. In diesen kühleren Perioden reagierten auch Gletscher weltweit mit Vorstößen, in den Alpen um 1890, in den 1920er-Jahren und in den 1970er-Jahren (Zemp et al. 2006). Von 1960 bis 1980 ist ein Großteil der Alpengletscher vorgestoßen (Wood 1988), in den Medien fürchtete man damals eine neue Eiszeit. Als Ursache für die Abkühlung wird heute die so genannte **globale Verdunkelung** (*global dimming*) vermutet. Die starke Luftverschmutzung zu dieser Zeit reflektierte, ähnlich wie große Vulkanausbrüche, einen größeren Anteil der Sonnenstrahlung als in einer klaren Atmosphäre (Wild 2009). Von 1973 bis 2000 betrug die Rate des Flächenschwunds in den Alpen dann 0,6 % pro Jahr, im ersten Jahrzehnt dieses Jahrtausends verdoppelte sie sich noch einmal auf 1,2 % pro Jahr (Paul und Bolch 2019).

> Auch nach der Kleinen Eiszeit gab es noch kürzere Gletschervorstöße in den Alpen um 1890 und um 1920. Die letzten ereigneten sich in den 1970er-Jahren, als die Globalstrahlung durch menschliche Emissionen verringert wurde.

Im Gegensatz zum alpinen Trend kam es in Skandinavien und Neuseeland in den 1990er-Jahren zu spektakulären Gletschervorstößen (Chinn et al. 2005). Der Franz-Josef-Gletscher in den Neuseeländischen Alpen stieß bis 1999 um 1,2 km vor. Doch auch diese Vorstöße lassen sich mit der Klimaerwärmung erklären: Die wärmere Atmosphäre kann mehr Wasserdampf aufnehmen, was zu höheren Niederschlägen und in kühlen Regionen zu mehr Schneefall führt. Bei stark maritimen Gletschern hat dieser Effekt eine Weile lang die erhöhte Schmelze im Sommer überkompensiert. Ungefähr zur Jahrtausendwende ist der Massenhaushalt wieder in den negativen Bereich gekippt, weil die Schmelze erneut die Oberhand gewonnen hat. Auch der Franz-Josef-Gletscher hat sich zwischenzeitlich wieder stark zurückgezogen (▶ Kap. 6).

Der aktuelle Gletscherschwund ist ein weltweites Signal, die einzige Ausnahme findet man derzeit im Karakorum und den benachbarten Gebirgen Kunlun Shan und Pamir. Hier sind die Gletschermassen stabil oder wachsen sogar leicht (Hewitt 2005; Gardelle et al. 2013; Bolch et al. 2017). Der Grund könnte der gleiche sein wie in den 1990er-Jahren in Norwegen und Neuseeland: erhöhter Schneefall durch höhere Temperaturen, der die stärkere Schmelze (noch) überwiegt. Aktuelle Forschungen zeigen, dass die Intensivierung der Bewässerung auf den Feldern der umliegenden Tiefländer eine Zunahme von Sommerschneefällen und eine Abnahme der Sonneneinstrahlung bewirkt, die der Klimaerwärmung entgegenwirken (de Kok et al. 2018). Aber auch diese so genannte **Karakorum-Anomalie** wird im Zuge der voranschreitenden Klimaerwärmung, ähnlich wie die Vorstöße in Neuseeland und Norwegen, nur ein temporäres Phänomen sein (Farinotti et al. 2020).

> Die einzige Region der Erde mit regionalem Gletscherwachstum ist derzeit der Karakorum, wo die Massenzuwächse vermutlich auf vorübergehend höhere Schneefälle zurückzuführen sind.

Der World Glacier Monitoring Service (WGMS) in Zürich sammelt weltweit Daten über Gletscher und deren Veränderungen. Gletscher mit einer kontinuierlichen Messreihe von über 30 Jahren werden als Referenzgletscher bezeichnet. Die regional gemittelte dekadische Massenbilanz dieser Gletscher betrug in den 1980er-Jahren -172 mm w.e. a^{-1} und in den 1990er-Jahren bereits -459 mm w.e. a^{-1}. Von 2010 bis 2019 lag der Mittelwert bei -878 mm w.e. a^{-1}, der Spitzenwert von -1131 wurde im Jahr 2019 erreicht (WGMS 2020). Der zeitliche Verlauf dieses Mittelwerts bis ins aktuelle Jahrzehnt (◻ Abb. 8.11) macht den Trend mehr als deutlich: Während im alten Jahrtausend Mittelwerte von -600 mm w.e. stark negative Jahre waren, repräsentiert derselbe Wert im neuen Jahrtausend ein eher schwach negatives Jahr.

Messungen der Massenbilanz mit der glaziologischen Methode begannen im Jahr 1945 in Schweden, seitdem haben die Gletscher knapp 30 m w.e. an Masse

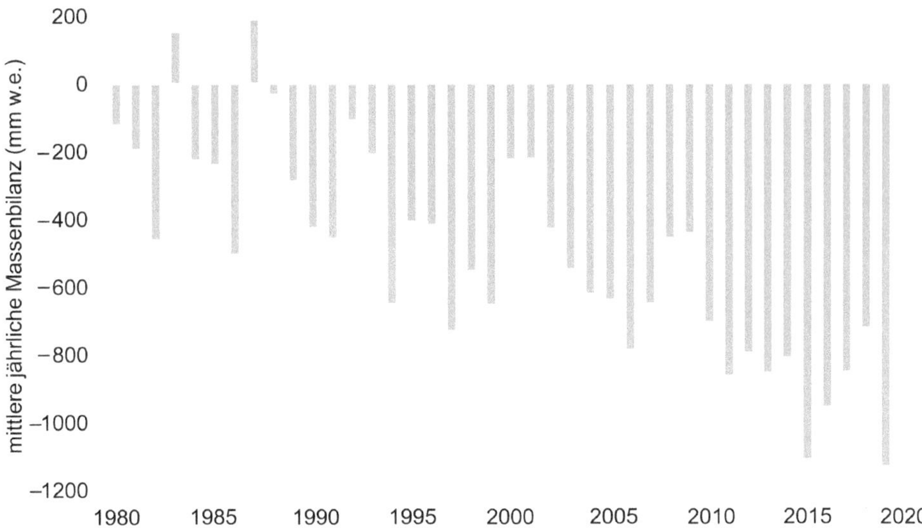

◻ **Abb. 8.11** Mittlere Massenbilanz der Referenzgletscher des World Glacier Monitoring Service. (Datenquelle: WGMS 2020)

verloren (WGMS 2017). Dadurch, dass die Anpassung der Gletscherfläche und -geometrie zeitlich verzögert erfolgt, hinken die Gletscher derzeit der Klimaentwicklung hinterher. Das bedeutet, dass sich der Schwund auch bei einem sofortigen Stopp der Erwärmung noch über Jahre und bei großen Gletschern über Jahrzehnte fortsetzen würde und die Gletscher je nach Region weitere 25–65 % ihrer Fläche verlieren müssten, um sich auf das heutige Klima einzustellen (Zemp et al. 2015).

> In den allermeisten Regionen beschleunigt sich in den letzten Jahrzehnten der Gletscherschwund. Die träge reagierenden Gletscher hinken der Klimaentwicklung zeitlich hinterher, sonst wären sie bereits noch stärker geschrumpft.

Die zukünftige Entwicklung der Gletscher ist von mehreren Faktoren abhängig; die wichtigsten sind die weitere Entwicklung des Klimas, die Verteilung der Eisdicke und die Eisbewegung. Während die aktuelle Eisdicke einigermaßen gut gemessen oder aus der Neigung der Gletscheroberfläche abgeleitet werden kann, sind Klimaszenarien mit relativ großen Unsicherheiten behaftet und die Simulation der Eisdynamik stellt eine zusätzliche Herausforderung dar. Hinzu kommen weitere Effekte wie zunehmende Schuttbedeckungen, die sich auf die Gletscherentwicklung auswirken und sehr schwer vorherzusagen sind. Dies alles kompliziert Prognosen über die Gletscherentwicklung und verursacht Unsicherheiten bei den entsprechenden Szenarien. Der generelle zukünftige Trend ist zwar eindeutig, die Geschwindigkeit des Gletscherschwunds variiert aber stark, zum Beispiel je nach zugrunde liegendem Klimaszenario. Im aktuellsten Weltklimabericht des IPCC (Intergovernmental Panel on Climate Change) werden vier unterschiedliche, so genannte „Repräsentative Konzentrationspfade" verwendet, um die Entwicklung der Treibhausgasemissionen im 21. Jahrhundert zu beschreiben. Das optimistischste Szenario geht von einer deutlichen Minderung der Emissionen aus, was eine Erwärmung von ca. 1,5 °C zur Folge hat. Unter den pessimistischsten Annahmen berechnen die Modelle einen Temperaturanstieg um bis zu 4,8 °C (IPCC 2014). Einer aktuellen Studie zufolge führt diese Bandbreite möglicher Erwärmungen zu einer Verringerung der heutigen Gletscherfläche in den Alpen bis 2100 um ca. 65–90 % (Zekollari et al. 2019). Das Gebirge wird demzufolge zum Ende des Jahrhunderts nicht völlig eisfrei sein, aber unter Zugrundelegung eines starken Treibhausgasanstiegs bleiben nur noch kleine Reste der heute größten Gletscher übrig.

> Ende des Jahrhunderts werden in den Alpen aller Voraussicht nach nur noch Überreste derjenigen Gletscher zu finden sein, die heute noch zu den größten gehören.

8.5 Folgen des Gletscherschwunds

Die Konsequenzen des Gletscherschwunds lassen sich auf drei Maßstabsebenen betrachten: einer lokalen, einer regionalen und einer globalen.

8.5.1 Lokale Konsequenzen

Lokal kann es durch den Schwund von Gebirgsgletschern zu einer Zunahme von Naturrisiken kommen. Dort, wo Gletscher durch ihre erosive Tätigkeit Felspartien versteilt haben, entstehen nach dem Abschmelzen Hanginstabilitäten. Durch die fehlende Stützwirkung des Eises können auf diese Weise Felsstürze ausgelöst werden. Dies ist beispielsweise am Unteren Grindelwaldgletscher geschehen, wo das Niedertauen der Eisoberfläche seit 1860 um ca. 300 m einen massiven Felssturz im Jahr 2006 verursacht hat (Oppikofer et al. 2008). Durch das Rückschmelzen der Gletscher entstehen dort, wo das Gelände zuvor eisbedeckt war, oft große Schuttflächen. Dieses unverfestigte und unbewachsene Lockermaterial ist nun dem Wirken der Atmosphäre ausgesetzt und kann bei Starkregenereignissen mobilisiert werden. So entstehen Murgänge, ein Gemisch aus Gestein und Wasser, das ähnliche Fließeigenschaften wie Beton aufweist und durch seine hohe Dichte ein großes Zerstörungspotenzial besitzt. Chiarle et al. (2007) verglichen Murgänge aus Gletschervorfeldern der letzten 25 Jahre mit historischen Daten und kommen zu dem Schluss, dass die Frequenz dieser Ereignisse durch den Gletscherschwund zunimmt.

> Durch Gletscherschwund nimmt lokal die Gefahr für Felsstürze und Murgänge zu.

8.5.2 Regionale Konsequenzen

Flüsse mit Gletschern in ihren Einzugsgebieten zeigen regionale Effekte des Gletscherschwunds, die sich auf mehreren zeitlichen Skalen auf die Wasserführung auswirken.

Durch den Anstieg der Gleichgewichtslinie verkleinern sich die Firngebiete, die als hydrologische Puffer Wasser zwischenspeichern können (▶ Kap. 7). Dadurch vergrößern sich die Tagesschwankungen des Abflusses, die in stark vergletscherten Einzugsgebieten ohnehin hoch sind, noch mehr.

Gletscher stellen saisonale Wasserspeicher dar, die den winterlichen Niederschlag in fester Form zurück halten und während der Ablationsperiode bis in den Spätsommer hinein als Schmelzwasser wieder abgeben. Diese jahreszeitliche Umverteilung ist vor allem in Gebieten mit trockenen Sommern von großer Bedeutung, da sie auch nach der Aufzehrung der Schneedecke die Wasserverfügbarkeit in trocken-heißen Perioden sichert. In großen Teilen Zentralasiens wäre die Bewässerungslandwirtschaft ohne die Existenz der Gletscher nicht möglich (Hagg 2018).

Gletscher verteilen Wasser aber nicht nur innerhalb eines Jahres, sondern durch Veränderungen ihrer Größe auch über mehrjährige Zeiträume: In kühlen Klimaphasen bauen sie ihre Rücklagen auf und wachsen, in heißen Phasen geben sie den Überschuss wieder an die Flüsse ab und verlieren Masse und Volumen. Sie garantieren damit eine Mindestwassermenge in Fließgewässern, die für Wasserkraft, Schifffahrt und Industrie von enormer Bedeutung ist. Flüsse mit Gletschern im

Einzugsgebiet führen immer Wasser, das je nach Witterung entweder aus Regen oder aus Schmelze stammt.

Bei einer Klimaerwärmung kippt die Massenbilanz der Gletscher über mehrere Jahre in den negativen Bereich. Die Folgen auf die Eisschmelze sind in ◘ Abb. 8.12 dargestellt.

Durch die zusätzliche Schmelze infolge des Anstiegs der Gleichgewichtslinie und des Abbaus der Eisreserven entsteht zunächst ein Überangebot an Wasser (Phase b in ◘ Abb. 8.12). Mit einer zeitlichen Verzögerung beginnen dann jedoch die Gletscherflächen zu schrumpfen, was den Anstieg der Eisschmelze verlangsamt. Irgendwann ist ein Maximum der Schmelze und des Abflusses erreicht, ab diesem Zeitpunkt überwiegt der Flächenschwund die erhöhten Schmelzraten und die Wasserverfügbarkeit sinkt. Zunächst liegt sie noch über dem Ausgangsniveau (Phase c), irgendwann fällt sie jedoch darunter ab (Phase d). Beim vollständigen Verschwinden der Gletscher nach einer starken Erwärmung geht die Eisschmelze gegen null. Passen sich die Gletscherflächen an das neue Klima an, dann findet auch die Eisschmelze ein neues Gleichgewicht (Phase e). Momentan befinden wir uns in den vergletscherten Hochgebirgen der Erde noch in der Phase einer gegenüber dem Gleichgewichtszustand erhöhten Wasserführung. Der Maximalstand ist in weniger stark vergletscherten Gebirgen wie den Alpen heute vermutlich bereits überschritten, während die Abflüsse in stark vergletscherten Gebirgen in näherer Zukunft noch weiter ansteigen werden (Duethmann et al. 2016; Hagg et al. 2018). Der fortgesetzte Gletscherschwund, der aktuell zu beobachten ist, führt jedoch weltweit in letzter Konsequenz dazu, dass beide hydrologische Umverteilungseffekte der Gletscher, der saisonale und der mehrjährige, abnehmen und verschwinden werden. Dies verursacht stärkere Schwankungen in der Wasserführung, die dann nur noch von Niederschlägen gesteuert wird. Auf stärkere Frühlingshochwasser durch die intensivere Schneeschmelze werden in Zukunft ausgeprägtere sommerliche Niedrigwasserperioden folgen (Hagg et al. 2007; Sorg et al. 2014).

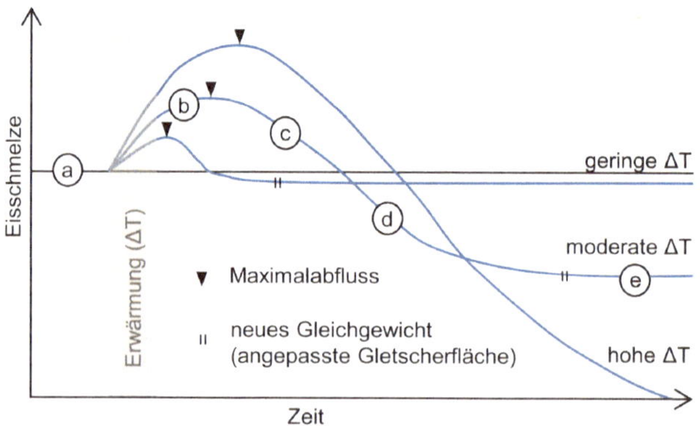

◘ **Abb. 8.12** Veränderung der Eisschmelze nach einer Klimaerwärmung. Typische Phasen sind: Phase a = Gleichgewichtszustand in einem stabilen Klima, Phase b = erhöhter Abfluss während und nach der Erwärmung, Phase c = sinkende, aber immer noch erhöhte Abflüsse, Phase d = sinkende Abflüsse, unterhalb des Ausgangsniveaus, Phase e = neues Gleichgewicht. (Verändert nach Hagg 2018)

> Bei gletschergespeisten Flüssen verursacht der Gletscherschwund nach einer ersten Zunahme der Abflüsse eine Verschiebung der Wasserreserven in das Frühjahr, stärkere Schwankungen der Pegel von Jahr zu Jahr und eine Häufung sommerlicher Wasserdefizite.

Am Vernagtferner in den Ötztaler Alpen sind die hydrologischen Konsequenzen des Gletscherschwunds längst deutlich sichtbar. Die Abflussschwankungen innerhalb eines Tages sind im neuen Jahrtausend um ein Vielfaches höher als typische Werte aus den 1970ern (Braun et al. 2013). Auch die jährlichen Abflussmengen haben sich von 1974 bis 2011 verdoppelt; die größten Anstiege verzeichnen dabei die Monate Juni und Mai, während die Wasserführung von Juli bis September sogar abnimmt (Escher-Vetter und Reinwarth 2013). Dies verdeutlicht die jahreszeitliche Umverteilung, die sich derzeit vollzieht und noch längst nicht abgeschlossen ist.

8.5.3 Globale Konsequenzen

Auf globalem Maßstab ist der Anstieg des Meeresspiegels eine wichtige und für den Menschen dramatische Folge des Gletscherschwunds. Gebirgsgletscher und Eiskappen, also das gesamte Gletschereis ohne die beiden Inlandeise, bedecken derzeit eine Fläche von ca. 700.000 km^2 (RGI 2017). Von 1961 bis 2016 steuerte ihr Abschmelzen 25–30 % zum aktuellen Meeresspiegelanstieg (2,6–2,9 mm a^{-1}) bei, etwa ebenso viel wie Grönland und deutlich mehr als die Antarktis (Zemp et al. 2019). Der Beitrag der Antarktis ist geringer, weil dieser Eisschild bisher noch relativ wenig vom Massenschwund betroffen ist. Dieses Bild wird sich jedoch in Zukunft umkehren, da die Gebirgsgletscher bereits sehr stark schmelzen und nur noch vergleichsweise wenig Masse übrig ist, während die gigantischen Eisschilde gerade erst damit begonnen haben, die Ozeane aufzufüllen. Ein völliges Abschmelzen der Gebirgsgletscher würde den Meeresspiegel um 0,4 m erhöhen (Huss und Farinotti 2012), während das Meeresspiegeläquivalent Grönlands 7,3 m und jenes der Antarktis 56,6 m beträgt (Lemke et al. 2007).

> Wenn alle Gebirgsgletscher schmelzen, steigt der Meeresspiegel um 0,4 m, beim grönländischen Inlandeis beträgt der Wert 7,3 m. Der antarktische Eisschild würde mit einem Meeresspiegeläquivalent von 56,7 m die Küstenlinien der Erde deutlich verändern. Ein vollständiges Abschmelzen würde aber bei den Inlandeisen auch bei einem sehr starken Temperaturanstieg noch Jahrtausende dauern.

Literatur

Armstrong RA (2016) Lichenometric dating (lichenometry) and the biology of the lichen genus rhizocarpon: challenges and future directions. Geogr Ann Se A Phys Geogr 98(3):183–206. https://doi.org/10.1111/geoa.12130

Barber D, Dyke A, Hillaire-Marcel C et al (1999) Forcing of the cold event of 8,200 years ago by catastrophic drainage of Laurentide lakes. Nature 400:344–348. https://doi.org/10.1038/22504

Beschel R (1950) Flechten als Altersmaßstab rezenter Moränen. Z Gletscherk Glazialgeol 1:152–161

Böhm R, Schöner W, Auer I, Hynek B, Kroisleitner C, Weyss G (2007) Gletscher im Klimawandel. Zentralanstalt für Meteorologie und Geodynamik, Wien

Bolch T, Pieczonka T, Mukherjee K, Shea J (2017) Brief communication: glaciers in the Hunza catchment (Karakoram) have been nearly in balance since the 1970s. Cryosphere 11(1):531–539. https://doi.org/10.5194/tc-11-531-2017

Braun L, Reinwarth O, Weber M (2013) Der Vernagtferner als Objekt der Gletscherforschung. Z Gletscherk Glazialgeol 45(46):85–104

Chiarle M, Iannotti S, Mortara G, Deline P. (2007) Recent debris flow occurrences associated with glaciers in the Alps. Glob Planet Chang 56:123–136

Chinn TJH, Winkler S, Salinger MJ, Haakensen N (2005) Recent glacier advances in Norway and New Zealand: a comparison of their glaciological and meteorological causes. Geogr Ann Ser A Phys Geogr 87(1):141–157. https://doi.org/10.1111/j.0435-3676.2005.00249.x

Clarke GKC, Leverington DW, Teller JT, Dyke AS (2004) Paleohydraulics of the last outburst flood from glacial Lake Agassiz and the 8200 BP cold event. Quat Sci Rev 23:389–407. https://doi.org/10.1016/j.quascirev.2003.06.004

DSK (2016) Stratigraphische Tabelle von Deutschland. Deutsche Stratigraphische Kommission (Hrsg; Koordination und Gestaltung: Menning M, Hendrich A). Deutsches GeoForschungsZentrum, Potsdam. ISBN 978-3-9816597-7-1

Duethmann D, Menz C, Jiang T, Vorogushyn S (2016) Projections for headwater catchments of the Tarim River reveal glacier retreat and decreasing surface water availability but uncertainties are large. Environ Res Lett 11(5):054024

Eberl B (1930) Die Eiszeitfolge im nördlichen Alpenvorlande. Ihr Ablauf, ihre Chronologie auf Grund der Aufnahmen des Lech-und Illergletschers. Benno Filser, Augsburg

Ehlers J, Gibbard PL, Hughes PD (2011) Quaternary glaciations – extent and chronology. http://booksite.elsevier.com/9780444534477/. Zugegriffen am 02.02.2020

Escher-Vetter H, Reinwarth O (2013) Meteorologische und hydrologische Registrierungen an der Pegelstation Vernagtbach – Charakteristika und Trends ausgewählter Parameter. Z Gletscherk Glazialgeol 45(46):117–128

Farinotti D, Immerzeel WW, de Kok RJ et al (2020) Manifestations and mechanisms of the Karakoram glacier Anomaly. Nat Geosci 13:8–16. https://doi.org/10.1038/s41561-019-0513-5

Furrer G, Holzhauser H (1984) Gletscher- und klimageschichtliche Auswertung fossiler Hölzer. Z Geomorphol Neue Folge Suppl 50:117–136

Gardelle J, Berthier E, Arnaud Y, Kääb A (2013) Region-wide glacier mass balances over the Pamir-Karakoram-Himalaya during 1999–2011. Cryosphere 7(4):1263–1286. https://doi.org/10.5194/tc-7-1263-2013

Gross G, Kerschner H, Patzelt G (1978) Methodische Untersuchungen über die Schneegrenze in alpinen Gletschergebieten. Z Gletscherk Glazialgeol 12(2):223–251

Hagg W (2018) Water from the mountains of greater Central Asia: a resource under threat. In: Squires V, Qi L (Hrsg) Sustainable land management in greater Central Asia. Routledge, London/New York, S 237–248

Hagg W, Braun LN, Kuhn M, Nesgaard TI (2007) Modelling of hydrological response to climate change in glacierized Central Asian catchments. J Hydrol 332:40–53

Hagg W, Mayr E, Mannig B, Reyers M, Schubert D, Pinto J, Peter J, Pieczonka T, Bolch T, Paeth H, Mayer C (2018) Future climate change and its impact on runoff generation from the debris-covered Inylchek Glaciers, Central Tian Shan, Kyrgyzstan. Water 10:1513. https://doi.org/10.3390/w10111513

Hewitt K (2005) The Karakoram anomaly? Glacier expansion and the „elevation effect". Karakoram Himalaya. Mt Res Dev 25:332–340

Holzhauser H (2009) Auf dem Holzweg zur Gletschergeschichte. In: Hallers Landschaften und Gletscher. Beiträge zu den Veranstaltungen der Akademien der Wissenschaften Schweiz 2008 zum Jubiläumsjahr „Haller 300". Sonderdruck aus den Mitteilungen der Naturforschenden Gesellschaft in Bern. Neue Folge 66:173–208

Holzhauser H, Magny M, Zumbühl HJ (2005) Glacier and lake-level variations in west-central Europe over the last 3500 years. The Holocene 15(6):789–801

Huss M, Farinotti D (2012) Distributed ice thickness and volume of all glaciers around the globe. J Geophys Res 117:F04010

IPCC (2014) Klimaänderung 2014: Synthesebericht. Beitrag der Arbeitsgruppen I, II und III zum Fünften Sachstandsbericht des Zwischenstaatlichen Ausschusses für Klimaänderungen (IPCC) [Hauptautoren, Pachauri RK, Meyer LA (Hrsg)]. IPCC, Genf, Schweiz. Deutsche Übersetzung durch Deutsche IPCC-Koordinierungsstelle, Bonn, 2016

Jörin U, Stocker TF, Schlüchter C (2006) Multicentury glacier fluctuations in the Swiss Alps during the Holocene. The Holocene 16(5):697–704

Jouzel J, Masson-Delmotte V, Cattani O, Dreyfus G, Falourd S, Hoffmann G, Minster B, Nouet J, Barnola JM, Chappellaz J, Fischer H, Gallet JC, Johnsen S, Leuenberger M, Loulergue L, Luethi D, Oerter H, Parrenin F, Raisbeck G, Raynaud D, Schilt A, Schwander J, Selmo E, Souchez R, Spahni R, Stauffer B, Steffensen JP, Stenni B, Stocker TF, Tison JL, Werner M, Wolff EW (2007) Orbital and millennial antarctic climate variability over the past 800,000 years. Science 317(5839):793–797, 10 August. Ncdc.noaa.gov. Zugegriffen am 09.09.2018

Kirschvink JL (1992) Late proterozoic low-latitude global glaciation: the snowball earth. In: Schopf JW, Klein C (Hrsg) The proterozoic biosphere. Cambridge University Press, Cambridge, S 51–52

de Kok RJ, Tuinenburg OA, Bonekamp PNJ, Immerzeel WW (2018) Irrigation as a potential driver for anomalous glacier behavior in High Mountain Asia. Geophys Res Lett 45:2047–2054. https://doi.org/10.1002/2017GL076158

Lemke P, Ren J, Alley RB, Allison I, Carrasco J, Flato G, Fujii Y, Kaser G, Mote P, Thomas RH, Zhang T (2007) Observations: changes in snow, ice and frozen ground. In: Solomon S, Qin D, Manning M, Chen Z, Marquis M, Averyt KB, Tignor M, Miller HL (Hrsg) Climate change 2007: the physical science basis. Contribution of working group I to the fourth assessment report of the intergovernmental panel on climate change. Cambridge University Press, Cambridge, UK/New York

Locke WW, Andrews JT, Webber PJ (1979) A manual for lichenometry. Brit Geomorphol Res Group Tech Bull 26:1–47

Maisch M (1982) Zur Gletscher- und Klimageschichte des alpinen Spätglazials. Geog Helv 82(2):93–104

Mann ME, Bradley RS, Hughes MK (1999) Northern Hemisphere temperatures during the past millennium: inferences, uncertainties, and limitations. Geophys Res Lett 26:759–762

Oppikofer T, Jaboyedoff M, Keusen HR (2008) Collapse at the eastern Eiger flank in the Swiss Alps. Nat Geosci 1:531–535. https://doi.org/10.1038/ngeo258

Paul F, Bolch T (2019) Glacier changes since the little ice age. In: Heckmann T, Morche D (Hrsg) Geomorphology of proglacial systems. Geography of the physical environment. Springer, Cham

Penck A, Brückner E (1901–1909) Die Alpen Im Eiszeitalter, Bd 3. Tauchnitze, Leipzig

RGI Consortium Randolph Glacier Inventory (v.6.0): A dataset of global glacier outlines. Global land ice measurements from space, Boulder, Colorado USA (RGI technical report, 2017). https://doi.org/10.7265/N5-RGI-60

Schneider von Deimling T, Ganopolski A, Held H, Rahmstorf S (2006) How cold was the last glacial maximum? Geophys Res Lett 33:L14709. https://doi.org/10.1029/2006GL026484

Schönwiese C-D (1995) Klimaänderungen. Springer, Berlin/Heidelberg

Schreiner A, Ebel R (1981) Quartärgeologische Untersuchungen in der Umgebung von Interglazialvorkommen im östlichen Rheingletschergebiet (Baden-Württemberg). Geologisches Jahrbuch/A59. Schweizerbart, Hannover

Sorg A, Russ M, Rohrer M, Stoffel M (2014) The days of plenty might soon be over in glacierized Central Asian catchments. Environ Res Lett 9:104018. (8 pp). https://doi.org/10.1088/1748-9326/9/10/104018

WGMS (2017) Global glacier change bulletin no. 2 (2014–2015). Zemp M, Nussbaumer SU, Gärtner-Roer I, Huber J, Machguth H, Paul F, Hoelzle M (Hrsg), ICSU(WDS)/IUGG(IACS)/UNEP/UNESCO/WMO, World Glacier Monitoring Service, Zurich, Switzerland, based on database version: https://doi.org/10.5904/wgms-fog-2018-11

WGMS (2020) Massenbilanzdaten der Referenzgletscher. https://wgms.ch/products_ref_glaciers/. Zugegriffen am 20.02.2020

Wild M (2009) Global dimming and brightening: a review. J Geophys Res 114:D00d16. https://doi.org/10.1029/2008jd011470

Winkler S (2000) Der „Schmidt-Hammer" als geochronologische Methode – Anwendungsmöglichkeiten und Problematik aufgezeigt an Beispielen aus Neuseeland und Norwegen. Trierer Geogr Stud 23:123–146

Winkler S (2005) The ‚Schmidt hammer' as a relative-age dating technique: potential and limitations of its application on Holocene moraines in Mt Cook National Park, Southern Alps, New Zealand. N Z J Geol Geophys 48:105–116

Wood FB (1988) Global Alpine Glacier trends, 1960s to 1980s. Arct Alp Res 20(4):404–413

Zekollari H, Huss M, Farinotti D (2019) Modelling the future evolution of glaciers in the European Alps under the EURO-CORDEX RCM ensemble. Cryosphere 13:1125–1146. https://doi.org/10.5194/tc-13-1125-2019

Zemp M, Paul F, Hoelzle M, Haeberli W (2006) Glacier fluctuations in the European Alps 1850–2000: an overview and spatiotemporal analysis of available data. In: Orlove B, Wiegandt E, Luckman B (Hrsg) The darkening peaks: glacial retreat in scientific and social context. University of California Press, Berkley/Los Angeles, S 152–167

Zemp M, Huss M, Thibert E, Eckert N, McNabb R, Huber J, Barandun M, Machguth H, Nussbaumer SU, Gärtner Roer I, Thomson L, Paul F, Maussion F, Kutuzov S, Cogley JG (2019) Global glacier mass changes and their contributions to sea-level rise from 1961 to 2016. Nature 568:382–386. https://doi.org/10.1038/s41586-019-1071-0

Zemp M, Frey H, Gärtner-Roer I, Nussbaumer SU, Hoelzle M, Paul F, Haeberli W, Denzinger F et al (2015) Historically unprecedented global glacier decline in the early 21st century. J Glaciol 61(228):745–762

Zumbühl HJ, Nussbaumer SU (2018) Little ice age glacier history of the Central and Western Alps from pictorial documents. https://doi.org/10.18172/cig.3363

Glaziale Gefahren

Inhaltsverzeichnis

© Springer-Verlag GmbH Deutschland, ein Teil von
Springer Nature 2020
W. Hagg, *Gletscherkunde und Glazialgeomorphologie*,
https://doi.org/10.1007/978-3-662-61994-0_9

> **Überblick**
>
> In Hochgebirgen sind Naturgefahren allgegenwärtig. Zwei Bedrohungen gehen direkt von Gletschern aus: Eislawinen und Gletscherseeausbrüche. Die beiden Phänomene lassen sich hinsichtlich ihrer Entstehung in verschiedene Typen gliedern, für die es gleichermaßen beeindruckende wie tragische Beispiele aus den Alpen und aus anderen Hochgebirgen gibt. Je nach auslösendem Mechanismus und Ablauf des Ereignisses existieren für die Bevölkerung in den Tälern verschiedene Möglichkeiten der Risikominimierung und der Katastrophenvorsorge.

Bei der Kapitelüberschrift mögen viele Leser vielleicht spontan an Gletscherspalten und andere Gefahren denken, die Gletscher für Bergsteiger darstellen können. Diese sind jedoch hier nicht Gegenstand der Betrachtung, sondern vielmehr jene Gefahren, die vom Gletscher auf dessen Umgebung und auf bewohnte Talräume ausgehen. In der Naturrisikoforschung bezeichnet der Begriff „Naturgefahr" ein hypothetisches Ereignis mit potenziellen Schäden für den Menschen, wobei hier sowohl Sach- als auch Personenschäden gemeint sind. Ein „Naturereignis" ist im Gegensatz dazu bereits eingetreten, hatte aber nur Auswirkungen auf das natürliche Umfeld, was vor allem in vom Menschen unbesiedelten und ungenutzten Gebieten vorkommen kann. Zieht ein Ereignis dagegen enorme Schäden für den Menschen nach sich, so spricht man von einer „Naturkatastrophe" (Felgentreff und Glade 2008). Nach dieser Sichtweise existieren Naturgefahren nur für den Menschen und sind Naturkatastrophen nur für den Menschen katastrophal.

Hochgebirge sind aus verschiedenen Gründen besonders anfällig für Naturgefahren. Die großen Höhenunterschiede und das steile Relief ermöglichen gravitative, also rein durch die Schwerkraft gesteuerte Massenbewegungen wie Fels- und Bergstürze und begünstigen Hochwasser sowie Murgänge. Die Anwesenheit einer winterlichen Schneedecke birgt die Gefahr von (Schnee-)Lawinen, die trotz technischer Schutzmaßnahmen immer wieder zu großen Schäden führen. Im Folgenden sollen jedoch ausschließlich Naturgefahren beschrieben werden, die direkt von Gletschern ausgehen, d. h. Eislawinen und Gletscherseeausbrüche.

9.1 Eislawinen

9.1.1 Definition und Klassifikation

Unter dem Begriff **Eislawine** (Synonyme: Eissturz, Eisabbruch, Gletscherlawine) versteht man eine Eismasse, die sich von einem Gletscher gelöst hat und zu Tal stürzt. Sehr große und seltene Eislawinen mit einem Volumen von über 1 Mio. m^3 werden auch als Gletschersturz bezeichnet. Analog zu Bergstürzen unterscheidet man räumlich das Anrissgebiet (■ Abb. 9.1), in der das Ereignis seinen Ausgang nimmt, von der Sturzbahn und dem Ablagerungsgebiet.

Eislawinen lassen sich in zwei Grundtypen gliedern (■ Abb. 9.2): Beim Typ „Rampe" liegt der abbrechende Gletscherteil vor dem Ereignis mit einer mehr oder weniger großen Grundfläche auf dem Felsuntergrund auf, während der Typ

Abb. 9.1 Hängegletscher im Tienschan, an dem sich offenbar vor nicht allzu langer Zeit eine Eislawine löste. (Foto: David Kriegel)

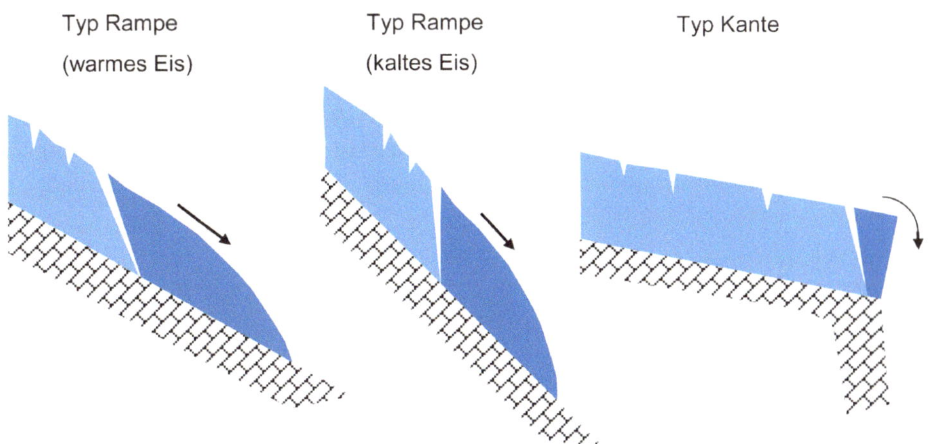

Abb. 9.2 Drei Typen von Eislawinen. (Verändert nach Alean 1985)

„Kante" Eislawinen bezeichnet, die an Steilstufen abbrechen und nur relativ kleine Eisvolumina aufweisen können (Haefeli 1966). Beim Typ „Rampe" entscheidet das thermische Regime des Eises über die weitere Untergliederung: Bei warmem Eis, das sich nahe dem Druckschmelzpunkt befindet und wo ein Schmelzwasserfilm zwischen Eis und Fels basales Gleiten ermöglicht, kommt es bereits ab einem Gefälle von 25° zum Auslösen von Eislawinen. Dieser Untertyp tritt vor allem während der Ablationsperiode, also im Sommer auf. Kaltes Eis kann dagegen an steilem Felsgelände von 45° Geländeneigung und mehr am Untergrund angefroren sein. Eislawinen treten hier unregelmäßig und jahreszeitenunabhängig auf.

> Kaltes Eis kann noch bei sehr steilen Neigungen von 45° und mehr am Fels haften. Bei temperiertem Eis verringert der basale Schmelzwasserfilm die Reibung erheblich, weshalb hier Eislawinen bereits ab 25° entstehen.

9.1.2 Beispiele

Der größte dokumentierte Gletschersturz in den Alpen ereignete sich im Jahr 1895 am Altels, einem Berg im Schweizer Kanton Wallis, dessen glatte Nordwestflanke im 19. Jahrhundert stark vergletschert war (◼ Abb. 9.3).

Die Eisdicke, die nach dem Ereignis an der Abbruchkante gemessen wurde, betrug 40 m. Am 11. September (sic!) lösten sich um fünf Uhr morgens 4,5 Mio m^3 Eis (dies entspricht in etwa dem Volumen von 3000 bis 4000 Einfamilienhäusern oder 1,7 Cheops-Pyramiden) und stürzten mit einer Geschwindigkeit von 450 km h^{-1} eine Fallhöhe von 1440 m hinab, um am Gegenhang wieder 320 Höhenmeter hinauf zu branden (Heim 1895; ◼ Abb. 9.4).

Die 5 m mächtigen Ablagerungen bedeckten ein ca. 1 km^2 großes Gebiet. Außerhalb dieser Ablagerungen wurde eine Hütte allein durch die Druckwelle zerstört, dabei kamen sechs Menschen ums Leben. Zu den weiteren Todesopfern zählten ein Hund, ein Maultier, neun Schweine und 158 Rinder. Die Rinder wurden ebenfalls vom Winddruck mit einer Wurfhöhe von bis zu 350 m über eine Distanz von bis zu 1000 m geschleudert, „sie flogen vor der Lawine her wie die Herbstblätter vor dem Sturme" (Heim 1895).

> Großen Schnee- und Eislawinen jagt eine enorme Druckwelle voraus, die Bäume umknicken und für Menschen tödlich sein kann. Der Gefahrenbereich ist hier also noch deutlich größer als der offensichtliche, durch die Lawine selbst betroffene.

◼ **Abb. 9.3** Der Altels ein Jahr vor und kurz nach der Katastrophe. (Fotograf: Paul Montandon. Alpines Museum der Schweiz, Bern)

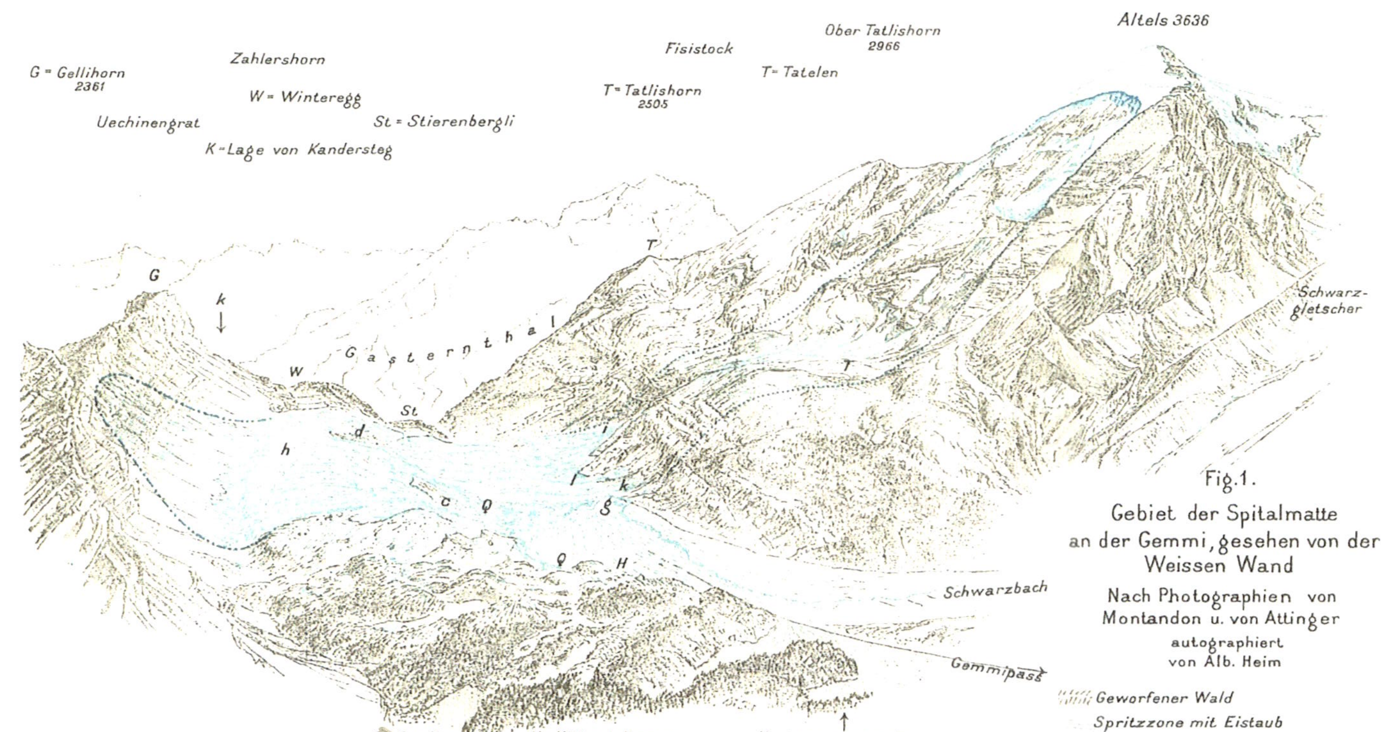

Abb. 9.4 Gebiet der Spitalmatte nach dem Gletschersturz. (Aus Heim 1895, mit freundlicher Genehmigung von der Zürcherischen Naturforschenden Gesellschaft)

◘ **Abb. 9.5**   Die Baustelle des Mattmark-Stausees vor und nach der Katastrophe. (Fotos: Peter Kasser, Archiv VAW/ETH Zürich, mit freundlicher Genehmigung)

Der Gletschersturz dauerte etwa 1 min und war noch im über 30 km entfernten Beatenberg zu hören. Die Ursache für dieses gewaltige Ereignis waren eine Erwärmung der Gletschersohle von kaltem zu temperiertem Eis und eine ungünstige Massenverteilung. Durch den vorangegangen Vorstoß während der Kleinen Eiszeit war die Gletscherstirn auch beim darauffolgenden Rückschmelzen noch immer verdickt (Röthlisberger 1981). Aufgrund der geringen Gletschergröße ist eine Wiederholung des Ereignisses, zumindest in ähnlichem Maßstab, nicht mehr möglich.

Ein Beispiel für eine Naturkatastrophe jüngeren Datums ist der Gletschersturz am Allalingletscher, ebenfalls im Kanton Wallis gelegen. Dort wurde am 30. August 1965 die Baustelle für einen Stausee inklusive Wohnbaracken 10 m hoch von Eis verschüttet, das von der 450 m höher gelegenen Gletscherzunge abgebrochen war (◘ Abb. 9.5). Das Gesamtvolumen der Eismasse betrug 2 Mio. m^3, sie begrub 88 Menschen unter sich, für die jede Hilfe zu spät kam. In den Jahren 1999 und 2000 kam es an dieser Stelle nochmals zu kleineren Eislawinen, der Gletscher wird jedoch intensiv beobachtet und bei Bedarf werden Gefahrenbereiche gesperrt.

Im Jahr 2017 kam es am Schweizer Triftgletscher zu einer großen Eislawine mit einem Volumen von 400.000 m^3, bei dem es zu keinen Personenschäden kam, aber kurzzeitig ein Dorfteil evakuiert wurde.

Auch außerhalb der Alpen gibt es spektakuläre und gleichzeitig auch tragische Beispiele für Eislawinen und Gletscherstürze. Am Nevado Huascarán, einem Berg in Peru, haben sich zweimal katastrophale Eislawinen gelöst, die viel Geröll mit sich gerissen haben. Durch Schmelzprozesse und den Eintritt in ein Bachbett wurde das Gemisch nach und nach verflüssigt. Die dadurch entstandenen schlammreichen Murgänge haben die Stadt Yungay und andere Siedlungen weitgehend verschüttet und zerstört (◘ Abb. 9.6). Im Jahr 1962 starben ca. 1000 Menschen, im Jahr 1970 ca. 7000 Menschen (Evans et al. 2009a), wobei die Opferzahlen je nach Quelle sogar noch deutlich höher liegen.

Der Kolka-Gletscher im Kaukasus zeigt seit der Kleinen Eiszeit ein Surge-Verhalten mit einer Periodizität von ca. 67 Jahren (1835, 1902, 1970). Im Jahr 2003 kam es außerhalb dieses Zyklus zu einem außergewöhnlichen Ereignis, bei dem der Gletscher nicht nur vorgestoßen ist, sondern sich komplett vom Bett gelöst hat und als kombiniert Eis- und Felslawine mit einer Geschwindigkeit von 180 km h^{-1} eine

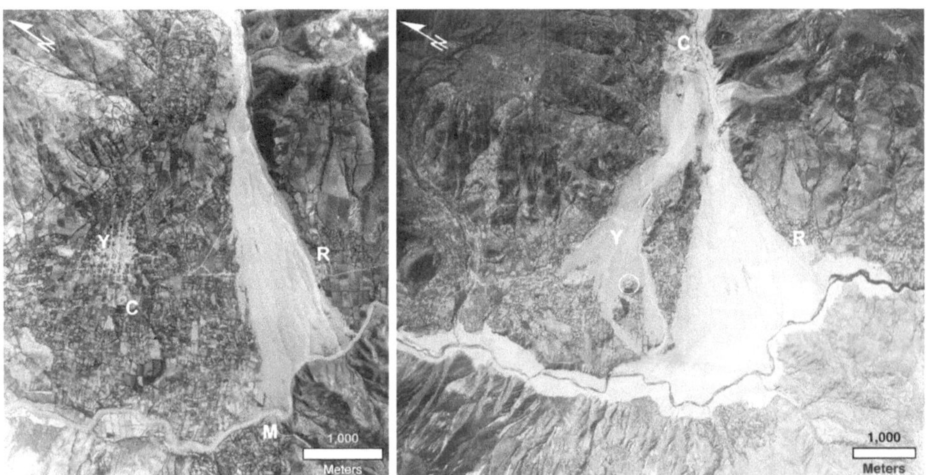

▣ Abb. 9.6 Ablagerungen der Schlammlawine 1962 (links) und 1970 (rechts). Die Buchstaben bezeichnen Lokalitäten, Y ist die Ortschaft Yungay. (Aus Evans et al. 2009b, mit freundlicher Genehmigung von © Elsevier AG 2009, alle Rechte vorbehalten)

Distanz von 19 km durch das Genaldontal zurückgelegt hat (Evans et al. 2009b), das dadurch großflächig verwüstet wurde (▣ Abb. 9.7). An einer Engstelle wurde die Masse gebremst, das ausgepresste Wasser hat jedoch als Murgang noch weitere 15 km des Talbodens zerstört. Ein Dorf wurde verschüttet, und es kamen insgesamt 125 Menschen ums Leben.

Aufgrund der gleitenden anstatt stürzenden Bewegungsform stellt das Ereignis keinen Gletschersturz im engeren Sinne dar. Da es keine vergleichbare Katastrophe gibt, schlagen Evans et al. (2009b) den Begriff „Kolka-type behaviour" vor, der eine maximal denkbare Gletscherinstabilität beschreibt. Es werden mehrere Auslöser für das Ereignis diskutiert (Kotlyakov et al. 2004; Evans et al. 2009b): Ungewöhnlich hohe Schmelzraten während des gesamten Sommers und starke Regenfälle kurz vor der Katastrophe führten zu einer Wasserübersättigung im Gletscher und eventuell zu einem Aufschwimmen der Eismassen. Schwefelgeruch nach der Katastrophe deutete auf verstärktes subglaziales Schmelzen durch Thermalwasseraustritte hin. Der direkte Auslöser war dann vermutlich ein schwaches Erdbeben oder eine dadurch verursachte Eislawine, die aus den steileren Wandbereichen auf die Zunge niederstürzte.

9.1.3 **Risikomangement**

Die Handlungsmöglichkeiten des Menschen beginnen bei einer Inventarisierung gefährlicher Gletscher, so wie es in der Schweiz durch die Versuchsanstalt für Wasserbau (VAW) an der Eidgenössischen Hochschule Zürich (ETH) durchgeführt wurde (Raymond et al. 2003). Im Zeitraum von 1595 bis 2003 gab es auf Schweizer Staatsgebiet laut dieser Datensammlung 17 Eislawinen mit Todesopfern (insge-

9

Abb. 9.7   Oben: Die Eis- und Felslawine hat bis in Höhen von 140 m über dem Talboden die Vegetation zerstört (links). Unten: Oberhalb der Engstelle, an der die Masse zum Stillstand kam, wurde durch sie ein See aufgestaut. (Fotos: Gennady Nosenko, September 2003)

samt 253 Tote) und 48 Eislawinen (im Durchschnitt alle neun Jahre), die zu Sachschäden führten.

Der nächste Schritt ist die Überwachung (Monitoring) der gefährlichen Gletscher. Im Jahr 2003 gab es in der Schweiz 31 Gletscher mit der Gefahr von Eislawinen, zwölf davon wurden permanent überwacht. Dabei wurden Veränderungen der Geometrie und Spaltenbildung sowie Veränderungen der Oberflächengeschwindigkeit, auch mittels GPS-Empfängern, aufgezeichnet.

Das Projekt Glariskalp-Alcotra (2020) verzeichnet im französisch-italienischen Grenzgebiet des Mont-Blanc-Massivs 47 historische und aktuelle Eislawinen mit 17 Todesopfern. Im September 2019 geriet hier der Planpincieux-Gletscher im Aostatal in den Fokus der Medien, weil sich eine große Spalte auftat, unterhalb derer sich die Zunge mit bis zu 70 cm pro Tag bewegte, was dem Sieben- bis 14-Fachen der normalen Geschwindigkeit entspricht. Es drohten 250.000 m^3 Eis abzubrechen. Der temperierte Gletscher wird seit 2015 mit einer automatischen Kamera, die jede Stunde ein Foto aufnimmt, beobachtet (Dematteis et al. 2018). Dabei wurde festgestellt, dass es bereits in den Sommern 2015 bis 2017 zu starken, kurzzeitigen Eisbeschleunigungen und 87 Eisabbrüchen kam, darunter zu acht größeren mit Volumina von 5000–60.000 m^3. Ab einer Eisbewegung von 30 cm pro Tag steigt hier die Wahrscheinlichkeit für einen Abbruch auf 90 % (Giordan et al. 2020). Eine große Eislawine würde nur 80 s brauchen, um den Talboden zu erreichen. Im September 2019 wurden aus diesem Grund zwei Straßen gesperrt, das große Ereignis blieb aber (noch) aus.

Die Simulation von Eislawinen mittels mathematischer Modelle reicht von Reichweitenabschätzungen bis hin zur Nachbildung der Sturzbewegung, wobei hier die geringe Datenverfügbarkeit einen operationellen Einsatz, zum Beispiel zur Ausweisung von Gefahrenbereichen, bisher noch nicht erlaubt. Vorhersagen sind theoretisch aufgrund der charakteristischen progressiven Beschleunigung (Röthlisberger 1981) des abbrechenden Gletscherteils vor dem Ereignis möglich. Auf dieser Grundlage gelang bereits im Jahr 1973 die Prognose einer Eislawine am Weisshorn im Kanton Wallis mit einem Fehler von nur vier Tagen (Flotron 1977). Konkrete Absturzprognosen werden aber wohl auch in Zukunft nur in den seltensten Fällen möglich sein. Bei temperierten Rampengletschern kann die Beschleunigung auch von einer variablen Gleitkomponente mitverursacht werden, was die Vorhersage erschwert (Pralong und Funk 2006).

9.2 Gletscherseeausbrüche

9.2.1 Klassifikation und Beispiele

Gletscherseeausbrüche (*glacier lake outburst floods*, GLOFs) sind spontane Entleerungen von Gletscherseen. Diese führen zu Hochwassern, die sich in ihren Auswirkungen nicht von anderen Hochwassern unterscheiden; allein die Ursache ist hier direkt mit dem Wirken der Gletscher verknüpft. Bei seiner Klassifikation von Gletscherseen unterscheidet Schweizer (1957) Wasseransammlungen in einem Gletscher (Wasserkammern bzw. Wassertaschen), Seen auf einem Gletscher (**Eis-**

seen) und **Gletscherstauseen**. Bei letzteren kommt es noch darauf an, ob Eis oder Moräne als Barriere wirkt, und schließlich entscheidet die Lage des Sees zur Gletschersituation im Haupt- und Nebental, welcher Typ vorliegt (Abb. 9.8).

Bei den **Moränenstauseen** ist der einfachste und häufigste Fall, dass die Endmoräne eines Gletschers den eigenen Abfluss zu einem proglazialen See aufstaut. Durch den weltweiten Gletscherschwund entstehen derzeit überall Hohlformen im Gletschervorfeld, die sich mit Wasser füllen können, weshalb vielerorts eine Zunahme dieses Seetyps registriert wird. In Bhutan haben Nagai et al. (2017) 733 Gletscherseen kartiert, 24 davon werden als gefährlich eingestuft (Mool et al. 2001). Nach der Klassifikation von Schweizer (1957) wird der proglaziale Seetyp als „Cohup" bezeichnet, benannt nach der Laguna Cohup in Peru, die 1941 ausbrach (Abb. 9.9), was in der Stadt Huaraz 7000 Todesopfer forderte. Dies ist eine der größten durch Gletscher verursachten Naturkatastrophen.

Ein Gegenbeispiel ist der Nostetuko Lake in Britisch-Kolumbien. Hier kam es 1983 zu einem proglazialen Gletscherseeausbruch mit Hochwasserspitzen von 10.000 m^3 s^{-1} (Clague und Evans 2000), was mehr ist als der durchschnittliche Abfluss von Rhein plus Donau an ihren jeweiligen Mündungen. Weil die Region unbewohnt ist, kam es jedoch zu keinen Schäden für den Menschen, was den Ausbruch im Sinne der Naturrisikoforschung als Naturereignis klassifiziert.

Staut die Seitenmoräne eines Seitentalgletschers den Abfluss im Haupttal auf, so spricht man vom Seetyp „Mattmark", benannt nach dem gleichnamigen See im Saastal, der 1589, 1633, 1660 und 1772 katastrophale Ausbrüche hatte. Im Jahr 1680 wurden dabei im 29 km entfernten Visp 18 Häuser zerstört. Heute kann der See nicht mehr ausbrechen, weil sein Damm inzwischen künstlich verstärkt wurde (Abb. 9.10).

Eisgestaute Seen untergliedert Schweizer (1957) in drei Typen (Abb. 9.8): Beim Typ „Märjelen", benannt nach dem Märjelensee am Großen Aletschgletscher, staut das Eis des Hauptgletschers den Abfluss des Seitentals auf. Der Märjelensee wurde

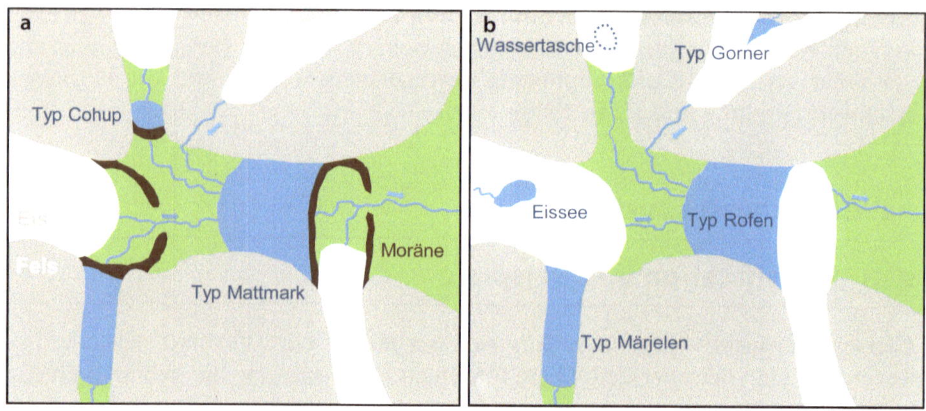

■ **Abb. 9.8** Schematische Darstellung verschiedener Typen von moränengestauten **a** und eisgestauten **b** Gletscherseen. Die Begriffe geben die Klassifikation nach Schweizer (1957) wieder. (Verändert und ergänzt nach Clague und Evans 2000)

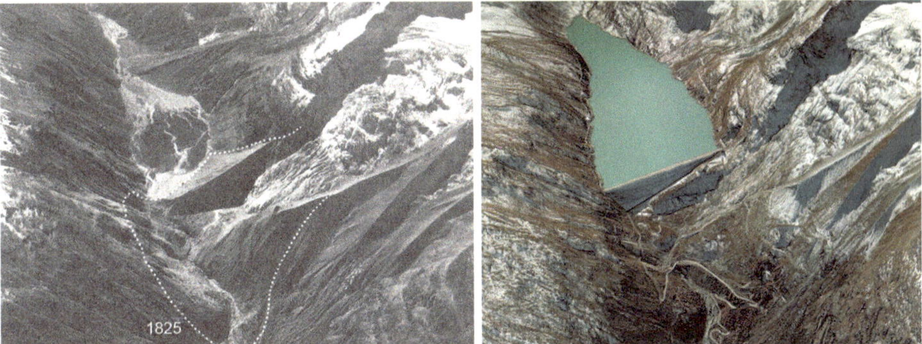

☑ **Abb. 9.9** Laguna Cohup, Peru, im Jahr 2017 und im Jahr 1947. Die Ausbruchskerbe in der Moräne der Kleinen Eiszeit ist auch 76 Jahre nach der Katastrophe deutlich zu erkennen, der See ist durch den Gletscherrückzug deutlich größer geworden. (Großes Bild: Google Earth, kleines Bild: mit freundlicher Genehmigung von © Hogrefe AG 1947, alle Rechte vorbehalten)

☑ **Abb. 9.10** Links: Die Ebene von Mattmark mit dem Allalingletscher 1954. Rechts: Der künstlich gestaute Mattmarksee 2012. (Foto: Militärflugdienst, aus: Schweizer 1957, unter CC BY 3.0, rechts: Google Earth)

im Jahr 1895 durch einen Entlastungsstollen künstlich begrenzt, der durch den Gletscherschwund inzwischen seine Funktion verloren hat. Der zweite Typ heißt „Rofen"; hier staut das Eis aus dem Seitental den Fluss im Haupttal auf. Typlokalität ist der Rofener Eisstausee im hinteren Ötztal (▶ Abb. 3.9), der durch den vorstoßenden Vernagtferner entstand und während der Kleinen Eiszeit achtmal ausbrach, was teilweise zu schwerwiegenden Verwüstungen führte. Heute existiert dieser Typ vor allem in stärker vergletscherten Gebirgen, wo es noch ausgedehnte Talgletscher gibt und öfters die Situation entsteht, dass diese Seitentäler abriegeln. Ein bekanntes Beispiel ist der Merzbacher See im kirgisischen Tienschan, der jährlich ausbricht und Flutwellen verursacht, die an einer 200 km entfernten chinesischen Messstation noch als solche ankommen (Glazirin 2010; Mayr et al. 2014). Der dritte Typ ist „Gorner", wo Wasser am Zusammenfluss von zwei Gletschern oder Gletscherteilen gestaut wird, so wie es am Schweizer Gornergletscher der Fall ist.

Seen, die vollständig auf Gletschern liegen, werden als **Eisseen** bezeichnet. Am Unteren Grindelwaldgletscher ist infolge eines Felssturzes auf die Gletscheroberfläche im Jahr 2006 ein Eissee entstanden (◘ Abb. 9.11), der regelmäßig ausbrach. Im Jahr 2009 betrug sein Volumen 1,7 Mio. m^3, mehr als das doppelte im Vergleich zum Vorjahr (Glaciers online 2020). Er wird seit 2010 durch einen über 2 km langen Felstunnel kontrolliert entwässert.

Die seltensten oder zumindest am schwierigsten detektierbaren Gletscherseen sind jene, die sich in Hohlräumen im Eis befinden und Wasserkammern oder **Wassertaschen** genannt werden. Am nur 8 ha großen Tête-Rousse-Gletscher im Mont-Blanc-Gebiet ist 1892 eine Wassertasche ausgebrochen, die 20.000 m^3 Wasser und Eis und 80.000 m^3 Gestein mitgerissen und den Kurort St. Gervais zerstört hat (◘ Abb. 9.12), wobei 175 Menschen den Tod fanden.

Im Jahr 2008 zeigten Radarmessungen am Tête Rousse erneut Unregelmäßigkeiten, die ein Jahr später als 65.000 m^3 große Wasseransammlung identifiziert wurden. Nach der Errichtung eines Frühwarnsystems und eines Evakuierungsplans wurde die Wassertasche mit enormem technischem Aufwand angebohrt und ein Großteil des Wassers wurde abgepumpt. Nach wiederholten Pumpaktionen in den Jahren 2011 und 2012 hatte sich der Hohlraum durch die Deformation des Eises bis 2013 so stark verkleinert, dass bis auf weiteres keine größere Wassertasche entstehen kann (Vincent et al. 2015).

◘ **Abb. 9.11**   Unterer Grindelwaldgletscher (schuttbedeckt) im Jahr 2009 mit See (links) und See nach der Entleerung (rechts). (Fotos: Bruno Petroni)

 Abb. 9.12 Links: Ausbruchsöffnung am Tête-Rousse-Gletscher. Rechts: Zerstörtes Schulgebäude in Bionnais. (Foto links: ETH-Bibliothek Zürich, Bildarchiv/Fotograf: Tairraz, Joseph/Hs_1458-GK-BF02-1892-05/Public Domain Mark, Foto rechts: Quelle: Wikipedia, gemeinfrei)

9.2.2 Ausbruchsmechanismen

Moränengestaute Seen brechen in den seltensten Fällen durch den plötzlichen Kollaps einer ungestörten Moräne aus. Einen Risikofaktor stellen jedoch vom Gletscher abgetrennte Toteiskerne innerhalb der Moräne dar, die zur Destabilisierung derselben führen können. Der weitaus häufigere Ausbruchsmechanismus ist die **progressive Erosion**. Jede Moräne wird an ihrer niedrigsten Stelle vom Gletscherbach durchschnitten. Der Ausfluss des Gletscherbachs bzw. dessen Höhenniveau reguliert den Seespiegel. Moränenmaterial ist generell unsortiert und hat ein breites Korngrößenspektrum, das von feinem Ton bis hin zu großen Blöcken reicht. Der Gletscherbach spült das Feinmaterial aus, so dass sich an seinem Bett eine Pflasterungsschicht aus Grobkomponenten bildet, die den Bach irgendwann an einer weiteren Eintiefung hindert. Bei besonders hohen Abflüssen kann es jedoch vorkommen, dass diese Pflasterungsschicht aufreißt und der Bach im darunterliegenden gemischtkörnigen Substrat effizient in die Tiefe erodiert. Jede Tieferlegung des Ausflusses erhöht jedoch zusätzlich den Abfluss aus dem See, so dass es zu einer Selbstverstärkung kommt, die als progressive Erosion bezeichnet wird. Auf diese Weise kann in kurzer Zeit eine tiefe Kerbe im Moränenwall entstehen und der See innerhalb eines Tages oder weniger Tage in Form eines Ausbruchs leerlaufen. Der erhöhte Abfluss, der den Prozess in Gang setzt, kann seinerseits durch ein intensives Schmelzereignis ausgelöst werden. Häufiger sind jedoch Wellen, die ihrerseits durch Eislawinen oder Kalbungsereignisse in den See verursacht werden. In Bhutan wurden 44 % der GLOFs durch Eislawinen und 33 % durch das Abkalben großer Eisberge ausgelöst (Komori et al. 2012).

Auch Eisdämme können durch den Wasserdruck oder durch Erdbeben brechen. Häufiger ist jedoch, dass sie durch den hydrostatischen Druck des Wassers aufschwimmen und das gestaute Wasser Zugang zum englazialen Drainagesystem des Gletschers findet. Dieses Röhrensystem wird durch Reibungswärme und das relativ warme Seewasser effizient aufgeweitet, was wiederum den Durchfluss erhöht und einen ähnlichen Selbstverstärkungseffekt wie bei der progressiven Ero sion nach sich zieht. Einen Spezialfall stellt die Situation auf Island dar, wo subglaziale Seen durch vulkanische Tätigkeiten entstehen und die Ausbrüche als **Jökulhlaups** bezeichnet werden (Nye 1976; Bjornsson 2002)

Bei Eisseen findet der Ausbruch oft über sich öffnende Gletscherspalten statt, Wassertaschen sind aufgrund ihrer Seltenheit und Unzugänglichkeit noch weitgehend unerforscht. Beim Tête-Rousse-Gletscher gab es wohl zwei Hohlräume. Beim oberen ist das Eisdach eingestürzt, was den Wasserdruck auf den unteren, der über einen Kanal mit dem oberen verbunden war, derart erhöht hat, dass die Austrittsöffnung regelrecht herausgesprengt wurde (Vincent et al. 2010).

9.2.3 Risikomanagement

Ein Vorteil bei der Überwachung von Gletscherseen ist, dass sie (mit Ausnahme von Wassertaschen) einfach erkannt und mit optischen Methoden (Satellitenbilder, automatische Kameras) überwacht werden können. Bei eisgestauten Seen kann auch das Aufschwimmen des Eisdamms, das einem Ausbruch vorausgeht, zum Beispiel mit GPS-Stationen beobachtet werden. Weit verbreitet sind technische Möglichkeiten der Risikominimierung, die oft auf einer künstlichen Drainage (z. B. Laguna Llaca, Peru, oder Tscho Rolpa, Nepal) oder seltener auf Dammerhöhungen (z. B. Grubengletscher, Schweiz) abzielen. Dort, wo das Risiko nicht gemindert werden kann, ist immer noch eine Warnung der Bevölkerung, z. B. über Sirenen, möglich. Modellierungen von Flutwellen aus Gletscherseeausbrüchen erfordern die Kombination eines Dammbruchmodells (Westoby et al. 2014) oder eines Modells für die Weitung eines englazialen Kanals (Petrakov et al. 2012) mit einem hydrodynamischen Modell und erlauben die Abschätzung von Ereignisgrößen und die Identifizierung gefährdeter Gebiete.

Literatur

Alean J (1985) Ice avalanches: some empirical information about their formation and reach. J Glaciol 31(109):324–333

Bjornsson H (2002) Subglacial lakes and jökulhlaups in Iceland. Glob Planet Chang 35:255–271

Clague JJ, Evans SC (2000) A review of catastrophic drainage of moraine-dammed lakes in British Columbia. Quat Sci Rev 19:1763–1783

Dematteis N, Giordan D, Allasia P (2018) Potential precursors of ice failures in the Planpincieux glacier. 20th EGU General Assembly, EGU2018, Proceedings from the conference held 4–13 April, 2018 in Vienna, Austria, S 7543

Evans S, Bishop N, Smoll L, Murillo P, Delaney K, Oliver-Smith A (2009a) A re-examination of the mechanism and human impact of catastrophic mass flows originating on Nevado Huascarán, Cordillera Blanca, Peru in 1962 and 1970. Eng Geol 108:96–118. https://doi.org/10.1016/j.enggeo.2009.06.020

Evans SG, Tutubalina OV, Drobyshef VN, Chernomorets SS, Dougall S, Petrakov DA, Hungr O (2009b) Catastrophic detachment and high-velocity long-runout flow of Kolka Glacier, Caucasus Mountains, Russia in 2002. Geomorphology 105:314–321

Felgentreff C, Glade T (2008) Naturrisiken – Sozialkatastrophen: zum Geleit. In: Felgentreff C, Glade T (Hrsg) Naturrisiken und Sozialkatastrophen. Springer, Berlin/Heidelberg

Flotron A (1977) Movement studies on hanging glaciers in relation with an ice avalanche. J Glaciol 19(81):671–672

Giordan D, Dematteis N, Allasia P, Motta E (2020) Classification and kinematics of the Planpincieux Glacier break-offs using photographic time-lapse analysis. J Glaciol 66(256):188–202. https://doi.org/10.1017/jog.2019.99

Glaciers online (2020) Der Gletschersee 2008 und 2009. https://www.swisseduc.ch/glaciers/alps/unterer-grindelwaldgletscher/gletschersee_2009-de.html. Zugegriffen am 01.04.2020.

Glariskalp-Alcotra (2020) Statistics about glaciers, events, victims. http://www.nimbus.it/GlaRiskAlp/GlaRiskAlpMain.asp. Zugegriffen am 01.04.2020

Glazirin GE (2010) A century of investigations on outbursts of the ice-dammed lake Merzbacher (Central Tien Shan). Aust J Earth Sci 103(2):171–179

Haefeli R (1966) Note sur la classification, le méchanisme et le contrôle des avalanches de glace et des crues glaciaires extraordinaires. IAHS Publ 69:316–325

Heim A (1895) Die Gletscherlawine an der Altels am 11. September 1895. Neujahrsblatt der Zürcherischen Naturforschenden Gesellschaft auf das Jahr 1896. Zürcher und Furrer, Zürich

Komori J, Koike T, Yamanokuchi T, Tshering P (2012) Glacial lake outburst events in the Bhutan Himalayas. Glob Environ Res 16:59–70

Kotlyakov VM, Rototaeva OV, Nosenko GA (2004) The September 2002 Kolka glacier catastrophe in North Ossetia, Russian Federation: evidence and analysis. Mt Res Dev 24(1):78–83

Mayr E, Juen M, Mayer C, Usubaliev R, Hagg W (2014) Modeling runoff from the Inylchek Glaciers and filling of ice-dammed lake Merzbacher, Central Tian Shan. Geogr Ann A 96:609–625. https://doi.org/10.1111/Geoa.12061

Mool PK, Wangda D, Bajracharya SR (2001) Inventory of glaciers, glacial lakes and glacial lake outburst floods: monitoring and early warning systems in the Hindu Kush-Himalayan Region, Bhutan. ICIMOD, Kathmandu

Nagai H, Ukita J, Narama C, Fujita K, Sakai A, Tadono T, Yamanokuchi T, Tomiyama N (2017) Evaluating the scale and potential of GLOF in the Bhutan Himalayas using a satellite-based integral glacier-glacial lake inventory. Geosciences 7:77. https://doi.org/10.3390/geosciences7030077

Nye JF (1976) Water flow in glaciers: jökulhlaups, tunnels and veins. J Glaciol 17(76):181–207

Petrakov DA, Tutubalina OV, Aleinikov AA, Chernomorets SS, Evans SG, Kidyaeva VM, Krylenko IN, Norin SV, Shakmina MS, Seynove IB (2012) Monitoring of Bashkara glacier lakes (Central Caucasus, Russia) and modelling of their potential outburst. Nat Hazards 61:1293–1316

Pralong A, Funk M (2006) On the instability of hanging glaciers. J Glaciol 52:31–48

Raymond M, Wegmann M, Funk M (2003) Inventar gefährlicher Gletscher in der Schweiz, Mitteilung der VAW Nr. 182

Röthlisberger H (1981) Eislawinen und Ausbrüche von Gletscherseen. In: Kasser P (Hrsg) Gletscher und Klima – glaciers et climat, Jahrbuch der Schweizerischen Naturforschenden Gesellschaft, wissenschaftlicher Teil 1978. Birkhäuser Verlag, Basel/Boston/Stuttgart, S 170–212

Schweizer W (1957) Gletscherseen. Geog Helv 12(2):81–87

Vincent C, Garambois S, Thibert E, Lefebvre E, Meur L, Six D (2010) Origin of the outburst flood from Glacier de Tête Rousse in 1892 (Mont Blanc area, France). J Glaciol 56(113):688–698. https://doi.org/10.3189/002214310793146188)

Vincent C, Thibert E, Gagliardini O, Legchenko A, Gilbert A, Garambois S, Condom T, Baltassat JM, Girard JF (2015) Mechanisms of subglacial cavity filling in Tête Rousse glacier. J Glaciol 228:61. https://doi.org/10.3189/2015JoG14J238

Westoby MJ, Glasser NF, Hambrey MJ, Brasington J, Reynolds JM, Hassan MAAM (2014) Reconstructing historic glacial lake outburst floods through numerical modelling and geomorphological assessment: extreme events in the Himalaya. Earth Surf Process Landf 39:1675–1692. https://doi.org/10.1002/esp.3617

Glazialerosion

Inhaltsverzeichnis

© Springer-Verlag GmbH Deutschland, ein Teil von
Springer Nature 2020
W. Hagg, *Gletscherkunde und Glazialgeomorphologie*,
https://doi.org/10.1007/978-3-662-61994-0_10

> **Überblick**
>
> Gletscher bewegen sich und können dabei Fest- und Lockergesteine abtragen, wodurch charakteristische Landformen entstehen. Es treten verschiedene Prozesse an kalten und temperierten Gletschern auf, die in der neueren Literatur mit englischen Begriffen bezeichnet werden (Abrasion, *plucking*, *pushing*, *thrusting*, *net-adfreezing*). Die Geschwindigkeit der Abtragung ist sehr variabel und schwer zu bestimmen. Das Spektrum der glazialen Erosionsformen reicht von kleinen Gletscherschrammen bis hin zur Umgestaltung ganzer Täler. Durch fließendes Wasser entstehen unter dem Gletscher außerdem Spezialformen, bei deren Bildung der Druck des überlagernden Eises eine Rolle spielen kann.

Durch die Bewegung eines Mediums über die Erdoberfläche kommt es zu einer abtragenden Wirkung auf das Gestein, die in den Geowissenschaften als Erosion bezeichnet wird. Je nach Medium unterscheidet man z. B. die Winderosion, die Fluvialerosion des fließenden Wassers oder eben die Glazialerosion der Gletscher. Diese findet nicht immer auf die gleiche Art und Weise statt, sondern kann je nach Bewegungsart, Gletschertyp und Beschaffenheit des Untergrunds voneinander abweichen. In der traditionellen deutschsprachigen Literatur werden drei Erscheinungsformen der Glazialerosion unterschieden: die abschleifende Wirkung (Detersion), die herausbrechende Wirkung (Detraktion) und die ausschürfende Wirkung (Exaration). Diese klassische Einteilung wurde durch jüngere Forschungsarbeiten, vor allem im englischsprachigen Raum, differenziert und abgewandelt. Sie gilt inzwischen als überholt und sollte nicht mehr verwendet werden. Trotzdem wird im nachfolgenden noch auf sie Bezug genommen, um die Unterschiede zur aktuelleren, englischen Nomenklatur herauszustellen. Neben den Prozessen der Glazialerosion werden auch die Landformen aufgezeigt, die durch die abtragende Wirkung der Gletscher entstehen.

10.1 Erosionsprozesse bei Festgestein

Auf glatten und intakten Festgesteinsoberflächen kann Gletschereis, das sich in der Nähe des Druckschmelzpunkts befindet und deswegen mehr oder weniger plastisch verformbar ist, nicht erosiv wirksam sein. Eis erreicht erst bei $-70\,°C$ seine maximale Härte und auch diese würde nur genügen, um relativ weiches Gestein anzugreifen. Dieser scheinbare Widerspruch zur Auffassung vieler Wissenschaftler, dass die Gletscher der Eiszeit das Relief der Alpen umgestaltet haben, führte unter Geomorphologen des 19. Jahrhunderts zu einem langen Streit über die Wirksamkeit der Glazialerosion, in dessen Zug sich Albert Heim (1919) zu dem schönen Zitat „Mit Butter hobelt man nicht" hinreißen ließ. Es ging um die Frage, ob die Talbildung in den Alpen hauptsächlich auf Gletscher oder fließendes Wasser zurückzuführen ist. Dabei ist aus heutiger Sicht zumindest bei der Art und Weise des Erosionsprozesses ein Aspekt durchaus vergleichbar: Genauso wenig, wie Wasser alleine blanken Fels erodieren kann, kann es Gletschereis. In beiden Fällen wirken Steine als Erosionswaffen. In Flüssen werden diese als Gerölle mittransportiert und bei Gletschern stecken sie in der Sohle. Diese abschleifende Wirkung des Eises, die früher als „Detersion" bezeichnet wurde, wird heute **Abrasion** genannt und in zwei Teilprozesse untergliedert. *Polishing* bezeichnet die polierende Wirkung, die durch den Abtrag kleinster Erhebungen entfaltet wird und zur Glättung von Gesteinsoberflächen führt. Dieser Prozess dominiert vor allem dann, wenn der erodierende Schutt, also die Erosionswaffen, die gleiche Härte hat wie der Felsuntergrund. *Striation* hingegen findet statt, wenn härtere Partikel über weicheren Untergrund gleiten und deutlich sichtbare Kratzer auf der Gesteinsoberfläche verursachen. Voraussetzungen für das Auftreten von Abrasion sind das Vorhandensein von basalem Schutt und das Auftreten von basalem Gleiten. Mit anderen Worten: Der Gletscher muss über sein Bett rutschen und es müssen Steine unten herausstehen.

Bis heute herrscht jedoch Unklarheit über die quantitative Bedeutung der physikalischen Kräfte (► Exkurs 10.1), aber es ist offenXsichtlich, dass sowohl der Druck des Eises eine Rolle spielt als auch die basalen Schmelzraten, welche die Bewegung der Erosionswaffen gegen das Gletscherbett steuern.

> Eis allein kann festen Fels nicht angreifen, sondern nur das Gestein, das unten im Eis steckt. Schleifwirkung (Abrasion) kann der Gletscher nur entfalten, wenn er über den Untergrund gleitet und wenn die erodierenden Gesteinspartikel aus der Gletschersohle „herauswachsen" und sich immer wieder erneuern. Beides erfordert basales Schmelzen, deshalb findet Abrasion nur an temperierten Gletschern statt.

Exkurs 10.1: Modellvorstellungen zur Beschreibung der Abrasion

Bereits seit den 1970er-Jahren existieren zwei theoretische Modelle, mit denen die Abrasion beschrieben werden kann. Laut Modellvorstellung von Boulton (1979) ist die Reibung entscheidend und die Erosionsraten werden durch den Druck des Eises bestimmt. Damit ist die Eisdicke der entscheidende Steuerungsfaktor (◧ Abb. 10.1).

Zunächst nimmt die Erosionsrate mit steigender Eisdicke aufgrund ansteigender Reibung zu. Die Geschwindigkeit des

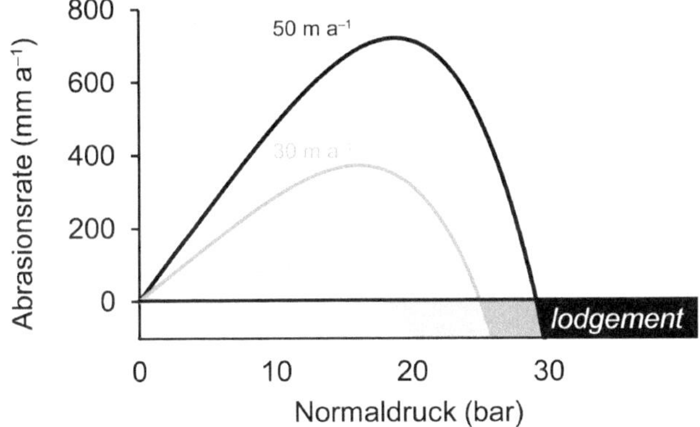

◧ **Abb. 10.1**   Theoretische Abrasionsrate in Abhängigkeit vom Normaldruck (Eisdruck minus Wasserdruck), berechnet für drei verschiedene Fließgeschwindigkeiten nach dem Ansatz von Boulton (1982). Die verwendeten Parameter gelten für ein Gletscherbett aus Basalt (Härte 6–7) und Schutteigenschaften, wie sie an einem Gletscher auf Island beobachtet wurden

erodierenden Partikels ist durch den Reibungswiderstand immer niedriger als jene des Eises. Diese Verzögerung steigt mit dem Normaldruck. Ab einer kritischen Eisdicke sinkt deshalb die Abrasionsrate wieder und irgendwann ist der Druck so groß, dass die Partikelgeschwindigkeit den Wert null erreicht. An diesem Punkt geht die Erosion in Akkumulation über.

Beim Modell von Hallett (1979) ist nicht die Reibung, sondern das basale Schmelzen entscheidend. Durch diesen Prozess werden nämlich Gesteinspartikel, die sich im Eis befinden, relativ gesehen in Richtung Gletscherbett transportiert (◙ Abb. 10.2). Dies sorgt für eine ständige Erneuerung der Erosionswaffen, die ansonsten sehr schnell abgeschliffen und damit wirkungslos wären. Laut dieser Modellvorstellung steigt die Abrasionsrate mit der Schuttkonzentration, der Kantigkeit der Partikel und der basalen Schmelzrate. Im Gegensatz zum Modell von Boulton (1979) ist dieses Modell nur bei schuttarmem Eis anwendbar.

In den 1990er-Jahren wurde das *sandpaper friction*-Modell speziell für schuttreiches Eis entwickelt (Schweizer und Iken 1992). Im Vergleich zum Boulton-Modell berücksichtigt es die Fläche des Gletscherbetts, die nicht direkt in Kontakt mit Partikeln ist, wodurch die Reibungskraft etwas niedriger wird.

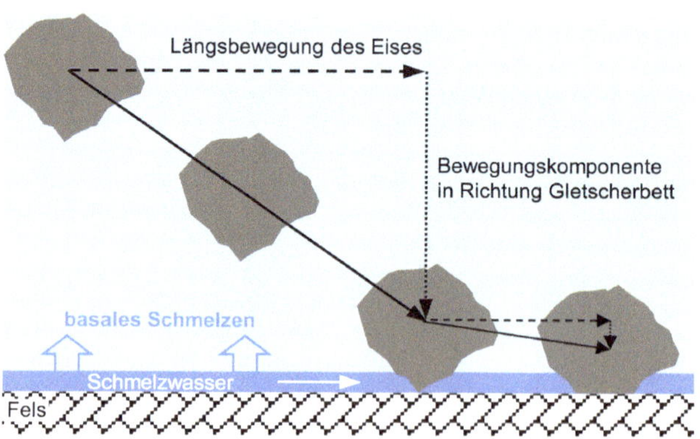

◙ Abb. 10.2   Relativbewegung der Erosionswaffen gegen das Gletscherbett. (Verändert nach Sugden und John 1976)

Neben der Abrasion gibt es noch einen zweiten Prozess, durch den Gletscher Festgestein erodieren können. **Plucking** bezeichnet den Abtransport von Bruchstücken aus stark zerrütteten Gesteinspartien. Dies wird ermöglicht, indem die Partikel am Eis anfrieren oder in Phasen langsamer Eisbewegung vom Eis umflossen und bei wieder zunehmender Geschwindigkeit mitgeschleppt werden. Entgegen der veralteten Vorstellung der Detraktion stellt *plucking* kein aktives Herausbrechen dar. Die Zerrüttung, die dem Prozess vorausgehen muss, wird hauptsächlich durch große Druckunterschiede verursacht und diese stellen sich bevorzugt an

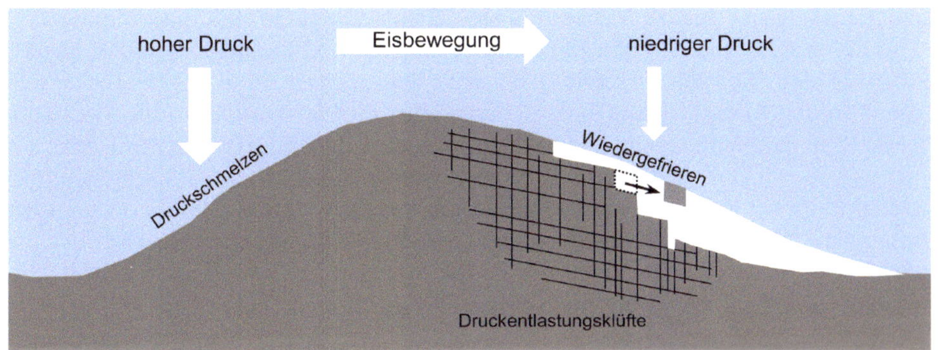

◘ Abb. 10.3 Plucking im subglazialen Hohlraum hinter einem Felshindernis. (Nach Winkler 2009, verändert und ergänzt)

Felshindernissen ein. Bei ausreichender Fließgeschwindigkeit kann sich das Eis auf der Rückseite des Hindernisses (Leeseite) nicht schnell genug deformieren und das Hindernis sofort wieder umhüllen, so dass ein so genannter subglazialer Hohlraum entsteht (◘ Abb. 10.3), in dem in der Regel Atmosphärendruck herrscht. Da an der Stirnseite des Felshindernisses der Druck des auffahrenden Eises besonders hoch ist, treten am Scheitel enorme Druckunterschiede auf, die das Gestein effizient zermürben und Risse entstehen lassen. Aufgrund der Druckabhängigkeit des Schmelzpunkts kommt es auf der Leeseite durch den Druckabfall außerdem bevorzugt zum Wiedergefrieren, was das Anfrieren gelockerter Gesteinsbruchstücke begünstigt.

> An Felsbuckeln unter dem Eis entstehen starke Druckunterschiede, wodurch das Gestein am Scheitel und auf der Rückseite zerklüftet und bricht. Werden diese Gesteinsbruchstücke vom Eis umflossen oder frieren an und werden vom Gletscher abtransportiert, so spricht man von *plucking*.

10.2 Erosionsprozesse bei Lockergestein

Lockergestein kann auf dreierlei Arten der Glazialerosion unterliegen: durch Schubwirkung an der Gletscherfront (*pushing*), durch lokales Anfrieren (*netadfreezing*) von Schutt oder durch den Versatz größerer, gefrorener Schollen (*thrusting*). Der veraltete Begriff der Exaration beschreibt vage eine herauspflügende oder ausschürfende Wirkung, ohne dabei genauer auf die beteiligten Teilprozesse einzugehen.

Eine Schubwirkung an der Gletscherstirn kann nur bei vorstoßenden Gletschern existieren, die ungefrorenes Lockermaterial wie ein Bulldozer vor sich herschieben. Dasselbe gilt für das *thrusting*, das beim Vorstoß in gefrorene Gletschervorfelder stattfindet. Durch den Druck auf den Permafrost kommt es zu einer Einengung und zu Verformungen, die als Glazitektonik zusammengefasst und deren Resultate bei den Formen der glazialen Akkumulation näher besprochen werden. Die Voraussetzung für *net-adfreezing* ist, dass ungefrorenes Sediment an der Kontaktfläche zum Eis unter den Gefrierpunkt abkühlt. Dies kann beim Übergang von warmbasalen zu kaltbasalen Verhältnissen der Fall sein, was bei polythermalen Gletschern, deren Zungen oft aus kaltem Eis bestehen, auftreten kann (▶ Kap. 5). Es ist jedoch auch möglich, dass bei temperierten Gletschern die Frostfront im Winter das relativ dünne Zungenende durchdringt und das Lockermaterial am Gletscherbett dadurch anfriert. Auch im Lee von Felshindernissen herrscht, wie oben dargestellt, durch den Druckabfall die Tendenz zum Wiedergefrieren. Es frieren hier nicht nur Bruchstücke des Felsriegels durch *plucking* an, sondern auch anderer basaler Schutt; dies wird der Erosion von Lockergestein zugeschlagen.

10.3 Erosionsraten

Generell muss festgehalten werden, dass Festgestein umso effektiver erodiert werden kann, je mehr der Gesteinsverband gelockert oder zermürbt ist. In diesem Zusammenhang ist die Gesteinsverwitterung (▶ Exkurs 10.2) von Bedeutung, die den Untergrund auf die Abtragung durch Gletschereis vorbereitet.

10

Exkurs 10.2: Gesteinsverwitterung

Alle Prozesse, die zum mechanischen Zerfall oder zur chemischen Zersetzung von Festgestein führen, werden als Verwitterung bezeichnet. Im Hochgebirge sind es vor allem zwei Prozesse, durch die Fels zerkleinert wird. Gesteine wie Granite oder Gneise entstehen mehrere Kilometer tief in der Erdkruste unter sehr hohen Drucken. Wenn das Gestein dann durch die Abtragung der darüberliegenden Schichten im Laufe der Erdgeschichte an die Oberfläche kommt, erfährt es dadurch bereits eine große „Entspannung" und es entstehen so genannte Druckentlastungsklüfte. Des Weiteren unterstützt die Frostverwitterung den Gesteinszerfall bereits vor der Vergletscherung: In kleinste Risse und Klüfte dringt Wasser ein und dehnt sich beim nächtlichen oder winterlichen Gefrieren mit hohen Drucken aus, wodurch die Gesteinskluft nach und nach erweitert wird. Diese so genannte Frostsprengung ist der ergiebigste Prozess der Gesteinszerkleinerung im Hochgebirge, sein Ergebnis ist scharfkantiger Frostschutt. Entscheidend für die Effizienz ist die Häufigkeit der Frostwechsel, was zu kleinräumigen, expositionsbedingten Unterschieden führen kann (◘ Abb. 10.4).

◻ Abb. 10.4   Während diese südostexponierten Gletscher in Tibet (1–3) stark schuttbedeckte Zungen haben, weisen die nordwestexponierten (4 und 5), deren Felsumrandungen im Schatten liegen, deutlich weniger Schuttauflagen auf. Grund ist der häufigere Frostwechsel auf der Südseite in dieser sehr hohen Bergkette mit dem unbestiegenen Gipfel des Kula Kangri (KK, 7538 m ü. M.) an der umstrittenen Grenze zu Bhutan (rote Linie). (Google Earth)

Die direkte Beobachtung von Erosionsraten ist in Ausnahmefällen dort möglich, wo subglaziale Hohlräume und Tunnels wiederholt oder dauerhaft für den Menschen zugänglich sind. Aus den Alpen werden Werte zwischen 4,5 mm pro Jahr (Oberer Grindelwaldgletscher; Vivian 1997) und 36 mm pro Jahr (Argentière-Gletscher; Boulton 1974) berichtet. Diese Zahlen sind schwer zu vergleichen, weil sie von der Fließgeschwindigkeit und der Gesteinsart des Gletscherbetts abhängen. Außerdem bleibt bei diesem Vorgehen die Erosion durch *plucking* unberücksichtigt. Die Sedimentfracht in Gletscherbächen, also die Gesamtmasse an transportiertem Schwebstoff und Geröll, ist ein indirekter Hinweis auf die Abtragung des Gebiets. Auf diese Weise abgeleitete Erosionsraten variieren um mehrere Größenordnungen von 0,01 mm pro Jahr an polaren Gletschern bis hin zu 100 mm pro Jahr an schnellen und temperierten Talgletschern (Hallet et al. 1996).

Die geringe Erosionsleistung polarer Gletscher kann durch die Bewegungsart erklärt werden. Bei kalten Gletschern ohne Schmelzwasserfilm an der Basis geht die Eisbewegung durch Deformationsfließen an der Basis gegen null (◨ Abb. 3.6). Ohne basales Gleiten kann keine Abrasion stattfinden. Auch *plucking* durch Anfrieren scheidet bei dauerhafter Gefrornis aus. Allein durch Umfließen von stark zerklüftetem Gestein kann *plucking* auch in Polargebieten existieren, diese Erosionsart ist aber vergleichsweise ineffizient. Daraus folgt, dass die kaltbasalen Gletscher der Polargebiete erosiv quasi unwirksam sind.

10.4 Formen glazialer Erosion

Durch *polishing* glattgeschliffene Felspartien werden als **Gletscherschliffe** bezeichnet, die sichtbaren Kratzer durch *striation* heißen **Gletscherschrammen** (*striae*). Befinden sich die Schrammen auf Lockergestein, spricht man auch von **Kritzung** oder gekritztem Geschiebe (◨ Abb. 10.5).

Gletscherschrammen haben eine große Bedeutung als Beleg für die ehemalige Vereisung eines Standorts und ermöglichten vielerorts, das Ausmaß der pleistozänen Vergletscherung zu rekonstruieren. Darüber hinaus zeigen die Kratzer sogar die Fließrichtung des Eises an. Bei Alpengletschern ist diese zwar durch das Relief weitgehend vorgegeben, aber bei den ehemaligen Eisschilden ist sie oft nicht so einfach ableitbar und hat sich teilweise durch die Verlagerung der Vereisungszentren während einer Kaltzeit mehrfach geändert. Hier können Gletscherschrammen wichtige Indizien zum Ablauf der Vereisungsgeschichte liefern. Sie verbreitern sich oft in Fließrichtung durch Abstumpfen des ritzenden Partikels. Dies kann langsam

◨ **Abb. 10.5**   Links: Gletscherschrammen im Ötztal. Rechts: Gekritztes Geschiebe aus dem Raum Wasserburg. (Fotos: W. Hagg; rechts: Geologische Sammlung der Hochschule München)

(*wedge striae*) oder abrupt (*nailhead striae*) vor sich gehen (Benn und Evans 1998) und verhindert, dass die Fließrichtung um 180° falsch gedeutet werden kann. Durch Rotation des Partikels können Schrammen einen plötzlichen seitlichen Versatz aufweisen.

Kleinräumige Inhomogenitäten in der Gesteinshärte können durch Abrasion aus dem Gletscherbett heraus modelliert werden. Lokale Vorkommen von härterem Gestein werden weniger stark erodiert und wachsen als Erhebung aus ihrer Umgebung heraus. Weil die Erosion auf der Leeseite des Härtlings geringer ist als auf der Stoßseite, bildet sich hier ein länglicher, stromlinienförmiger Schwanz. Solche Formen heißen ***rat tails***; sie existieren in mehreren Skalen, von Millimetern bis zu Metern. In ◧ Abb. 10.6 sieht man drei *rat tails* mittlerer Größe, die sich im Schutz von dezimetergroßen, widerstandsfähigeren Quarzkernen gebildet haben.

❯ Bei der Abrasion ist die Härte der Erosionswaffen entscheidend. Sind sie gleich hart wie der Untergrund, wird dieser fein poliert (Gletscherschliff), sind sie härter, wird er zerkratzt (Gletscherschrammen). Hat der Untergrund einzelne härtere Stellen, so entstehen aus diesen Kuppen mit länglichen Schwänzen (*rat tails*) auf der Leeseite.

Weitere Mikroerosionsformen sind **Reibungsbrüche**; sie entstehen bei ruckartiger Eisbewegung, wenn durch einen Einzelpartikel hoher punktueller Druck auf den

◧ **Abb. 10.6** Längliche rat tails auf der talwärtigen Seite von Quarzhärtlingen (gestrichelte weiße Linien). Das Eis floss vom Betrachter weg. Sentiero glaciologico Luigi Marson, Veltlin, Italien. (Foto: W. Hagg)

Abb. 10.7   **a** Inverser Sichelbruch kurz nach der Entstehung. **b** Sichelbrüche. **c** *Chattermarks*. Der Eisfluss war jeweils von rechts nach links. (Fotos: **a** Archiv Erdmessung und Glaziologie; **b** und **c** W. Hagg)

Felsuntergrund ausgeübt und Teile desselben regelrecht abgesprengt werden. Dadurch entstehen halbmondartig gebogene Bruchstrukturen im Gestein, deren offene Seite meist zum Gletscher zeigt. Feine Risse werden als **Parabelrisse** bezeichnet, größere als **Sichelbrüche**. Die selteneren Pendants mit geschlossener Seite zum Gletscher heißen **inverse Sichelbrüche**. *Chattermarks* sind Übergangsformen zwischen Gletscherschrammen und Parabelrissen; sie entstehen durch eine ruckartige, aber dennoch kontinuierliche Eisbewegung und sind nur wenige Zentimeter breit (■ Abb. 10.7).

Als Spezialfall der glazialen Erosion sollen an dieser Stelle die subglazialen, glazifluvialen Formen behandelt werden. Manche unterscheiden sich nicht von an-

Abb. 10.8 P-Form in Längsrichtung am Blaueis, dem nördlichsten Gletscher der Alpen. (Fotos: W. Hagg)

deren, durch fließendes Wasser entstandenen Formen, andere wiederum entstehen ausschließlich unter Gletschern. Bei letzteren scheint der hohe Wasserdruck durch das Gewicht des Gletschers eine Rolle zu spielen. Es gibt eine große Vielfalt dieser zentimeter- bis metergroßen Gebilde, sie werden in der Literatur als **P-Formen (*plastically moulded forms*)** subsummiert. Ursprünglich hielt man sie für Abrasionsformen (Dahl 1965), aber inzwischen gilt als gesichert, dass flüssiges Wasser bei ihrer Entstehung zumindest beteiligt ist. Sie werden nach ihrer Ausrichtung zur Fließrichtung des Eises in Längs-, Quer- und ungerichtete Formen unterschieden (Kor et al. 1991).

Muschelbrüche und *sichelwannen* (englisch) sind halbmondförmige Gebilde und gehören zu den Querformen. Sie ähneln vom Grundriss den Sichelbrüchen, haben aber weichere Formen und können größer werden. Runde Rinnen in Längsrichtung werden als *furrows* bezeichnet, sie können gestreckt oder gewunden verlaufen (**Abb. 10.8).

Die bekanntesten sind die zu den ungerichteten Formen gehörenden **Strudeltöpfe** oder **Kolke (*potholes*)**, die sich oft in stationären Gletscherspalten bilden, wo Wasser aus großer Höhe auf den Felsuntergrund trifft und die strudeligen Verwirbelungen mit Hilfe mitgeführter Gesteinspartikel runde Vertiefungen aushöhlen (**Abb. 10.9).

Größere Felshindernisse im Gletscherbett werden durch die kombinierte Wirkung von Abrasion und *plucking* zu **Rundhöckern (*roches moutonnées*)** umgestaltet. Auf der dem Eis zugewandten Seite kommt es durch die Druckzunahme unter dem auffahrenden Eis zum verstärkten Druckschmelzen und damit zu einer Begünstigung des basalen Gleitens. Dies führt zu starker Abrasion und zur Ausbildung von flachen Luvseiten, auf denen häufig Gletscherschrammen und Reibungsbrüche den hohen Auflagedruck erahnen lassen. Die Leeseite ist durch das hier auftretende *plucking* steiler und zerklüfteter, was den Rundhöckern ihre typische asymmetrische Form verleiht (**Abb. 10.10). Typischerweise sind sie meter- bis

Abb. 10.9   Strudeltöpfe am Malojapass. (Foto: W. Hagg)

Abb. 10.10   Rundhöcker in verschiedenen Größenordnungen. **a** Im Stadtgebiet von Helsinki. **b** Im Valchiavenna. **c** Mittlerer Burgstall in den Hohen Tauern. (Fotos: W. Hagg)

zehnermetergroß und dabei länger als hoch, manchmal können auch noch größere Formen als Rundhöcker angesprochen werden.

Mit den Rundhöckern verwandte Formen sind **Felsdrumlins**. Sie entstehen bei geringeren Fließgeschwindigkeiten des Eises, wodurch geringerer Druck auf der Luvseite und kein Hohlraum auf der Leeseite entsteht. Durch die wenig effektive Abrasion und das fehlende *plucking* weisen sie eine steile Vorder- und eine flache Rückseite auf. Nimmt der Druck auf der Luvseite und damit die Abrasion etwas zu, ohne dass ein subglazialer Hohlraum entsteht, können symmetrisch geformte *whalebacks* entstehen.

Wenn außerhalb von Gebirgen große, isolierte Felshügel von Gletschern überformt werden, entstehen so genannte *crag-and-tails*. Diese ähneln von der Entstehung den *rat tails*, besitzen aber mit einer Länge von Zehnermetern bis Kilometern eine deutlich andere räumliche Dimension. Der harte Fels produziert auch hier einen Druckschatten auf seiner leewärtigen Seite, wodurch die Erosionsleistung reduziert wird und ein länglicher „Schwanz" entsteht. Diese Vollformen dominieren zum Beispiel das Stadtbild von Edinburgh (Evans und Hansom 1996), wo das Schloss auf einem Härtling (*crag*) thront und sich die Haupteinkaufsstraße die flache Leeseite (*tail*) hinabzieht (◼ Abb. 10.11). In Deutschland kann der Hohentwiel bei Singen dieser Formengruppe zugerechnet werden.

> Ein Rundhöcker ist die Normalform, die aus einem Felsen entsteht, der vom Eis überflossen wird. Durch verstärkte Abrasion wird die Luvseite abgeflacht und durch *plucking* im subglazialen Hohlraum die Leeseite versteilt.

Wenn sich auf der Leeseite ein subglazialer Hohlraum bildet, in dem basaler Schutt als Moräne deponiert wird, kann der *tail* aus Lockermaterial bestehen. In diesem Fall sind *crag-and-tails* keine reinen Erosionsformen, sondern Mischformen aus selektiver Erosion und Akkumulation.

Wie in ▶ Abschn. 2.1 bereits angedeutet, können Gletscher nur entstehen, wenn über der klimatischen Schneegrenze Verflachungszonen oder konkave Geländestellen existieren, in denen genügend Schnee akkumulieren kann. Solche Situationen finden sich häufig am Wandfuß, wo eine steile Felswand auf eine flachere Schutthalde trifft. Hier sammelt sich Lawinenschnee, der besonders lange liegen bleibt oder sogar den gesamten Sommer überdauert. Aus solchen Schneeflecken entstehen durch Prozesse wie Schneekriechen und -rutschen sowie verstärkte chemische Verwitterung

◼ **Abb. 10.11**   Stadtpanorama von Edinburgh mit zwei markanten *crag-and-tails*. (Fotos: W. Hagg)

 **Abb. 10.12**   Kare im Aostatal. (Fotos: W. Hagg)

durch ständige Durchfeuchtung größere Flachformen, die als **Nivationsnischen** bezeichnet werden. Je größer diese Nischen werden, desto mehr Schnee kann dort akkumulieren, so dass letztendlich über die Metamorphose des Schnees bewegtes Gletschereis entsteht. Dadurch, dass sich kleine Gletscher in solchen Mulden rotierend bewegen, kommt es zur Glazialerosion. Eine auf diese Weise entstehende sesselförmige Vertiefung wird **Kar (*cirque*)** genannt, sowohl wenn sie mit Eis gefüllt ist als auch nach dem Abschmelzen des Gletschers (Abb. 10.12). Kare haben eine steile Rückwand, einen übertieften Boden und eine Schwelle zum Tal hin, wo die Tiefenerosion durch die rotierende Eisbewegung nachlässt. Wenn sich solch eine Hohlform mit Wasser füllt, entsteht ein **Karsee**. Durch Einschneiden des Ausflusses in die **Karschwelle** haben diese oft eine begrenzte Lebensdauer und können wieder trockenfallen. Berge, die auf mehreren Seiten Kare tragen, die sich zu Graten verschneiden (so genannte **Arêtes**) und deren Gipfel deshalb pyramidenartig zugeschärft sind, werden als **Karlinge** bezeichnet, in der Schweiz heißen sie Horn.

> Kare sind eine wichtige Leitform von vergletscherten Gebirgen und dienen oftmals als Beweis für eine ehemalige Vergletscherung.

Wachsen Gletscher über ihr Kar hinaus, so fließen sie in das darunter anschließende Tal und werden damit zu Talgletschern. Dabei gestalten sie typischerweise das Querprofil des Tals um. Durch die linienhafte Tiefenerosion des Wassers entstehen meist mehr oder wenige V-förmige Täler, die so genannten Kerbtäler. Unter Gletschern fließt in der Tiefenlinie des Tals der zentrale subglaziale Entwässerungskanal, dessen Wasserdruck dem Eisdruck entgegenwirkt. Aus diesem Grund liegen die höchsten Erosionsraten unter Gletschern nicht an der tiefsten Stelle des Querprofils, sondern daneben (Harbor 1992). Dadurch wird die Talsohle verbreitert und durch die Erosion an den Talhängen kommt es zu einer Versteilung derselben. Irgendwann entsteht auf diese Weise ein U-förmiges Gleichgewichtsprofil, das sich als Ganzes weiter eintieft. Vor allem in erosionsresistenten Massengesteinen kann es zur Ausgestaltung der Idealform eines U-Tals oder **Trogtals (*glacial trough*)** kommen (Abb. 10.13). Durch das Wirken der Gletscher werden Kerbtä-

■ **Abb. 10.13** Zwei Täler im georgischen Kaukasus. Oben: Trogtal. Unten: Während der hintere Teil zu einem U-förmigen Trogtal umgestaltet ist, war der vordere Teil offensichtlich nicht lange genug vergletschert und hat seine V-förmige Kerbtalfom erhalten. (Fotos: W. Hagg)

ler also zu Trogtälern umgestaltet. Allerdings sollte man sich bewusst sein, dass die Talform noch von weiteren, vor allem geologischen Faktoren abhängt. Aus diesem Grund weichen glazial überprägte Täler oft von dieser Idealform ab und sind asymmetrisch oder parabelförmig ausgestaltet (Baumhauer und Winkler 2014). Ebenso kann es vorkommen, dass U-Formen nicht die tatsächliche Form des Tals im Festgestein wiederspiegeln, sondern dem Betrachter nur durch konkave Sedimentverfüllungen vorgegaukelt werden. Trogtäler, die ins Meer münden, werden nach dem Eisfreiwerden als **Fjorde** bezeichnet.

> Trogtäler gelten ebenfalls als idealtypische Großform eines glazialen Gebirgsreliefs. Allerdings entsteht nicht aus jedem vergletscherten Tal eine Trogform und unter gewissen Umständen können auch unvergletscherte Täler U-förmige Profile ausbilden.

Die erosive Tätigkeit der Gletscher wirkt sich nicht nur auf das Querprofil von Tälern aus, sondern auch auf deren Längsprofil. Da die Tiefenerosion von der Eismächtigkeit, der Geschwindigkeit und der Gesteinshärte abhängt, variiert sie im Verlauf eines langen Talgletschers. Im Gegensatz zu Wasser kann Gletschereis auch gegenläufiges Gefälle überwinden, so dass tiefer auserodierte Wannen und dazwischenliegende Erhöhungen, so genannte **Riegel**, entstehen können. Der in diesem Zusammenhang auftauchende Begriff der glazialen Übertiefung wird leider nicht einheitlich verwendet. Manchmal meint er die Tiefe unter dem heutigen Talboden, der oft aus postglazial akkumulierten fluvialen Schottern besteht (a in ◼ Abb. 10.14) und manchmal bezieht er sich auf die Höhe einer talabwärts gelegenen Schwelle (b in ◼ Abb. 10.14). Bei Fjorden ist mit Übertiefung oft die Erosion unter den heutigen Meeresspiegel gemeint.

Da die Erosionsleistung von der Eismächtigkeit abhängt, erhöht sich selbige beim Zusammenfluss (**Konfluenz**) zweier Gletscher schlagartig und schafft dabei eine **Konfluenzstufe** im Längsprofil. Wo ein kleiner Gletscher eines Seitentals ins Haupttal mündet, ist der Unterschied in der Erosionsleistung besonders groß. Die Tiefenerosion des Seitentals kann nicht mit jener des Eisstroms im Haupttal Schritt halten und es bildet sich eine Geländestufe zwischen den beiden Talsohlen aus (◼ Abb. 10.15). Nach dem Abschmelzen der Gletscher entsteht auf diese Weise ein **Hängetal**, das fließende Wasser überwindet den Höhenunterschied oft über einen Wasserfall oder schneidet sich als Klamm in das Gestein ein. Beim Auseinanderfließen

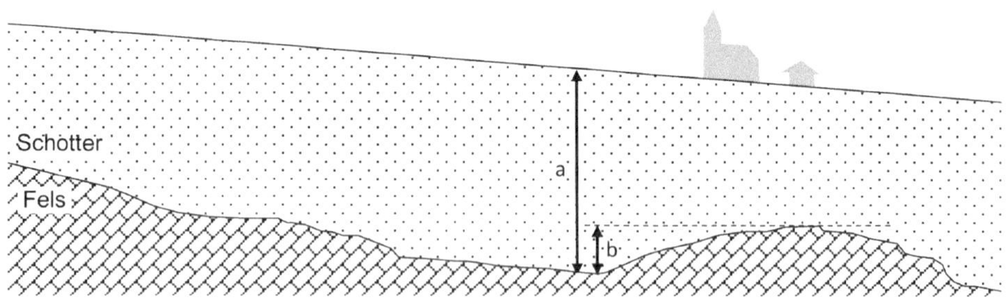

◼ **Abb. 10.14**   Zwei Möglichkeiten der Definition einer glazialen Übertiefung

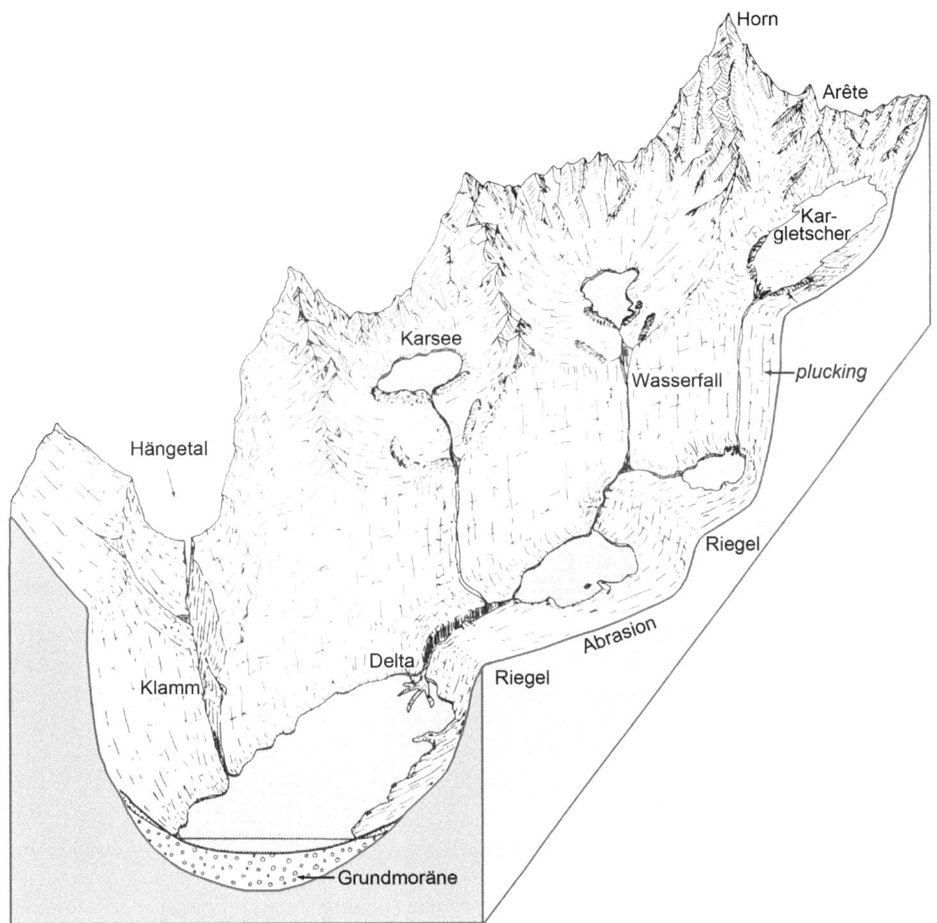

◘ Abb. 10.15 Glazialerosive Großformen. (Aus: Selby, Earth's Changing Surface: An Introduction to Geomorphology, mit freundlicher Genehmigung von © Oxford Publishing Limited 1985, leicht veränderter Nachdruck mit Genehmigung durch PLSclear)

(Diffluenz) von Gletschern erniedrigt sich entsprechend die Erosionsrate und es entstehen Schwellen (Riegel) im Längsprofil.

> Beim Längsprofil von glazialen Tälern wird der Felsuntergrund, der durch die Gletschertätigkeit überprägt wurde, betrachtet und nicht das heutige Profil der Talsohle, wenn diese nachträglich mit Flussschottern aufgefüllt wurde.

Am Ende der letzten Kaltzeit muss man sich die großen Alpentäler wie das Inntal als Kette von Seen vorstellen, welche die übertieften Becken gefüllt haben. Durch den starken Sedimenteintrag sind sie schnell verlandet und die Täler wurden mit Schotter aufgefüllt, der oft mehrere 100 m mächtig ist (Preusser et al. 2010).

Außerhalb der Alpen haben die Vorlandgletscher durch glaziale Erosion des Lockermaterials in ihren Stammbecken große Hohlformen entstanden, die als

Zungenbecken bezeichnet werden und oft wassergefüllt sind. Wenn ein großer Fluss in diese Zungenbeckenseen mündete, sind sie bereits im Spätglazial wieder verlandet. Dies geschah beispielsweise am Rosenheimer See, der mehr als fünfmal so groß war wie der heutige Chiemsee, aber durch die starke Sedimentzufuhr des Inns und die Tieferlegung des Ausflusses innerhalb weniger tausend Jahre wieder verschwand. Die Seen ohne große Zuflüsse sind, wie zum Beispiel der Starnberger See, fast noch in ihrer ursprünglichen Größe erhalten.

Literatur

Baumhauer R, Winkler S (2014) Glazialgeomorphologie – Formung der Landoberfläche durch Gletscher. Bornträger, Stuttgart

Benn DI, Evans DJA (1998) Glaciers & Glaciation. Hodder Arnold, London

Boulton GS (1974) Processes and patterns of glacial erosion. In: Coates DR (Hrsg) Glacial geomorphology. State University of New York, Binghamton, S 41–87

Boulton GS (1979) Processes of glacier erosion on different substrata. J Glaciol 23:15–38

Boulton GS (1982) Processes and patterns of glacial erosion. In: Coates DR (Hrsg) Glacial geomorphology. Springer, Dordrecht, S 41–87

Dahl R (1965) Plastically sculptured detail forms on rock surfaces in northern Nordland, Norway. Geogr Ann 47:83–140

Evans DJ, Hansom JD (1996) The Edinburgh Castle crag-and-tail. Scot Geogr Mag 112:129–131

Hallet B, Hunter L, Bogen J (1996) Rates of erosion and sediment evacuation by glaciers: a review of field data and their implications. Glob Planet Chang 12:213–235. https://doi.org/10.1016/0921-8181(95)00021-6

Hallett B (1979) A theoretical model of glacier abrasion. J Glaciol 23:39–50

Harbor JM (1992) Numerical modeling of the development of U-shaped valleys by glacial erosion. Geol Soc Am Bull 104:1364–1375

Heim A (1919) Geologie der Schweiz, Bd 1. Tauchnitz, Leipzig

Kor PSG, Shaw J, Sharpe DR (1991) Erosion of bedrock by subglacial meltwater, Georgian Bay, Ontario: a regional view. Can J Earth Sci 28:623–642

Preusser F, Reitner J, Schlüchter C (2010) Distribution, geometry, age and origin of overdeepened valleys and basins in the Alps and their foreland. Swiss J Geosci 103:407–427

Schweizer J, Iken A (1992) The role of bed separation and friction in sliding over an undeformable bed. J Glaciol 38:77–92

Selby MJ (1985) Earth's changing surface: an introduction to geomorphology. Oxford University Press, Oxford

Sugden DE, John BS (1976) Glaciers and landscape. Edward Arnold, London

Vivian R (1997) La mesure de l'érosion des glaciers tempérés; essai de synthèse. Rev Géogr Alp 85:9–32

Winkler S (2009) Gletscher und ihre Landschaften. WBG, Darmstadt

Glaziale Akkumulation

Inhaltsverzeichnis

© Springer-Verlag GmbH Deutschland, ein Teil von Springer Nature 2020
W. Hagg, *Gletscherkunde und Glazialgeomorphologie*,
https://doi.org/10.1007/978-3-662-61994-0_11

> **Überblick**
>
> Der Begriff „Moräne" bezeichnet sowohl das Material, das Gletscher ablagern und das charakteristische Eigenschaften hat, als auch die Oberflächenform der Ablagerung. Moränen entstehen an verschiedenen Orten und durch unterschiedliche, aktive und passive Prozesse. Aus diesem Grund kann man sie nach der Entstehungsart und nach dem Entstehungsort gliedern. Außerdem existieren Sonderformen der glazialen Akkumulation, die sich nicht in das klassische Schema der Moränen pressen lassen. Ein buchstäblich fließender Übergang existiert oft von den reinen Gletscherablagerungen zu solchen des Schmelzwassers, die ebenfalls typische Topographien oder sogar ganze Landschaften ausbilden. Eine Regelhaftigkeit in die räumliche Abfolge der glazialen Landformen bietet das Konzept der glazialen Serie, welches bereits vor mehr als 100 Jahren formuliert wurde.

Nachdem Gesteinspartikel erodiert und über eine kürzere oder längere Strecke transportiert wurden, werden sie schließlich an anderer Stelle wieder abgelagert. Dieser Prozess wird auch als Sedimentation oder **Akkumulation** bezeichnet. Beim Transportsystem Gletscher wird das Lockergestein am Rand des Eises (frontal oder lateral) oder unter dem Eis (subglazial) abgelagert. Während im Englischen die so entstandenen Oberflächenform *(moraine)* vom Material *(till)* unterscheidbar ist, wird im deutschen beides als Moräne bezeichnet.

11.1 Prozesse der glazialen Akkumulation

11 Aktive Akkumulation unter sich bewegendem Eis wird als *lodgement* bezeichnet. Der Prozess tritt auf, wenn der Reibungswiderstand größer ist als die Bewegungsenergie und die Partikelgeschwindigkeit auf null sinkt. Im Modell von Boulton (1974) herrscht ein fließender Übergang von Abrasion zu *lodgement* (▶ Exkurs 10.1), der hauptsächlich vom Normaldruck (Eisdruck minus Wasserdruck) und von der Schuttkonzentration gesteuert wird. Bei Hallet (1979) sind Abrasion und *lodgement* unabhängige Prozesse, weil die Abrasion von basalen Schmelzraten gesteuert wird (▶ Exkurs 10.1).

Unter *melt-out* versteht man passives Ausschmelzen bei sehr langsamem oder unbewegtem Eis (Toteis). Dies kann subglazial geschehen, wenn durch basales Schmelzen Gesteinspartikel im Eis in Richtung Gletscherbett bewegt und dort sedimentiert werden. Beim Niedertauen des gesamten Eises kommt letztendlich auch supraglaziales Material zur Ablagerung.

Dumping bezeichnet das seitliche Abrutschen von supraglazialem Gesteinsmaterial am Gletscherrand. Es kann zur Entstehung von Wallformen führen, diese sind aber in ihrer Entstehung von vom Gletscher aufgeschobenen Wällen zu unterscheiden.

Glazifluviale Akkumulation ist die Ablagerung durch Gletscherschmelzwasser. Sie geschieht zum größten Teil proglazial und zum geringeren Teil in subglazialen Entwässerungskanälen und Hohlräumen.

11.2 **Moränenmaterial**

Die wichtigsten Kenngrößen für die Charakterisierung von Sedimenten sind Korngröße, Sortierung, Kornform und Schichtung (▶ Exkurs 11.1).

Die **Korngröße** beschreibt den größten Durchmesser eines Partikels; man unterscheidet die Hauptklassen Blöcke (> 200 mm), Steine (> 63–200 mm), Kies (> 2–63 mm), Sand (> 0,06–2 mm), Schluff (0,002–0,06 mm) und Ton (< 0,002 mm).

Sortierung ist ein Maß für die Streuung von Korngrößen. Je besser sortiert ein Sediment ist, desto einheitlicher ist die Größe der Partikel.

Der wichtigste Aspekt bei der **Kornform** ist die Rundung. Während in der Baugeologie entsprechend der europäischen Norm EN ISO 14688 sechs Abstufungen vorgenommen werden, ist bei der geomorphologischen Grobsedimentanalyse (Leser 1977) eine Unterscheidung der vier Rundungsgrade kantig, kantengerundet, gerundet und gut gerundet

(■ Abb. 11.1) meist am zweckmäßigsten, weil sie auch rein visuell im Gelände vorgenommen werden kann (Reichelt 1961).

Eine Schicht bezeichnet in der Sedimentologie einen einheitlichen Sedimentkörper. Der Begriff **Schichtung** bezeichnet eine Abfolge unterschiedlicher Schichten, der Materialwechsel an der Schichtgrenze deutet auf eine Änderung der Ablagerungsbedingungen hin. Sedimente können nicht nur entweder geschichtet oder ungeschichtet sein, durch die Erkennbarkeit der Schicht gibt es auch Zwischenstufen (leicht geschichtet) und Extremformen (stark geschichtet). Außerdem kann die Schichtung nicht nur eben verlaufen, sondern auch wellig, gebogen oder linsenförmig.

■ **Abb. 11.1** Beispiele für Gerölle mit unterschiedlicher Rundung, von links nach rechts: kantig (Wettersteinkalk), kantengerundet (Radiolarit), gerundet (Julier-Granit), stark gerundet (Reiseselsberger Sandstein). (Fotos: W. Hagg)

Der Gesteinsschutt im Gebirge entsteht hauptsächlich durch Frostsprengung von Festgestein oder durch größere Massenbewegungen wie Felsstürze. Das Resultat ist primär grob und scharfkantig, es wird aber beim Weitertransport, je nach Medium, auf unterschiedliche Art und Weise verändert.

Moränenmaterial (*till*) wurde durch fließendes Eis transportiert, entweder auf dem Gletscher, im Gletscher, unter dem Gletscher oder an der Gletscherstirn. Der Ort des Transports hat Auswirkungen auf die genaue Ausgestaltung der Materialeigenschaften, aber Folgendes trifft mehr oder weniger auf alle Gletschersedimente zu: Gletscher transportieren Material ungeachtet der Korngröße und lagern alles zusammen ab. Aus diesem Grund zeigt Moränenmaterial ein breites Korngrößenspektrum und keinerlei Sortierung (◘ Abb. 11.2a). Weil auf diese Weise keine einheitlichen Sedimentkörper entstehen, kann auch keine Schichtung erfolgen. Beim Transport werden die Partikel vergleichsweise wenig gegeneinander bewegt, sie werden vielmehr geschoben, weshalb man auch von

◘ **Abb. 11.2** Eigenschaften unterschiedlicher Ablagerungen. **a** Unsortiertes, kantiges Moränenmaterial (*till*). **b** Sortiertes, gerundetes Strandgeröll. **c** Nach Fließgeschwindigkeit sortierte Flussablagerungen, Feinmaterial (unten) in Stillwasserbereichen und gröberer Kies bei stärkerer Strömung. **d** Durch eine Abfolge verschiedener Sedimentationsbedingungen entstandene Schichtung. (Fotos: W. Hagg)

glazialem **Geschiebe** spricht. Aus diesem Grund zeigen die Ablagerungen nur eine geringe Zurundung (kantig bis kantengerundet).

Fließendes Wasser kann im Gegensatz dazu bestimmte Korngrößen nur bei bestimmten Fließgeschwindigkeiten transportieren. Je schneller es fließt, desto größer ist seine Transportkraft und desto größer sind die größten Gerölle, die mitgeführt werden können. Beim Unterschreiten einer für jede Korngröße typischen Fließgeschwindigkeit reicht die Schleppkraft des Wassers nicht mehr für den Transport aus und die entsprechenden Partikel bleiben im Bach- oder Flussbett liegen. Bei einer Abnahme der Fließgeschwindigkeit werden also zuerst Kies, dann Sand und am Schluss die feinen Schwebstoffe (Schluff und Ton) abgelagert. Dadurch entsteht eine Sortierung, die auch eine Schichtung ermöglicht. Der rollende Transport in Fließgewässern fördert die Zurundung, die „Gerölle" sind in der Regel gerundet bis gut gerundet (◙ Abb. 11.1).

> Gletscherablagerungen sind gemischtkörnig, unsortiert, kantig und ungeschichtet. Das unterscheidet sie deutlich von Flussablagerungen, für die bei allen Gerölleigenschaften das genaue Gegenteil gilt.

Durch *lodgement* unter sich bewegendem Eis entsteht die **Absetzmoräne (*lodgement till*)**. Durch den hohen Druck unter dem Gletscher ist sie kompakt, und die Partikel weisen oft Kritzungen auf. Ein hoher Anteil an Feinmaterial (**Geschiebelehm**) ist typisch für *lodgement till*, der deswegen oft wasserstauende Eigenschaften besitzt. In der feinkörnigen Matrix, in der häufig Schluff die dominierende Korngröße ist, können aber durchaus gröbere Komponenten bis zur Blockgröße eingebettet sein.

Nicht durch Absetzen, sondern durch Ausschmelzen entsteht die **Ausschmelzmoräne (*melt-out till*)**. Im Gegensatz zum *lodgement till* wird das Material nachdem Ausschmelzen nur noch deponiert, aber nicht mehr bewegt. Aus diesem Grund kann die Ausschmelzmoräne nur bei unbewegtem Toteis oder sehr langsam fließendem Eis entstehen. Das Ausschmelzen kann subglazial durch basale Schmelzprozesse an schuttreichen Gletschersohlen erfolgen (*subglacial melt-out till*), durch die vergleichsweise geringen Schmelzraten ist dieser Prozess wenig ergiebig. Ein Großteil entsteht supraglazial als Ablationsmoräne (*supraglacial melt-out till*) und bleibt bis zur endgültigen Sedimentation durch Niedertauen des Eises als Schuttbedeckung auf der Gletscheroberfläche liegen. Beide Varianten werden unter einem Überfluss an Schmelzwasser abgelagert werden, dieser bedingt insbesondere beim *supraglacial melt-out till* eine stärkere Ausspülung von Feinmaterial. Aus diesem Grund ist *melt-out till* in der Regel etwas stärker sortiert, grobkörniger (◙ Abb. 11.3) und wasserdurchlässiger als *lodgement till*. Allerdings kann supraglaziale Ablationsmoräne, die an Scherungsflächen des Eises entsteht, auch feinkörnig ausgebildet sein. Durch Umlagerung durch Schmelzwasser sind sogar ausgeprägte Sortierung und Schichtung möglich. Dies zeigt, wie komplex und ineinandergreifend die Zusammenhänge und Prozesse sind und wie schwierig deshalb eine stringente Klassifikation ist.

Neben den eben vorgestellte Haupttypen gibt es noch eine Unzahl von Spezialtypen (Benn und Evans 1998), die aber den Rahmen dieses Buchs sprengen und den Fachleuten, also den Sedimentologen, vorbehalten werden sollen.

◻ Abb. 11.3   Ablationsmoräne über Absetzmoräne in einer Kiesgrube bei Andechs. (Foto: W. Hagg)

Weil sich der Ablagerungsprozess von Partikeln in Gletscherschmelzwasser nicht von dem in anderen Fließgewässern unterscheidet, weichen natürlich auch die Eigenschaften glazifluvialer Sedimente entsprechend von denen der rein glazialen ab. Weil glazifluviale Sedimente nur vergleichsweise kurz von fließendem Wasser transportiert wurden und manche glazialen Eigenschaften wie zum Beispiel die Kantigkeit oder Kritzungen noch erhalten sein können, nehmen sie eine Zwischenstellung zwischen glazialen und fluvialen Sedimenten ein.

11.3 Moränentypen

Die Terminologie der unterschiedlichen Moränenarten ist wegen des Ineinandergreifens von Prozessen und Sedimentationsmilieus äußerst komplex. In der Literatur finden sich verschiedene Versuche einer umfassenden Klassifikation nach dem Entstehungsprozess oder dem Entstehungsort. Hier wird ein pragmatischer Mischversuch gewählt, der eine erste Einteilung nach dem Ablagerungsort vornimmt und dort, wo es nötig ist, eine feinere Untergliederung nach dem dominierenden Prozess nachliefert. Als Moräne wird sowohl Material bezeichnet, das sich noch auf oder im Gletscher befindet und damit noch in Bewegung ist, als auch solches, das endgültig am Gletscherrand oder nach dem Abschmelzen des Gletschers sedimentiert wurde.

Obermoränen (*supraglacial moraines*) wurden bereits in ▶ Kap. 7 besprochen; es handelt sich hier um die Schuttbedeckung, die durch Steinschlag oder Felssturz auf das Ablationsgebiet gelangte, oder um englazialen Schutt (**Innenmoräne**), der durch die emergente Eisbewegung an die Oberfläche transportiert wurde und dort sedimentologisch zu *supraglacial melt-out till* wird.

Grundmoräne ist subglazial entstanden und morphologisch unauffällig, sie liegt meist als mehr oder weniger dünne Auflage auf dem Untergrund und kann flach bis wellig oder hügelig ausgestaltet sein. Das Moränenmaterial kann als *lodgement till* oder *subglacial melt-out till* ausgebildet sein.

Seitenmoränen (*lateral moraines*) entstehen durch *dumping* an lateralen Gletschergrenzen. Da die seitliche Gletscherbegrenzung bei unterschiedlichen Vorstößen oft die gleiche oder eine ähnliche Lage hat, kommt es deutlicher häufiger vor als bei Endmoränen (s. unten), dass sich Ablagerungen verschiedener Vorstöße überlagern. Aus diesem Grund sind Seitenmoränen oft höher und morphologisch auffälliger als Endmoränen (Roethlisberger und Schneebeli 1979). Ein Beispiel hierfür vermittelt ◘ Abb. 11.4.

◘ **Abb. 11.4** Weiße Pfeile zeigen Seitenmoränen (oben) und Endmoräne (unten) des Hochstands der Kleinen Eiszeit am Ochsentalferner, Silvretta. (Fotos: W. Hagg)

Eine Sonderform der Seitenmoränen entsteht bei plattigen Gesteinsfragmenten. Sie regeln sich oft parallel zur Eisoberfläche ein, wodurch ein Schichtung entsteht. Solche *layered lateral moraines* (Humlum 1978) erkennt man daran, dass einzelne Gesteinsplatten im Winkel der ehemaligen Eisoberfläche aus der Innenseite der Moräne herausstehen (■ Abb. 11.5).

Mittelmoränen (*medial moraines*) entstehen am häufigsten am Zusammenfluss von Gletschern (Konfluenz) oder Gletscherästen aus der Vereinigung zweier Seitenmoränen (*ice-stream interaction type*; Eyles und Rogerson 1978). Auf diese Weise demonstrieren sie, aus wie vielen Firnbecken oder Seitentälern sich ein großer Talgletscher zusammensetzt (■ Abb. 11.6).

Eine zweite Möglichkeit der Entstehung von Mittelmoränen existiert ausschließlich im Ablationsgebiet, wo durch die Kombination aus Schmelze an der Oberfläche und dem Fließen des Gletschers eine Relativbewegung im Eis zur Oberfläche (Emergenz) existiert. Auf diese Weise kann basaler Schutt auf den Gletscher gelangen und damit zu supraglazialem Schutt werden. Bei großem punktuellem Schuttanfall, zum Beispiel bei ausgeprägtem *plucking* an Felshindernissen, können

○ Abb. 11.6 Mittelmoränen vom Typ *ice stream interaction* (1) und *ablation dominant* (2) im Karakorum. (Google Earth)

nach diesem Prinzip so genannte ablationsbedingte Mittelmoränen (*ablation dominant moraines*) entstehen (Eyles und Rogerson 1978; Brook et al. 2017).

Nach der endgültigen Ablagerung von Mittelmoränen nach dem Abschmelzen des Gletschers ist die Form in der Regel nicht mehr sichtbar. Nur wenn sie aus deutlich anders aussehendem Gestein als jenes am Ablagerungsort bestehen, können sie als Streifenmuster erkennbar bleiben.

Endmoränen (*end moraines, terminal moraines*) werden an der Gletscherstirn abgelagert. Auch hier kommt es durch zwar zu Ablagerungsprozessen durch *dumping*, diese wirken aber quantitativ lediglich unterstützend. Ohne *pushing* oder *thrusting*, also allein durch *dumping*, würden keine Moränenwälle entstehen. Der Grund dafür ist, dass die Lage Gletscherstirn stark fluktuiert und nicht lange genug an Ort und Stelle verharrt. Das bedeutet, dass es auch keine Endmoräne geben kann, wo das Gletscherende auf Festgestein liegt, selbst bei ausreichender Obermoräne. Endmoränen entstehen also nur, wenn der Gletscher in sein ungefrorenes oder gefrorenes Vorfeld aus Lockermaterial vorstößt.

Das bei der Glazialerosion bereits angesprochene *pushing* meint die schiebende Wirkung der vorstoßenden Gletscherfront auf ungefrorene Lockersedimente. Das Material wird während des Transports aufgepresst und deformiert, in der englischsprachigen Literatur wird auch der Begriff ***bulldozing*** verwendet. Sobald der Vorstoß endet, wird das Material abgelagert. Die resultierende Wallform, die an der Außenseite oft steiler ist als an der Innenseite, wird als **Stauchendmoräne (*push** *moraine*) bezeichnet. Bei weitreichenden Vorstößen gerät ein erheblicher Teil des an der Front sich auftürmenden Materials immer wieder unter den Gletscher, weshalb *push moraines* nie höher als einige Meter sind (◙ Abb. 11.6). Besonders niedrige Formen entstehen durch kurze, saisonale Wintervorstöße: durch Wegfall der Ablation während der kalten Jahreszeit kann es bei anhaltender Eisbewegung zu kleinen, positiven Längenänderungen um wenige Meter kommen, die kleine Wälle aufschieben (◙ Abb. 11.7b).

In den engen Talräumen der Gebirge werden Endmoränen nachträglich oft durch fließendes Wasser abgetragen oder mit fluvialem Sediment überdeckt. Wo in den Vorländern noch die gesamten Moränenumrahmungen erhalten sind, spricht man auch von **Moränenkränzen**.

Beim Vorstoß von Gletschern in gefrorene Vorfelder ist die Gletscherfront immer kaltbasal, und es findet kein basales Gleiten statt. Der Druck des Gletschers und des angefrorenen Untergrunds überträgt sich auf den Permafrost im Vorfeld, der eingeengt wird und sich wie Festgestein verhält: Es kommt zu Einengungen und Faltungen. Dort, wo keine bruchlose Deformation mehr möglich ist, werden ganze Schollen an Scherflächen aneinander vorbeibewegt. Dies kann als Analogie zu den Prozessen der Gebirgsbildungen als Verwerfung oder Überschiebung (*thrusting*) bezeichnet werden. Durch diese einengende Wirkung der so genannten **Glazitektonik** kommt es ebenfalls zur Bildung von Wallformen, den *thrust moraines*. Sie sind charakteristisch für Polargebiete, aber auch die großen pleistozänen Moränenkomplexe in Mitteleuropa sind auf diese Weise entstanden. Da sich bei dieser Entstehungsart viele Schichten gefrorener Sedimentschollen übereinanderschieben können, erreichen *thrust moraines* Höhen von Zehnermetern. Im Alpenvorland bilden diese Ablagerungen die großen Moränenkränze um die Zungenbecken herum. Heute stellen sich diese oft als bewaldete Höhenzüge dar, die wegen ihrer Ausdehnung als Form im Gelände schwer greifbar sind. Einen schönen Beleg für die Beteiligung von Glazitektonik an der Moränenentstehung im Alpenvorland zeigt ◙ Abb. 11.8.

> Endmoränen entstehen nur, wenn Gletscher in Lockergestein vorstoßen. Ist dieses ungefroren, entstehen relativ niedrige *push moraines*; bei gefrorenen Sedimenten können große Schollen abscheren und sich überlagern, was die Entstehung höherer *thrust moraines* ermöglicht.

11.4 Sonderformen

Eine Sonderform im glazialen Ablagerungsmilieu sind *flutings*, *fluted moraines* oder *glacial flutes*. Es handelt sich um Wälle in Fließrichtung des Gletschers, die durch Aufpressung von Grundmoräne in subglaziale Hohlräume entstehen (Ives und Iverson 2019). Dies geschieht bevorzugt im Lee von Felshindernissen bei wassergesättigtem, deformierbarem Untergrund. Durch die Auflast des Eises wird das Lockermaterial in den Hohlraum gepresst. Bei jeder weiteren Gletscherbewegung wird neu entstehender Hohlraum sofort ausgefüllt, so dass die Form mit der Zeit immer länger wird (◙ Abb. 11.9).

Abb. 11.7 **a** *Push moraines* des späten 19. Jahrhunderts im Mælifell-Sander, Island. Der Gletscher Sléttjökull ist am rechten Bildrand noch zu sehen. **b** Kleine Staffeln von *push moraines* (Wintermoränen) am Sléttjökull. **c** *Push moraines* am Hornkees, Zillertal. (Fotos: W. Hagg)

Abb. 11.8 Auffaltung von ursprünglich horizontal abgelagerten Schottern: Beweis für Glazitektonik in einer Kiesgrube im Ostallgäu. (Foto: Hermann Jerz)

Abb. 11.9 *Fluted moraine* im Vorfeld des Sléttjökulls, Island. Die Pfeile auf dem Gletscherende im Bildvordergrund zeigen auf drei besonders markante *flutes*. (Foto: W. Hagg)

Drumlins (vom irisch-gälischen *droimnín* für „kleiner Rücken") sind eisbewegungsparallele, stromlinienartige Formen mit steiler Luv- und flacher Leeseite. Sie bestehen aus Lockermaterial und sind typischerweise wenige Zehnermeter hoch und höchstens wenige 100 m lang (◧ Abb. 11.10). An Randlagen pleistozäner Eisschilde und Vorlandgletscher treten sie oft vergesellschaftet als „Drumlin-Schwärme" auf. Ihre Genese ist immer noch umstritten und es ist noch nicht einmal eindeutig geklärt, ob es sich um Erosions- oder Akkumulationsformen oder um eine Kombination aus beidem handelt (Fowler 2018). Gegen eine reine Erosionsform spricht, dass sie bevorzugt in Bereichen

Abb. 11.10 Drumlin im Eberfinger Drumlinfeld, der mit 360 Einzelformen größten Ansammlung in Bayern. Der bewaldete Höhenrücken dahinter gehört zum würmzeitlichen Moränenkomplex um den Starnberger See, der ebenfalls noch zu sehen ist. (Foto: W. Hagg)

auftreten, in denen die Erosionsleistung nachlässt. Dies ist zum Beispiel dort, wo Vorlandgletscher in einzelne Teilloben auseinanderfließen. Eine wichtige Voraussetzung für die Entstehung scheint ein Bett aus deformierbaren Sedimenten unterschiedlicher Härte zu sein, über das der Gletscher fließt. Die Härtlinge werden dabei stromlinienartig umflossen, wobei an der Stirnseite stärker erodiert wird und das Material im Lee eher vor Abtragung geschützt ist oder sogar Sedimentation stattfindet. Hier ist eine gewisse Analogie zu *crag-and-tails*, die jedoch immer einen Härtling aus Festgestein haben, offensichtlich. Am Eisrand können die Härteunterschiede durch die Sedimentverteilung bedingt sein. An den Gletschertoren wird vom Gletscherbach gröberer Gesteinsschutt sedimentiert, dieser ist bei einem Vorstoß der Front widerstandfähiger als das feinsandige Material dazwischen. Auch andere Entstehungsmöglichkeiten für die Härteunterschiede sind denkbar (Boulton 1987).

11.5 Glazifluviale Akkumulationsformen

Glazifluviale Akkumulationsformen wurden von Gletscherschmelzwässern abgelagert. Von reinen fluvialen Ablagerungen grenzt sie ab, dass Gletschereis entweder direkt an der Entstehung beteiligt war oder dass die Form nur durch die riesigen Schmelzwassermengen beim Niedertauen der pleistozänen Vergletscherung erklärbar ist. Ihr Material ist oft kantengerundet und stellt, wie bereits erwähnt, eine Übergangsform zwischen den kantigen glazialen und den runden fluvialen Ablagerungen dar.

Die riesigen glazifluvialen Ablagerungsflächen jenseits der Endmoränen werden als **Sander** bezeichnet, was aus dem isländischen Begriff für „Sand" (*sandur*) kommt und bereits auf die vorherrschenden kleinen Korngrößen des Substrats hinweist (**Abb. 11.7a**). Auch in Norddeutschland bestehen die entsprechenden Sedimente aus den Sanden des skandinavischen Silikatgesteins, das vom nordischen

■ **Abb. 11.11**   Talsander unterhalb des Mandrone-Gletschers, Naturpark Adamello-Brenta, Italien. (Foto: W. Hagg)

Inlandeis antransportiert wurde. In Süddeutschland waren die Transportwege wesentlich kürzer, weshalb die Ablagerungen hier aus gröberen Kiesen bestehen; sie werden als **Schotterflächen** bezeichnet. Wenn Sander an einem einzelnen Durchbruch durch die Endmoräne ansetzen, entstehen flache Kegelformen, die **Kegelsander**. Bei einem späteren Einschneiden des nacheiszeitlichen Flusses in diese Ablagerung entstehen durch die Kegelform oft sich flussabwärts aufweitende Talformen, die so genannten Trompetentälchen. Mehrere Kegelsander können sich zu **Flächensandern** vereinigen, innerhalb der Gebirge entstehen aufgrund des Platzmangels räumlich begrenzte Talsander (■ Abb. 11.11).

> Glazifluviale Aufschüttungsflächen von Feinmaterial heißen Sander. Im Pleistozän sind große Sander durch den Skandinavischen Eisschild entstanden, im Alpenvorland bestehen die Sedimente aus gröberen Kiesen und werden als Schotterflächen bezeichnet, im Gebirge entstehen räumlich begrenzte Talsander.

Als **Kame** (*sprich:* ˈkeɪm) bezeichnet man eine Schuttanhäufung in Gletscherspalten oder zwischen Toteisblöcken, die nach dem Abschmelzen des Eises als Vollformen bestehen bleibt. Je nach spezifischem Ablagerungsort können unterschiedliche Ausprägungen entstehen. Aus supraglazialen Akkumulationen können Kameplateaus entstehen, aus randlichen Anhäufungen zwischen Gletscher und Talhang entstehen Kameterrassen und aus Füllungen von Gletschermühlen entwickeln sich so genannte *Moulin-Kames* (Tumuli; Singular: Tumulus; ■ Abb. 11.12).

Ein **Os** (*esker*) ist ein bahndammartig lang gestreckter Wall (■ Abb. 11.13), der durch subglaziale Akkumulation im zentralen Entwässerungskanal entsteht. Das Material ist gerundet und geschichtet; aufgrund des Druckfließens in subglazialen Röhren können die Wälle auch Gegenanstiege überwinden. Oser, wie sie im Plural genannt werden, können verzweigt (*braided esker*) oder unverzweigt (*single ridge esker*) auftreten und sind im Hochgebirge selten.

▣ Abb. 11.12   Tumulus auf dem Andechser Höhenrücken. (Foto: W. Hagg)

▣ Abb. 11.13   Das Os von Maxlrain erstreckt sich über 2 km im Alpenvorland. Nur der nördlichste Teil (Bildvordergrund) ist unbewaldet. (Foto: W. Hagg)

Dort, wo Eis vom aktiven Gletscher abgetrennt wird und als Toteis passiv vor sich hinschmilzt, kommt es durch die starke Aufschotterung der Schmelzwasser oft dazu, dass diese Eisblöcke teilweise oder ganz in den Schottern versinken. Da sie ihren Standort vor Aufschotterung bewahren, bleiben hier nach dem Abschmelzen Hohlformen zurück, die **Toteislöcher (*kettle holes*)**. Bei Vernässung entsteht ein

▣ Abb. 11.14   Zeugnisse der Eiszeit an den Osterseen: Kames (ka) und Toteislöcher (*kettles*, ke) vergesellschaften sich zu einer so genannten Eiszerfalls- oder Niedertaulandschaft (*kame-and-kettle topography*). (Foto: W. Hagg)

Soll (Plural: Sölle), das im Sommer trockenfällt, oder ein ganzjährig bestehender **Toteissee**. Als im Spätglazial große Teile der Vorlandgletscher und Eisschilde abgetrennt wurden, entstanden durch das Überangebot von Schmelzwasser ganze Niedertau- oder **Eiszerfallslandschaften** (▣ Abb. 11.14). Typisch hierfür ist ein chaotische Topographie, in der Toteislöcher oft mit Kames vergesellschaftet sind (*kame-and-kettle topography*; Benn und Evans 1998).

> Wenn größere Gletscherteile beim Rückschmelzen abgetrennt werden, entstehen Eiszerfallslandschaften. Schuttanhäufungen auf und im Eis oder zwischen Eiskörpern heißen Kames, Füllungen von subglazialen Kanälen werden als Oser bezeichnet. Dort, wo Eisblöcke vor Aufschotterung schützen, entstehen nach dem Abschmelzen Toteislöcher.

11.6 Die glaziale Serie

Der räumliche Wechsel der glazialen (Erosions- und) Akkumulationsformen und der Übergang zu den glazifluvialen Ablagerungen zeigt häufig eine regelhafte Zonierung. Dies wurde bereits früh erkannt und von Penck und Brückner (1901–1909) als Modellvorstellung der **glazialen Serie** beschrieben. Damit ist die idealtypische Formensequenz vom Zungenbecken und der Grundmoränenlandschaft mit Drumlinfeldern über die Endmoräne und Sander- bzw. Schotterflächen bis hin zu Urstromtälern gemeint (▣ Abb. 11.15). Letztere sind parallel zum Eisrand laufende Täler, die

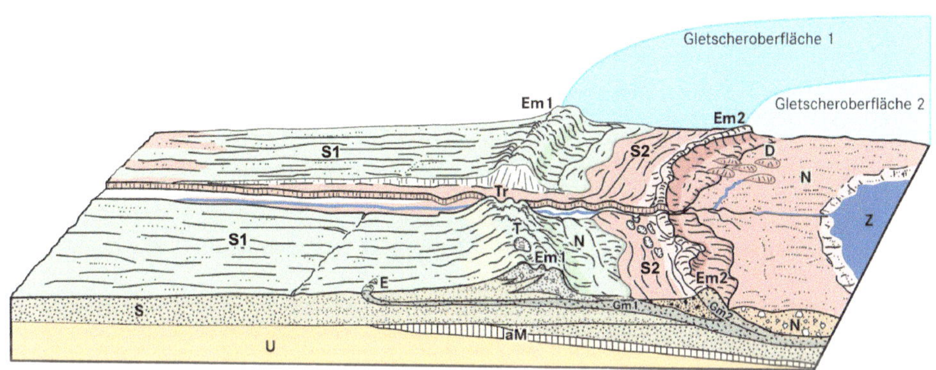

Abb. 11.15 Eine glaziale Serie, bestehend aus zwei Gletschervorstößen (glazialen Komplexen: 1 = der ältere, 2 = der jüngere). Z = Zungenbecken, N = Niedertaulandschaft, D = Drumlin, Gm = Grundmoräne, Em = Endmoränenwall, S = Schotter/Sander, T = Toteisloch, E = Endmoräne des weitesten Vorstoßes, aM = alte Moräne einer vorangegangenen Eiszeit, U = voreiszeitlicher Untergrund. (Aus: Rögner (2020), Glazial geprägte Landschaften, erschienen 2020 bei Springer Spektrum, leicht veränderter Nachdruck mit Genehmigung von SNCSC)

Abb. 11.16 Blick nach Süden in das Zungenbecken des Starnberger Sees, im Vordergrund der Wall der ersten Rückzugsphase der Leutstettener Endmoräne, den die Würm rechts außerhalb des Bilds durchbricht. (Foto: W. Hagg)

das Schmelzwasser des Nordischen Inlandeises an den Endmoränenzügen entlang entwässerten. Im Alpenvorland existieren keine Urstromtäler, weil das Gelände hier vom Eis weg abfällt und das Schmelzwasser deshalb frei abfließen konnte.

Glaziale Serien durchquert man also beinahe unweigerlich, in umgekehrter als der eben beschriebenen Richtung, wenn man in Süddeutschland Richtung Alpen fährt. Eine besonders schöne Variante bietet die Bahnstrecke von München nach Starnberg, die durch den Durchbruch der Würm durch die Leutstettener Endmoräne (■ Abb. 11.16) führt, was die namensgebende Typlokalität für die letzte Kaltzeit darstellt.

Literatur

Benn DI, Evans DJA (1998) Glaciers & glaciation. Hodder Arnold, London

Boulton GS (1974) Processes and patterns of glacial erosion. In: Coates DR (Hrsg) Glacial geomorphology. State University of New York, Binghamton, S 41–87

Boulton GS (1987) A theory of drumlin formation by subglacial sediment deformation. In: Menzies J, Rose J (Hrsg) Drumlin symposium. Balkena, Rotterdam, S 25–80

Brook MS, Hagg W, Winkler S (2017) Contrasting medial moraine development at adjacent temperate, maritime glaciers: Fox and Franz Josef Glaciers, South Westland, New Zealand. Geomorphology 290:58–68

Eyles N, Rogerson RJ (1978) A framework for the investigation of medial moraine formation: Austerdalsbreen, Norway, and Berendon Glacier, British Columbia, Canada. J Glaciol 20(82):99–113

Fowler AC (2018) The philosopher in the kitchen: the role of mathematical modelling in explaining drumlin formation. GFF. https://doi.org/10.1080/11035897.2018.1444671

Hallett B (1979) A theoretical model of glacier abrasion. J Glaciol 23:39–50

Humlum O (1978) Genesis of layered lateral moraines. Geogr Tidsskr 77:65–71

Ives LRW, Iverson NR (2019) Genesis of glacial flutes inferred from observations at Múlajökull, Iceland. Geology 47(5):387–390. https://doi.org/10.1130/G45714.1

Leser H (1977) Feld- und Labormethoden der Geomorphologie. Walter de Gruyter, Berlin/New York

Penck A, Brückner E (1901–1909) Die Alpen Im Eiszeitalter, Bd 3. Tauchnitz, Leipzig

Reichelt G (1961) Über Schotterformen und Rundungsgradanalyse als Feldmethode. Petermanns Geogr Mitt 105:15–24

Roethlisberger F, Schneebeli W (1979) Genesis of lateral moraine complexes, demonstrated by fossil soils and trunks; indicators of postglacial climatic fluctuations, paper presented at INQUA symposium on genesis and lithology of quaternary deposits, Int. Union for Quat. Res., Zurich

Rögner K (2020) Glazial geprägte Landschaften. In: Gebhardt H, Glaser R, Radtke U, Vött A (Hrsg) Geographie. Springer Spektrum, Berlin, S 430–433

11

Serviceteil

Glossar – 184

Stichwortverzeichnis– 203

Glossar

Ablation Gesamtheit der Prozesse, durch die ein Gletscher Masse verliert. Neben Schmelzen gehören dazu auch Sublimation, Winddrift, Kalben und → Eislawinen.

Ablationsgebiet Gebiet unterhalb der → Gleichgewichtslinie, auf dem der Gletscher am Ende des → Haushaltsjahres einen Massenverlust verzeichnet.

Ablationsmoräne → *melt-out till.*

Ablationsperiode Saison beim → *winter accumulation type glacier*, die weitgehend von Massenverlusten bestimmt wird. Beim → *fixed date system* dauert sie in den Alpen vom 1. Mai bis zum 30. September.

Abrasion Abschleifende Wirkung von Gletschern auf den Felsuntergrund, je nach Härte des Schleifmittels wird in → *polishing* und → *striation* unterschieden.

Absetzmoräne → *lodgement till.*

accumulation area ratio (AAR) Anteil des → Nährgebiets an der Gesamtfläche eines Gletschers.

Akkumulation Gesamtheit der Prozesse, die dem Gletscher Masse zuführen. Neben festem Niederschlag und Resublimation gehören dazu Wind- und Lawineneintrag sowie Wiedergefrieren von Regen und Schmelzwasser.

Akkumulationsgebiet Gebiet oberhalb der → Gleichgewichtslinie, auf dem der Gletscher am Ende des → Haushaltsjahres einen Massengewinn verzeichnet.

Akkumulationsperiode Saison beim → *winter accumulation type glacier*, die weitgehend von Massengewinnen bestimmt wird. Beim → *fixed date system* dauert sie in den Alpen vom 1. Oktober bis zum 30. April.

Altholozän Erster Abschnitt im → Holozän, der durch markante Gletschervorstöße gekennzeichnet war.

Altschnee Leicht metamorph veränderter Schnee mit einer Dichte von 0,2–0,4 $\mathrm{g\,cm^{-3}}$.

Altmoräne Gletscherablagerung aus der vorletzten → Kaltzeit, die von ca. 300.000–126.000 Jahren vor heute stattgefunden hat. In Süddeutschland wird dieses Zeitalter als Riß und in Norddeutschland als Saale bezeichnet.

Anisotropie Richtungsabhängigkeit einer physikalischen Eigenschaft oder eines Vorgangs.

Anpassungszeit (*dynamic/volume response time*) Zeitraum, den es dauert, bis sich ein Gletscher auf eine sprunghafte Klimaänderung einstellt und, mit angepasster Größe und Geometrie, zu einem neuen Gleichgewicht findet.

Arête Zugeschärfter Grat am Gipfelaufbau, durch Glazialerosion an mehreren Flanken entstanden.

Aufeiszone (*superimposed ice zone*) Hydrologische Zone, in der an der Basis der von → Gletschereis unterlagerten Schneeschicht wiedergefrorenes Schmelzwasser durch nachträgliches Schmelzen des Schnees an die Oberfläche gelangt.

Ausapern (auch: Ausaperung) Schneefrei werden.

Auslassgletscher (*outlet glacier*) Von Eiskappen oder Inlandeisen abfließende Gletscherarme.

Ausschmelzmoräne → *melt-out till.*

basales Gleiten (*basal sliding*) En-bloc-Bewegung warmbasaler Gletscher auf dem Schmelzwasserfilm zwischen Eis und → Gletscherbett.

bedeckte Ablation Schmelze unterhalb einer Schuttauflage (→ Obermoräne).

Bergschrund Gletscherspalte, die das oberste, am Fels angefrorene Eis vom bewegten Teil des Gletschers trennt.

Büßerschnee (*snow penitents*) Zackenartige Schneeoberfläche, die durch selektive Sublimation und Schmelze entsteht.

bulldozing → *pushing.*

chattermarks Übergangsformen zwischen → Gletscherschrammen und → Parabelrissen, die durch eine ruckartige, aber dennoch kontinuierliche Eisbewegung entstehen.

compressive flow Stauchungsprozesse im → Gletschereis bei einer Abnahme der Fließgeschwindigkeit talabwärts, zum Beispiel am Ende einer Gefällstufe.

crag-and-tail Durch Gletschertätigkeit stromlinienförmig überformter Felsbuckel (*crag*) mit steiler Luvseite und flacher Moränenschleppe auf der Leeseite (*tail*).

Deckgletscher Gletschertyp, der den Untergrund so vollständig überdeckt, dass die Fließrichtung des Eises von diesem entkoppelt ist und nur durch Neigung der Eisoberfläche gesteuert wird.

Deformationsfließen (*internal deformation*) Hauptbewegungsform von → Gletschereis durch interne Deformation.

Diagenese Verfestigung von Schnee und → Firn durch Überlagerungsdruck.

Diffluenz Auseinanderfließen von Gletscher in verschiedene Täler.

diffuse Strahlung Der Teil der → Globalstrahlung, der in der Atmosphäre gestreut wird.

direkte Strahlung Der Teil der → Globalstrahlung, der auf kürzestem Weg von der Sonne zur Erdoberfläche gelangt, ohne in der Atmosphäre gestreut zu werden.

Druckschmelzpunkt Druckabhängiger Schmelzpunkt, der pro bar Druckzunahme um 0,0073 °C abnimmt.

Drumlins Eisbewegungsparallele, stromlinienartige Formen mit steiler Luv- und flacher Leeseite.

dumping Seitliches Abrutschen von → supraglazialem Gesteinsmaterial am Gletscherrand.

Eiskappe (ice cap) Sehr großer (bis 50.000 km²) Gletscher in Polargebieten, der deutliches Relief überlagert.

Eiskliff Steile Eispartie, an der bei schuttbedeckten Gletschern die → Obermoräne abgerutscht ist.

Eislawine Eismasse, die sich von einem Gletscher gelöst hat und zu Tal stürzt. Gehört zu den Prozessen der → Ablation, vor allem bei → Hängegletschern.

Eisschild (ice sheet) Gletscher von kontinentalem Ausmaß, heute nur in Grönland und der Antarktis existent.

Eisstromnetz (ice field, dendritic glacier system) Vergletscherungstyp, bei dem Gebirgsgletscher verschiedener Täler über Pässe miteinander verbunden sind. Existiert heute nur noch in Polargebieten.

Eissee → supraglazialer See.

Eisstausee → Gletscherstausee, dessen Damm aus Eis besteht.

Eiszeit Anderer Begriff für → Kaltzeit, der jedoch nur in Gebieten verwendet werden sollte, die tatsächlich durch → Gletschereis dominiert waren.

Eiszeitalter Relativ kühler Abschnitt in der Erdgeschichte, in dem mindestens ein Pol vergletschert ist.

Eiszerfallslandschaften (*kame-and-kettle topography*) Durch Niedertauen → pleistozäner Eismassen entstandene, chaotische Topographie, in der → Toteislöcher mit → Kames vergesellschaftet sind.

Emergenz Gegen die Gletscheroberfläche gerichtete Relativbewegung des Eises unterhalb der → Gleichgewichtslinie.

Endmoränen (*end moraines, terminal moraines*) Moränenablagerung an der → Gletscherstirn durch → *pushing* von ungefrorenem (→ *push moraine*) oder durch → *thrusting* von gefrorenem Lockermaterial (→ *thrust moraine*).

englazial Lagebeziehung für Objekte und Prozesse im Gletscher (→ intraglazial).

extending flow Dehnungsprozesse bei einer Zunahme der Fließgeschwindigkeit talabwärts, zum Beispiel am Beginn einer Gefällstufe.

falsche Ogiven Durch die Eisbewegung steilgestellte Schichtlinien im → Ablationsgebiet, die durch die schnellere Eisbewegung in der Talmitte nach unten gebogen sind. Diese Form haben sie mit echten → Ogiven gemeinsam, sind aber im Gegensatz zu diesen keine Stauchwülste.

Felsdrumlin Vom Gletscher überformtes, von der Standardform des → Rundhöckers abweichendes Felshindernis mit steiler Luv- und flacher Leeseite. Durch geringe Fließgeschwindigkeit ist die → Abrasion uneffektiv und es entsteht kein → subglazialer Hohlraum, wodurch kein → *plucking* stattfindet.

Findling Großer Gesteinsblock, der während einer → Kaltzeit von Gletschern teilweise über mehrere hundert Kilometer an seine heutige Position transportiert wurde.

Firn Schnee, der einen ganzen Sommer überdauert hat und ein großes Dichtespektrum von 0,4–0,83 g cm^{-3} aufweist.

Firnkesselgletscher Stark lawinengespeister Gletschertyp, der aus mehreren → Karen entspringt, die unterhalb der → klimatischen Schneegrenze liegen.

Firnmuldengletscher Gletschertyp, bei dem das → Nährgebiet in einer Flachform liegt und die Ernährung vorwiegend durch Schneefall und nicht durch Lawinen erfolgt.

Firnstromgletscher Gletschertyp, bei dem der obere Teil der → Gletscherzunge zum → Nährgebiet gehört.

fixed date system Verwendung eines fixen → Haushaltsjahres vom 1. Oktober bis 30. September bei der Bestimmung der Gletschermassenbilanz.

Fjord → Trogtal, das ins Meer mündet und dessen Talboden vom Meer geflutet ist.

Flächensander → Sander.

Flankenvereisung Gletschertyp, bei dem das → Akkumulationsgebiet in steilem Gelände liegt, aber → Eislawinen noch nicht der dominierende Prozess der → Ablation ist.

fluting Wall in der Grundmoräne, der durch permanentes Aufpressen von wasserübersättigtem Feinmaterial in → subglaziale Hohlräume entsteht und sich in Fließrichtung erstreckt (*fluted moraine*, *glacial flute*).

Foliation Bänderung bzw. Blätterung von hellen, grobkristallinen und dunklen, feinkristallinen Lagen, die durch seitliche Verformung (Scherung) und Kompression entstehen.

fossile Hölzer Abgestorbene Baumreste in → Moränen, die bei der Altersdatierung der Ablagerungen und der zugehörigen Gletschervorstöße helfen können.

frontal Lage unmittelbar an der → Gletscherstirn.

fühlbarer Wärmestrom (auch: sensibler Wärmestrom) Direkter Wärmetransport, der sich durch eine Änderung der Temperatur äußerst.

furrow Rinnenförmige, → subglaziale, → glazifluviale Erosionsform (→ P-Form) längs zur Fließrichtung Gletschers.

geodätische Methode Methode der Massenhaushaltsbestimmung, die auf dem Höhenvergleich der Gletscheroberfläche zu zwei Zeitpunkten beruht. Aus Höhenunterschieden werden Volumendifferenzen und daraus, unter Annahme einer mittleren Dichte, die Massenänderung berechnet.

Geschiebe Überbegriff für vom Gletscher transportiertes Moränenmaterial (→ *till*).

Geschiebelehm Moränenmaterial (→ *till*) mit hohem Feinmaterialgehalt.

glazial Den Gletscher betreffend.

Glazial → Kaltzeit.

glaziale Serie Modellvorstellung einer regelhaften Abfolge von Landformen, die durch die Tätigkeit der Gletscher und ihrer Schmelzwasser am Rand der pleistozänen → Eisschilde und → Vorlandgletscher entstanden sind.

Glazialgeomorphologie Teilgebiet der Landformenkunde, das sich mit den glazialen Abtragungs- und Aufschüttungsformen beschäftigt.

glazifluvial Durch Gletscherschmelzwasser entstanden.

glazigen Durch Gletscher entstanden.

Glazitektonik Überbegriff für Falten- und Bruchtexturen in Lockersedimenten, die durch die Bewegung von Gletschereis entstehen. Unter dem Eis kommt es zu Dehnungen und Zerrungen mit Abschiebungen, im → Gletschervorfeld zur Einengung und Pressung mit Faltungen, Auf- und Überschiebungen.

glaziologische Methode Direkte Methode der Massenhaushaltsbestimmung, bei der die Massenbilanz auf dem Gletscher gemessen wird, die → Akkumulation an Schneeschächten und die → Ablation an Pegelstangen.

Gleichgewichtslinie (*equilibrium line altitude*, ELA) → Lokale Schneegrenze auf Gletschern. Als Null-Linie der Massenbilanz trennt sie das → Nährgebiet vom → Zehrgebiet.

Gletscherbett Untergrund des Eises, der aus Fest- oder Lockergestein bestehen kann.

Gletscherbruch (*ice fall*) Steilstufe im Längsprofil eines Gletschers, wo das Eis durch → Querspalten aufbricht und sich in einzelne → Séracs auflösen kann.

Gletschereis Körniges, luftundurchlässiges Endprodukt der → Schneemetamorphose mit einer Dichte von $0,83–0,917\ \mathrm{g\,cm^{-3}}$.

Gletscherfront Unteres, also talseitiges Ende des Gletschers (→ Gletscherstirn).

Gletscherkunde Die Lehre von den Erscheinungsformen, den physikalischen Eigenschaften und Wirkungen der rezenten Gletscher.

Gletschermilch Gletscherschmelzwasser mit hohem Gehalt an Schwebstoff. Durch das vom Gletscher fein zerriebene Gesteinsmehl ist für Gletscherbäche bis weit flussabwärts eine hellgraue Färbung charakteristisch.

Gletschermühle Ort, an dem ein → supraglazialer Schmelzwasserbach im Gletscherinneren verschwindet. Gletschermühlen entstehen oft an Gletscherspalten oder Kreuzungspunkten von zwei Spalten.

Gletscherschliff (*glacial polish*) → *polishing.*

Gletscherschrammen (*striae*) → *striation.*

Gletscherseeausbruch (*glacier lake outburst flood*, GLOF) Ausbruch eines eis- oder moränengestauten Sees oder einer Wasseransammlung auf dem Gletscher (→ Eissee) oder im Gletscher (→ Wassertasche).

Gletschersohle Unterste Meter des Gletschers, die Gesteinsfragmente vom → Gletscherbett enthalten können.

Gletscherstausee See, der sich bildet, wenn → Gletschereis (Eisstausee) oder → Moräne (Moränenstausee) ein Gerinne aufstaut.

Gletscherstirn Unteres, also talseitiges Ende des Gletschers (→ Gletscherfront).

Gletschertisch Großer Stein oder Felsblock, der auf einem Eissockel aus der Gletscheroberfläche herauswächst, indem er den Eissockel vor Sonneneinstrahlung schützt.

Gletschertor Tunnelöffnung am talseitigen Ende des Gletschers, an der der → subglaziale Entwässerungskanal den Gletscher verlässt und zum Gletscherbach wird.

Gletschervorfeld Gebiet vor dem Gletscher (→ proglazial), das in der Regel noch nicht sehr lange eisfrei ist.

Gletscherzunge Länglicher, unterer Gletscherteil, der in seiner Längserstreckung dem Talverlauf folgt.

globale Verdunkelung (*global dimming*) Trübung der Atmosphäre durch starke Luftverschmutzung, die von den 1960er bis in die 1980er-Jahre durch die Reduzierung der → Globalstrahlung zu Abkühlung und Gletschervorstößen vor allem in Europa führte.

Globalstrahlung An der Erdoberfläche ankommende, kurzwellige Solarstrahlung, die sich aus → direkter Strahlung und → diffuser Strahlung zusammensetzt.

gravimetrische Methode Methode, die Gletschermassenbilanzen aus Änderungen des Schwerefelds der Erde bestimmt.

Grundmoräne → subglazial entstandene Gletscherablagerung ohne auffällige morphologische Form und mit hohem Feinmaterialgehalt (→ Geschiebelehm).

Hängegletscher (*hanging glacier*) Gletschertyp an steilen Bergflanken, bei dem → Eislawinen der dominierende Prozess der → Ablation sind.

Hängetal Seitental, dessen Talboden durch geringere Eismächtigkeit weniger stark erodiert wurde als das Haupttal und dessen Höhenniveau deswegen über demjenigen des Haupttals liegt, mit dem es über eine Steilstufe verbunden ist.

Haushaltsjahr Bezugszeitraum für den jährlichen Massenhaushalt. Das natürliche Haushaltsjahr erstreckt sich von einem jährlichen Massenminimum (Ende der Schmelzperiode) bis zum Minimum im Folgejahr und kann kalendarisch aufgrund unterschiedlicher Witterungsbedingungen variieren. Beim → *fixed date system* wird der Zeitraum festgelegt.

Hochglazial Phase der größten Eisvorstöße in einer Kaltzeit.

Holozän Zeitabschnitt vom Ende der letzten → Kaltzeit (11.700 Jahre vor heute) bis in die Gegenwart.

holozänes Klimaoptimum Wärmste Phase im → Holozän vor 7000 bis 6600 Jahren vor heute.

hydrologisch-meteorologische Methode Methode, die den Massenhaushalt eines Gletschers als Restglied der Wasserhaushaltsgleichung (Niederschlag minus Verdunstung minus Abfluss) berechnet.

Inlandeis → Eisschild.

Innenmoräne Im Gletschereis befindliches (→ englaziales) Gesteinsmaterial.

Interglazial → Warmzeit.

intraglazial Lagebeziehung für Objekte und Prozesse im Gletscher (→ englazial).

inverse Sichelbrüche Gröbere, sichelförmige → Reibungsbrüche im Festgestein, deren offene Seiten vom Gletscher weg zeigen.

Isochione Linie gleicher Höhenlage der → Schneegrenze.

Isotopenstadium (*marine istopope stage*, MIS) Warmer oder kalter Zeitabschnitt in der Erdgeschichte, der aus dem Sauerstoff-Isotopen-Verhältnis in marinen Sedimenten abgeleitet wird.

Jökulhlaup Im deutschen als Gletscherlauf aus dem isländischen übersetzte Sonderform von → Gletscherseeausbrüchen. In Vulkangebieten kann es durch Geothermie oder Ausbruchsaktivität zu großen → subglazialen Wasseransammlungen kommen, die bis zu einem kritischen Volumen wachsen und dann ausbrechen. Vor allem in der englischsprachigen Literatur wird der Begriff oft weiter gefasst und allgemein für Gletscherseeausbrüche verwendet.

Jungmoräne Gletscherablagerung aus der letzten → Kaltzeit, die von ca. 115.000–11.700 Jahren vor heute stattgefunden hat. In Süddeutschland wird dieses Zeitalter als Würm und in Norddeutschland als Weichsel bezeichnet.

kalter Gletscher (*cold glacier*) Gletscher, der ausschließlich aus → kaltem Eis besteht.

kaltes Eis Eis, das sich deutlich unterhalb des → Druckschmelzpunkts befindet.

Kaltzeit (Glazial) Kühle Phase innerhalb eines → Eiszeitalters, in der große Bereiche der Festländer vergletschert sind (→ Eiszeit).

Kame Schuttanhäufungen auf oder in Gletschern oder zwischen Toteisblöcken, die nach dem Abschmelzen des Eises als Vollformen bestehen bleiben. Flächenhafte Ablagerungen aus → supraglazialen Seen heißen Kameplateaus, Anhäufungen am Talhang werden als Kameterrassen bezeichnet.

Kar (*cirque*) Sesselförmige Vertiefung unterhalb des Gipfelaufbaus, durch Glazialerosion aus einer → Nivationsnische entstanden.

Karakorum-Anomalie Phänomen aktuell stabiler oder sogar leicht vorstoßender Gletscher im Karakorum und in angrenzenden Gebirgszügen, das vermutlich auf vorübergehend erhöhte Schneefälle zurückzuführen ist.

Kargletscher (*cirque glacier*) Gletschertyp, der räumlich auf ein → Kar beschränkt ist.

Karling Pyramidenartig von allen Seiten durch Glazialerosion zugeschärfte Bergspitze.

Karsee Wassergefülltes → Kar.

Karschwelle Querriegel am Ausgang des → Kars, durch lokales Nachlassen der Glazialerosion bei der Rotationsbewegung von → Kargletschern entstanden.

Kegelsande → Sander.

Kleine Eiszeit Kälteste Phase des → Holozäns von ca. 1550 n. Chr. bis 1850 n. Chr.

Kolk (*pothole*) Kreisrunde Aushöhlung im Felsuntergrund, die durch Wasserstrudel in Gletscherspalten und → Gletschermühlen entsteht und zu den ungerichteten → P-Formen gehört.

Kompensationseffekt Ausgleichender Effekt von Gletschern auf die Wasserführung in Flüssen, der dadurch entsteht, dass Eisschmelze besonders in jenen trocken-heißen Sommerperioden hoch ist, in denen Niederschläge ausbleiben.

Konfluenz Zusammenfluss von Gletschern oder Gletscherästen.

Konfluenzstufe Gefällstufe im Längsprofil eines Talbodens, entstanden durch Zunahme der Erosionsleistung bei der → Konfluenz von Gletschern.

Korngröße Durchmesser eines Gesteinspartikels, der den Größenklassen Blöcke, Steine, Kies, Sand, Schluff und Ton zugewiesen werden kann.

Kornform Die Form von Gesteinspartikeln, in der Geomorphologie beschränkt man sich meist auf den Aspekt der Rundung und untergliedert in die vier Klassen kantig, kantengerundet, gerundet und stark gerundet.

Kritzung Gletscherschrammen (→ *striae*) auf Lockergestein („gekritztes Geschiebe"), durch → *striation* entstanden.

Kryokonit Durch Wind eingeblasener Feinstaub, der von Mikroorganismen zu Körnchen verklebt wird.

Kryokonitlöcher Löcher in der Eisoberfläche, die durch Einschmelzen von kleinen Steinen oder → Kryokonitansammlungen (→ Kryokonit) entstehen.

Längsspalte Durch seitliche Dehnung entstehende Spalte bei Aufweitungen von Tälern oder am Gebirgsrand.

Langwellige Strahlung Wärmestrahlung, die ein Körper emittiert und die stark von seiner Temperatur abhängt.

latenter Wärmestrom Energiefluss durch Phasenübergänge des Wassers.

lateral Lage seitlich des Gletschers.

latero-frontal Lage am Übergangsbereich zwischen → lateral und → frontal.

Lawinenkesselgletscher Stark lawinengespeister Gletschertyp, der in einem → Kar liegt oder aus einem Kar entspringt, das unterhalb der → klimatischen Schneegrenze liegt.

Lichenometrie Methode zur Datierung von → Moränen, die auf dem gleichförmigem Wachstum von Flechten beruht.

lodgement Aktive → Akkumulation unter sich bewegendem Eis.

lodgement till Moränenablagerung, die durch → *lodgement* an der → Gletschersohle entsteht.

Massenbilanz Massenveränderung eines Gletschers, die sich aus der Differenz zwischen Massengewinn (→ Akkumulation) und Massenverlust (→ Ablation) ergibt. Sie bezieht sich auf einen bestimmten Zeitraum und wird als Wasseräquivalent (w.e.), also als Wassersäule in mm, cm oder m angegeben.

melt-out Passives Ausschmelzen bei sehr langsamem oder unbewegtem Eis.

melt-out till Moränenablagerung, die durch → *melt-out* an der → Gletschersohle (*subglacial melt-out till*) oder der Gletscheroberfläche (Ablationsmoräne, *supraglacial melt-out till*) entsteht.

Metamorphose → Schneemetamorphose

- **abbauende Metamorphose** Umwandlungsprozess, bei dem Schneekristalle mechanisch zerbrechen und immer kleiner werden. Dadurch, dass an konvexen Stellen eher sublimiert und an konkaven resublimiert wird, werden die Körner immer runder.

- **aufbauende Metamorphose** Umwandlungsprozess bei hohen Temperaturgradienten, bei dem es durch Wasserdampfdiffusion von wärmeren zu kälteren Kristallen zum Aufbau und zur Vergrößerung von prismatischen, quaderartigen, pyramiden- oder säulenförmigen Schneekörnern kommt. Bei fortschreitender Umwandlung entfestigt sich die Schneedecke und es entstehen Becherkristalle.

- **isothermale Metamorphose** Umwandlungsprozesse bei geringen Temperaturgradienten durch mechanischen Druck und über die Gasphase. Zusammen mit der → Schmelz-Gefrier-Metamorphose repräsentiert die isothermale Metamorphose die Prozesse der abbauenden Metamorphose.

mittelalterliches Klimaoptimum Warmphase im → Holozän von 750 n. Chr. bis 1500 n. Chr.

Mittelmoräne (*medial moraine*) Länglicher Schuttwall in Fließrichtung auf dem Gletscher, der durch die Verbindung zweier → Seitenmoränen beim Zusammenfließen von Gletschern oder durch großen, punktuellen Anfall von basalem Schutt im Zusammenwirken mit emergenter Eisbewegung entsteht.

Moräne Gletscherablagerung. Im Deutschen wird sowohl die Form als auch das Material als Moräne bezeichnet, im Englischen wird in → *moraine* (Form) und → *till* (Material) unterschieden.

Moränenkranz Vollständig oder weitgehend erhaltene, bogenförmige Ablagerung aus ineinanderübergehenden → Seitenmoränen und → Endmoränen.

Moränenstausee → Gletscherstausee.

moraine Morphologische Form einer Gletscherablagerung.

Muschelbruch Muschelförmige, → subglaziale, → glazifluviale Erosionsform (→ P-Form) quer zur Fließrichtung Gletschers.

Nährgebiet → Akkumulationsgebiet.

Nassschneezone Hydrologische Zone unterhalb der → Perkolationszone, wo das gesamte Schneepaket von Schmelzen und Wiedergefrieren betroffen ist.

net-adfreezing Lokales Anfrieren von Schutt an der Gletscherbasis.

Nettobilanz → Massenbilanz.

Neptunisten Anhänger einer geologischen Lehre nach Abraham Gottlob Werner (1749–1817), nach der Gesteine durch Ablagerungsprozesse im Ozean entstehen.

Neuschnee Frisch gefallener Schnee mit einer Dichte unter $0{,}2$ g cm^{-3} und einem Luftanteil von über 90 %.

Nivationsnische Verflachung, in der Regel am Fuß von steileren Felswänden, durch Schneekriechen und -rutschen sowie verstärkte chemische Verwitterung entstanden.

Nye-Kanal (N-Kanal, *N-channel*) → Subglazialer Entwässerungskanal, der vollkommen in das → Gletscherbett engschnitten ist.

Nunatakk Bergspitze oder Felsinsel, die isoliert aus einem Gletscher herausragt. Typische Nunatakker gibt es nur bei starker Vergletscherung, z. B. bei → Eisstromnetzen, → Eiskappen und am Rand von → Inlandeisen.

Obermoräne (*supraglacial moraine*) → Moräne oder Schuttbedeckung auf einem Gletscher.

Ogive Stauchwulst unterhalb einer Gefällstufe, wo schnelleres Eis auf langsames auffährt (→ *compressive flow*). Die schnellere Eisbewegung in der Talmitte verursacht die typische Bogenform.

Optimum Phase im → Holozän, in der das Klima wärmer war als heute.

Os (*esker*) Verfüllung des zentralen, → subglazialen Entwässerungskanals, die nach dem Eisfreiwerden einen dammartigen Wall (*single ridge esker*) in Fließrichtung ausbildet oder auch verzweigt (*braided esker*) ausgebildet sein kann.

P-Form (*plastically moulded form*) Erosionsform, die durch fließendes Wasser unter dem Eis durch hohen isostatischen Druck entsteht.

Parabelrisse Feine, sichelförmige → Reibungsbrüche im Festgestein, deren offene Seiten zum Gletscher zeigen.

Perkolationszone Hydrologische Zone auf Gletschern, in der Schmelzwasser von der Schneeoberfläche in tiefere Schichten sickert und dort wiedergefriert. Unterhalb dieses Umlagerungsprozesses existiert aber noch eine Schicht trockenen Winterschnees.

Permafrost Dauergefrornis in Fels oder Lockergestein, die mindestens zwei Jahre anhält.

Pessimum Phase kälteren Klimas im → Holozän, meist durch Gletschervorstöße belegt.

Pessimum der Völkerwanderungszeit Kaltphase im → Holozän von 450 n. Chr. bis 700 n Chr.

Plateaugletscher (*plateau glacier*) Sehr großer (bis 50.000 km²) Gletscher in Polargebieten, der über relativ flachem Untergrund liegt.

Pleistozän → Eiszeitalter, das vor 2,6 Mio. Jahren begann und vor 11.700 Jahren endete. Es beinhaltet eine noch nicht bekannte Zahl von → Kaltzeiten und → Warmzeiten.

plucking Abtransport von Bruchstücken aus stark zerrütteten Gesteinspartien im Lee von Felshindernissen.

Plutonisten Anhänger einer geologischen Lehre nach James Hutton (1726–1797), der zufolge Gesteine durch vulkanische Prozesse in der Tiefe entstehen.

polishing Variante der → Abrasion, bei der durch den Abtrag von Felsvorsprüngen im Mikrobereich eine Glättung der Oberfläche resultiert (*glacial polish*, → Gletscherschliff). *Polishing* tritt vor allem dann auf, wenn die erodierenden Partikel die gleiche Härte haben wie der Felsuntergrund.

polythermaler *Gletscher* (*polythermal glacier*) Gletschertyp, der sowohl aus → kaltem Eis als auch aus → warmem Eis besteht.

proglazial Lagebeziehung für Objekte, die sich „vor dem Gletscher", also von der → Gletscherstirn talabwärts, befinden.

progressive Erosion Ausbruchsprozess bei moränengestauten Seen, bei dem sich durch die Tieferlegung des Ausflusses eine Erhöhung der Ausflussmenge und damit eine Selbstverstärkung ergibt.

***pushing* (*bulldozing*)** Schubwirkung an der Gletscherfront, durch die ungefrorener Schutt zu *push moraines* (→ Stauchendmoränen) aufgeschoben wird.

push moraine → Stauchendmoräne.

Querspalte Gletscherspalte quer zur Fließrichtung, die meist dort entsteht, wo das Gefälle und damit die Fließrichtung sprunghaft zunehmen (→ *extending flow*).

Radialspalte Durch seitliche Dehnung entstehende Gletscherspalte bei allseitig ungehindertem Ausfließen von → Vorlandgletschern.

Radiokarbonmethode (^{14}C-Methode) Datierungsmethode für organisches Material, die auf dem radioaktivem Zerfall von ^{14}C basiert und bei bis zu 60.000 Jahre alter Biomasse anwendbar ist.

Randspalte Gletscherspalte, die durch Scherspannung aufgrund der Geschwindigkeitsabnahme von der Hauptabflusslinie zum Rand hin entsteht.

rat tail Längliche, stromlinienförmige Erhebung im Festgestein, die sich im Schutz einer widerstandsfähigeren Gesteinspartie auf der Leeseite derselben durch selektive → Abrasion bildet.

Reaktionszeit (*terminus response time*) Zeitverzögerung vom Klimasignal bis zur Reaktion der → Gletscherstirn.

regenerierter Gletscher (*reconstituted glacier*) Gletscher, der durch eine Steilstufe unterbrochen wird. Der untere Teil wird durch → Eislawinen ernährt, die vom oberen Teil abstürzen.

Reibungsbrüche Halbmondartig gebogene Bruchstrukturen im Gestein, die bei ruckartiger Eisbewegung dann entstehen, wenn durch einen Einzelpartikel hoher punktueller Druck auf den Felsuntergrund ausgeübt wird.

Riegel Erhöhung im Längsprofil eines Talbodens, der bei erosionsresistenterem Gestein oder aufgrund nachlassender Tiefenerosion beim Auseinanderfließen von Gletschern entsteht.

römerzeitliches Klimaoptimum Warmphase von 300 v. Chr. bis 400 n. Chr.

Röthlisberger-Kanal (R-Kanal, *R-channel*) Schmelzwasserkanal, der → englazial oder → subglazial angelegt ist. Die subglaziale Variante ist komplett im Eis ausgebildet und im Gegensatz zum → Nye-Kanal nicht in das → Gletscherbett eingetieft.

Rundhöcker (*roches moutonnés*) Von Gletscher überformtes Feldhindernis mit flacher Luvseite durch → Abrasion und steiler Leeseite durch → *plucking*.

Sander Durch Gletscherschmelzwasser entstandene Ablagerungsfläche aus Feinmaterial, die eine flache Kegelform aufweist (Kegelsander) oder morphologisch völlig unauffällig (Flächensander) sein kann.

Scherspannung (*shear stress*) Belastung eines Materials durch ein versetzt angeordnetes Kräftepaar, das z. B. einen rechteckigen Körper in ein Parallelogramm deformiert.

Schichtung Die Abfolge von Schichten, also homogenen Ablagerungen, in Sedimenten.

Schmelz-Gefrier-Metamorphose Effiziente Umwandlung von Schneekörnern durch Schmelz- und Wiedergefrierprozesse.

Schneegrenzdepression Absenkbetrag der → Gleichgewichtslinie, der nötig war, um einen bestimmten Gletschervorstoß zu ermöglichen. Als Bezugsniveau wird meist nicht die heutige Höhenlage der Gleichgewichtslinie, sondern diejenige für den Hochstand der → Kleinen Eiszeit benutzt. Dier Wert wird verwendet, um Gletschervorstöße verschiedener Täler und Regionen miteinander zu korrelieren.

Schneegrenze Höhenlage, oberhalb derer dauerhaft Schnee existiert.

- **klimatische Schneegrenze** Über mehrere Jahre und über eine Region gemittelter Wert, der für eine ganze Gebirgsgruppen gilt.

- **orographische Schneegrenze** Über mehrere Jahre gemittelter, lokaler Wert. Kann an Sonnen- und Schattenseiten ein und desselben Bergs unterschiedliche Werte annehmen.

- **temporäre Schneegrenze** Aktueller und lokaler Wert. Untergrenze der momentanen Schneeverbreitung, ist großen jahreszeitlichen Schwankungen unterworfen.

Schneemetamorphose Umwandlungsprozess, bei dem → Neuschnee über → Altschnee zu → Firn und schließlich → Gletschereis verdichtet wird. Generell wird zwischen abbauender und aufbauender → Metamorphose unterschieden.

Schotterfläche → Glazifluviale Ablagerungsfläche analog zum → Sander, die aber aus gröberem Material (Kies) besteht.

Seitenmoräne (*lateral moraine*) Durch → *dumping* an → lateralen Gletschergrenzen entstandene Gletscherablagerung.

Séracs Eistürme in einem → Gletscherbruch.

Sichelbrüche Gröbere, sichelförmige → Reibungsbrüche im Festgestein, deren offene Seiten zum Gletscher zeigen.

sichelwanne Sichelförmige, → subglaziale, → glazifluviale Erosionsform (→ P-Form) quer zur Fließrichtung des Gletschers.

slush zone Wasserübersättigte Schicht in der → Nassschneezone, an der es zu plötzlichem Ausfließen, so genannten *slush flows* (Sulzströmen), kommen kann.

Soll → Toteisloch

Sortierung Streuung der → Korngrößen eines Sediments, je stärker die Sortierung, desto geringer ist die Streuung und desto einheitlicher ist die Größe der Einzelpartikel.

Spätglazial Zeitraum zwischen → Hochglazial (ca. 20.000 Jahre vor heute) und Ende (11.700 Jahre vor heute) der Würm-Kaltzeit, der sich durch Eiszerfall und Rückschmelzen der Gletscher auf neuzeitliche Größenordnung auszeichnet.

Stadial Zwischenvorstoß innerhalb der generellen Rückschmelzphase im → Spätglazial.

Stauchendmoräne (*push moraine*) Proglaziale → Moräne, die durch die Schubwirkung (→ *pushing*) vorstoßender Gletscher in ungefrorenem Schutt aufgeschoben wird.

Strahlungsbilanz Strahlungsaustausch eines Systems mit seiner Umwelt, der als Differenz der Strahlungsflüsse zum System (hier: Gletscher) hin und vom System weg berechnet wird.

striation Variante der → Abrasion, bei der durch den Schutt in der → Gletschersohle Kratzer im Felsuntergrund (Gletscherschrammen) verursacht werden. Sowohl der Prozess als auch das Ergebnis werden als *striation* (Plural: → *striae*) bezeichnet. *Striation* ist am effektivsten, wenn der Schutt deutlich härter ist als das → Gletscherbett.

Strudeltopf → Kolk.

subglazial Lagebeziehung für Objekte und Prozesse unter dem Gletscher.

Submergenz Ins Gletscherinnere gerichtete Bewegung von Schnee, → Firn und → Gletschereis oberhalb der → Gleichgewichtslinie.

summer-accumulation type glacier Gletscher, bei dem Massengewinn und Massenverlust gleichzeitig in der warmen Jahreszeit ihr Maximum haben. Dies sind vor allem tropische und monsunbeeinflusste Gletscher.

supraglazial Lagebeziehung für Objekte und Prozesse auf dem Gletscher.

Surge Schnelle Vorstoßphase eines Gletschers, die auf dem Abbau eines aufgestauten Massenungleichgewichts beruht und nicht durch eine Klimaverschlechterung verursacht wird.

Talgletscher (*valley glacier*) Gebirgsgletscher, bei dem eine → Gletscherzunge deutlich über das → Kar hinaus existiert.

Talsander → Sander in Gebirgsrelief, der in seiner seitlichen Ausdehnung begrenzt ist.

temperierter Gletscher (*temperate glacier*) Gletscher, der ausschließlich aus → warmem Eis besteht.

temperiertes Eis → warmes Eis.

thrusting Deformation von gefrorenem Schutt durch vorstoßenden Gletscher, wobei es durch die Einengung zu Faltungen und Abscherungen (→ Glazitektonik) kommt und → *thrust moraines* entstehen.

thrust moraine Endmoräne, die durch → *thrusting* entstand.

till Material einer Gletscherablagerung, das sich mit physikalischen Eigenschaften (Korngrößenverteilung, Porosität, Dichte etc.) beschreiben lässt. Moränenmaterial ist sedimentologisch betrachtet generell kantig, ungeschichtet und unsortiert.

Toteis Unbewegtes, vom aktiven Gletscher abgetrenntes Eis.

Toteisloch (*kettle hole*) Hohlform, die entsteht, wenn ein Toteisblock einen Ort vor der Aufschotterung durch Schmelzwässer bewahrt. Die Form ist oft saisonal vernässt (→ Soll) oder dauerhaft wassergefüllt (→ Toteissee).

Toteissee → Toteisloch.

Trockenschneezone Oberste hydrologische Zone auf Gletschern, in der niemals Schmelze stattfindet.

Trogtal (*glacial trough*) Durch Glazialerosion geschaffenes, U-förmiges Talquerprofil.

Tumulus (*moulin-kame*) Ehemalige Füllung einer → Gletschermühle, die nach dem Abschmelzen einen Hügel bildet.

Vergletscherung (*glacierization*) Vergletscherter Flächenanteil eines Einzugsgebiets.

Vorlandgletscher (*piedmont glaciers*) Gletschertyp, der entsteht, wenn ein Gletscher das seitlich einengende Relief eines Gebirges verlässt, um dann im wenig reliefierten Vorland lobenförmig nach allen Seiten auszufließen.

warmes Eis → Gletschereis, das sich am → Druckschmelzpunkt befindet.

Warmzeit (Interglazial) Warme Phase innerhalb eines → Eiszeitalters, in der die Gletscher vergleichsweise klein sind.

Wassertasche Wasseransammlung im Gletscher, die sich spontan entleeren kann und dadurch eine Naturgefahr darstellt.

whaleback Vom Gletscher überformtes Felshindernis, das von der Standardform des → Rundhöckers abweicht und symmetrisch geformt ist. Bei moderater Fließgeschwindigkeit steigt im Vergleich zum → Felsdrumlin die → Abrasion an der Luvseite, ein subglazialer Hohlraum mit → *plucking* auf der Leeseite kann jedoch noch nicht entstehen.

winter accumulation type glacier Gletscher, bei dem Massengewinn in der kalten Jahreszeit stattfindet, zeitlich weitgehend getrennt von der sommerlichen → Ablationsperiode. Zu diesem Typ gehören die meisten Gletscher der außertropischen Hochgebirge.

Zehrgebiet → Ablationsgebiet.

zentrale Firnhaube Gletschertyp, bei dem aus einem → Nährgebiet mehrere → Gletscherzungen radial in verschiedene Richtungen abfließen. Die → Gleichgewichtslinie ist geschlossen.

Zungenbecken Durch Erosion von → Vorlandgletschern entstandene Hohlform, die oft wassergefüllt ist.

Stichwortverzeichnis

H

Hängegletscher 75
Hängetal 162
Haushaltsjahr 52
Hohlraum, subglazialer 151
Holozän 120
Holz, fossiles 108
hydraulisches Potenzial 100

I

Innenmoräne 170
Interglazial 111
intraglazial 4
Inventarisierung 137
Isochionen 17
Isotopenstadium 117

J

Jahrringforschung 109
Jökulhlaup 144
Jungmoräne 118

K

Kalbungsfront 51
Kaltzeit 111
– chronologischer Ablauf 118
– Regionalbezeichnungen 118
Kar 160
Karakorum-Anomalie 123
Kargletscher 75
Karlinge 160
Karschwelle 160
Karsee 160
Karstaquifer 99
Kegelsander 178
Kerbtal 160
Kleine Eiszeit 121
Klima 82
Klimaerwärmung 124, 126
Klimaoptimum 120
– holozänes 121
– mittelalterliches 121
– römerzeitliches 121
Klimapessimum 120
Kolk 157
Kompensationseffekt 103
Konfluenz 162
Konfluenzstufe 162

Konzentrationspfade, repräsentative 124
Konzept „Schneeball Erde 113
Kornform von Sedimenten 167
Korngröße von Sedimenten 167
Kritzung 154
Kryokonit 95
Kryokonitlöcher 96

L

Längsspalte 44
lateral 4
latero-frontal 4
Lawinenkesselgletscher 71
Lichenometrie 108
linked cavity system 101
Lockergestein
– Erosionsprozesse 151

M

Massenbilanz 50
Massenbilanzmessung
– Methoden 55
Meeresspiegelanstieg 127
Metamorphose
– abbauende 20
– aufbauende 21
– isothermale 20
Methode
– geodätische 57
– glaziologische 55
– gravimetrische 60
– hydrologisch-meteorologische 59
Milanković-Zyklen 112
Mittelmoräne 172
Monitoring 139
Moore 109
Moräne 87, 106, 166, 170
– Klassifikation 170
Moränenkranz 174
Moränenmaterial 168
moraine 166
Morphometrie von Sedimenten 167
Murgänge 125
Muschelbruch 157

N

Nährgebiet 55
Nassschneezone 93
Naturereignis 132
Naturgefahr 132

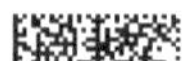